当代铝箔生产工艺及装备

辛达夫　编著
王祝堂　主审

北　京
冶金工业出版社
2013

内 容 提 要

本书共分 14 章，主要内容包括：铝箔及其应用，铝箔冶金品质的基础——熔铸，铝箔带坯，铝箔的退火，铝箔的生产，铝箔轧制过程中的厚差控制，铝箔轧制过程中的板形控制，铝箔生产的自动化管理，铝箔轧制过程中的火灾和预防，铝箔的双合，分卷和分切，成品退火，典型的板带箔生产工艺，铝箔的精加工。

本书可供从事相关专业的工程技术人员使用，也可供大专院校相关专业的师生参考。

图书在版编目(CIP)数据

当代铝箔生产工艺及装备/辛达夫编著 . —北京：冶金
工业出版社，2013.8
ISBN 978-7-5024-6300-7

Ⅰ.①当…　Ⅱ.①辛…　Ⅲ.①铝—金属箔—生产工艺
②铝—金属箔—生产设备　Ⅳ.①TG146.2

中国版本图书馆 CIP 数据核字（2013）第 159216 号

出 版 人　谭学余
地　　址　北京北河沿大街嵩祝院北巷 39 号，邮编 100009
电　　话　(010)64027926　电子信箱　yjcbs@ cnmip. com. cn
责任编辑　郭冬艳　美术编辑　彭子赫　版式设计　孙跃红
责任校对　王永欣　责任印制　张祺鑫
ISBN 978-7-5024-6300-7
冶金工业出版社出版发行；各地新华书店经销；三河市双峰印刷装订有限公司印刷
2013 年 8 月第 1 版，2013 年 8 月第 1 次印刷
787mm×1092mm　1/16；16 印张；388 千字；238 页
48.00 元

冶金工业出版社投稿电话：(010)64027932　投稿信箱：tougao@cnmip. com. cn
冶金工业出版社发行部　电话：(010)64044283　传真：(010)64027893
冶金书店　地址：北京东四西大街 46 号(100010)　电话：(010)65289081(兼传真)
（本书如有印装质量问题，本社发行部负责退换）

序

　　1910 年铝箔的工业化生产几乎同时在瑞士与美国诞生，至今有 100 多年了。铝箔在我国的工业化生产始于 1932 年加拿大铝业公司、英国铝业公司、瑞士铝业公司合资在上海建的华铝钢精厂的建成投产，直到 1960 年 7 月该厂作为一家外商企业有偿收为国有止，我国仅此一家铝箔企业，在以后的 20 年内各地以此厂为蓝本建了九个铝箔厂，但总年生产能力还不到 1.35 万吨。

　　1980 年东北轻合金加工厂从德国阿申巴赫公司引进 1 台 1200mm 四辊可逆式万能铝箔轧机投产开了中国现代化铝箔工业的先河，自此以后，我国铝箔工业进入了高速持续建设与生产高水平时期，所有建成项目都达当时国际水平或国际领先水平，截止到 2010 年 12 月，所有低水平的二辊箔轧机都已按国家结构调整政策全面淘汰，全国有大、中型现代化铝箔企业 67 家，年总生产能力 265 万吨，产量 190 万吨，扣除 20% 的厚铝箔，与北美及西欧各国的总和相差无几；我国铝箔工业的装机水平整体上比任何一个国家的都高，拥有 2000mm 级箔轧机 38 台，其中引进的 25 台；自 1918 年以来我国一直是铝箔净进口国，2004 年出口 7.5 万吨，进口 6.44 万吨，净出口 1.06 万吨。

　　我国从 2007 年进入世界铝箔工业初级强国，但要成为像德国那样的强国还任重道远。还要做许多工作，特别是在研发、技术创新与装备设计与制造方面。在包装箔生产方面要向德国格雷文布洛公司学习；在空调散热箔方面，瑞典萨帕铝业公司与日本神户钢铁公司是学习的榜样；德国阿申巴赫公司、日本东芝公司、美国通用电气公司、欧洲 ABB 公司、德国西门子公司，是我们在装备设计与集成方面追赶的目标。只有在这些方面大体与它们当时的水平相当，我国就成为一个真正的铝箔强国了，但愿这一天能早日到来。

本书作者、教授级高级工程师、资深铝箔专家辛达夫是新中国铝箔工业开拓者之一，虽年过 7 旬，至今仍活跃在铝加工产业，着实难能可贵。本书是他从事铝平轧产业 58 年的总结，也是他对国内外现代铝箔生产技术与装备的总结，他到苏联、德国、日本、美国、意大利、法国、比利时、卢森堡、印度尼西亚等国家实习、工作与考察过，在我国铝箔界享有很高的声誉。本书最大的特点是实用性很强，其中一些做法可以拿来就用，当然不能生搬硬套，必须根据各自的实际创造性地灵活运用与借鉴。

本书的出版会为我国的铝箔工业起到推动作用，由于时间所限，书中难免存在疏漏之处，望广大读者批评指正。

王祝堂

2013 年 4 月

前　言

　　薄得像纸一样的金属薄片被称为箔，自然，由铝制成的这种薄片即铝箔。至于多薄才算箔材，不同国家划分界线不尽相同。我国国家标准规定，铝箔是指厚度小于 0.2mm 的平轧产品。比较经济的最小轧制厚度为 $6\mu m$。自 1910 年在欧美用带材轧制法进行工业化生产铝箔以来，当今的铝箔的生产面貌，从规模到品质，从工艺到设备都是当年无法同日而语的。国内外所有铝箔生产厂家都在不遗余力地试图以最小能耗、最低成本、最高的生产率生产最具市场竞争力的优质铝箔。

　　铝箔业界普遍认为铝箔的工业化始于瑞士的 Robert Victor Neher 于 1910 年成功取得用带材法轧制铝箔的专利[1]。但也有的资料表明，美国铝业公司（Alcoa）同样在 1910 年用带材法轧制铝箔，开始批量生产[2]。这一差异对我们并不重要。但一百年来欧美的铝箔生产技术一直占据铝箔生产强国地位的历程到值得我们认真探讨，直到进入 21 世纪这一形势才开始有所改变。

　　我国的铝箔生产起步并不晚。1932 年由外资在上海建成上海钢精厂（原上海铝材一厂）生产铝板带箔。投产初期号称远东第一（日本的铝箔工业也是在同期起步）。由于历史原因，一直到新中国成立，该厂生产规模并无发展。在我国第一个五年计划期间，苏联援建的第一个铝加工厂——东北轻合金加工厂二期规划中曾列入铝箔工程，又因历史原因，错过了铝箔发展更新换代的好时机，不得不在 20 世纪 60 年代上了一条无法正常起动的、只有 30 年代水平的铝箔生产线。该生产线是仅凭工艺设计人员和大学老师参观上海铝材一厂的印象作为参照，工艺设计几乎是上海铝材一厂的翻版，设计年产量 5000t，设备则以大学毕业设计形式绘制出的制造图，一次投产加工 18 种 93 台（套）铝箔生产设备，但制造出的设备却无一台能正常使用。其中重锤式打包机、分卷机连修改的余地都没有，只好整机报废。

笔者当时参与了该项目的改造，把 18 种 93 台（套）中的 12 种 45 台（套），边改边安装边试车边改进，历时三年，形成年生产能力为 1500t 的带箔生产线，满足了 20 世纪 60 年代我国国民经济建设对箔材的迫切需求。

1980 年从西德引进的 1200mm 四辊铝箔轧机投入生产，迈出了我国铝箔生产现代化的第一步。由笔者组织和参与开发的铝材冷轧、铝箔轧制用基础油和添加剂获得国家科技成果奖。1982 年，在当时笔者所在的华北铝加工厂，由日本神户钢铁公司提供的轧制设备、日本昭和铝业公司提供的部分铝箔轧制软件，首次采用了铸轧毛料批量生产宽幅 0.007mm 铝箔，于 1986 年获得国家计委颁发的金质奖，标志着我国进入铝箔现代化行列。

20 世纪 80 年代是我国铝箔现代化快速发展的年代。继华北铝加工厂之后，上海铝材厂、丹阳铝箔厂、厦顺铝箔厂、石家庄铝箔厂、西南铝加工厂、西北铝加工厂、中信渤海铝业有限公司、成都铝箔厂等相继从不同国家引进了各种规格的铝箔轧机，使我国的铝箔生产能力和装机水平都有了较大的发展，其中渤海铝的装机水平与欧美一流铝箔厂的等同，当然在设计方面还存在一些不足之处。厦顺的铝箔生产无论是产品品质还是生产指标均居国内与世界先进行列[3]。

20 世纪 80 年代铝箔加工设备的快速发展使我国的铝箔生产能力得到迅猛发展。自 20 世纪 60 年代到 21 世纪初，中国铝箔生产能力稳步增长。

2008 年，我国铝箔的产量已超过美国，居世界首位。我国铝箔生产的各项经济指标和世界先进指标相比，还有相当大的发展空间（唯一的例外是厦顺铝箔有限公司）。

当前铝箔生产的特点是：

（1）当前新建的铝箔企业均采用高速宽幅大卷轧机，以提高效率与降低成本。

（2）轧制速度在逐渐提升。从第一代的 20m/min 到目前已达 2000m/min，一百多年来增长一百多倍，现在最高设计速度可达 2500m/min。需指出，由于受铝箔表面光亮度的限制，双合轧制速度一般不宜超过 700m/min。越来越多的铝箔生产厂，实际中轧速度已达到 1500 ~ 2000m/min。精轧速度提高到 800 ~ 1000m/min。

（3）轧制宽度逐渐加宽。100 多年来轧制宽度增长 5 ~ 6 倍。世界上最宽的铝箔轧机的辊身宽 2300mm，可轧出宽度大于 2000mm 的铝箔。

（4）卷重从初始的几十千克增大到目前的十几吨。卷重虽然是大些好，但受到单位宽度卷重限制（也是开卷、卷取的卷径比），目前一般不超过 10kg/mm。

（5）轧制厚度趋向减薄。由于在多数情况下，铝箔使用要求面积，所以越薄利用率越高，经济的最小可轧厚度达 $6.0\mu m$，某些产品有进一步减薄到 $5.5\mu m$ 的趋势。但根据欧洲共同体（EEU）的研究，在当前的生产技术条件下，包装铝箔的厚度不应小于 $0.006\mu m$，否则可透过氧，无法保证包装物品质。

（6）自动化程度越来越高。从原、辅材料到生产成品、半成品的传送、存储、管理，到轧机辅机每一个操作自动化水平不断完善提高。高架仓库的普遍应用，使 4P（Product，Price，Plece，Promotion）MES 应用于铝箔生产实现物流系统的闭环控制正在进一步提高铝箔的生产效率和能力。

（7）对环保、节能要求越来越严格。轧制油回收利用正在广泛应用。注重从生产开始的每一个环节，提高成品率水平，减少生产消耗。

（8）表面缺陷在线连续自动检测和记录已经开始应用于铝箔坯料生产的各个阶段，如热轧、铸轧、拉弯矫等工序，从而大大减少了铝箔轧制过程的缺陷。

（9）控制铝箔坯料的非金属夹杂大小、含量和 Fe、Si 析出物大小，正在成为确保薄铝箔的冶金品质的必要手段。

（10）生产出高品质的铝箔样品并不困难，困难的是日日、批批保持产品高品质的稳定。严格贯彻和执行 ISO 管理体系和 SPC（Statistical Process Control）管理势在必行。

铝箔生产已有 100 多年的历史，但系统论述铝箔生产技术的专著却所见甚少，特别是有关近期铝箔高速生产的相关技术系统资料更是少见。我们认为，国内外铝箔生产的工艺流程可谓大同小异，差异在于个别环节工艺参数的不同。而这一差异很少能以专利形式得以保护，所以也很少公开或公布。其次，铝箔生产还有这样一个特点，即或两个工厂的设备完全一样，甲厂行之有效的工艺原封不动的用到乙厂，效果并不相同，就更不用说设备不同的厂家，试图仅靠某一个工艺参数的改变来改善生产效果，几乎是不可能的。本书根据笔者多年从事铝箔生产的经验和为铝箔厂进行咨询的实践以及对国外多家大型现代化铝箔厂考察、实习的总结，系统地阐述了不同条件下的铝箔生产工艺，以及采用现有工艺生产效果却不理想的情况下，如何完善试验方法，掌握技术诀窍并如何使技术诀窍能真正发挥作用则更为重要。希望本书能为从事铝箔生产的工程技术人员提供启迪。企图采用书中的某一参数立刻就会改变生产面貌的想法是不现实的。因为铝箔生产的各个工艺参数是相互关联的，可谓牵一发而动全身，只有通过对技术诀窍的认真总结才能提高铝箔生产技术水平。

我国进入现代化铝箔生产行列已 30 多年，各铝箔厂都积累了丰富的经验，希望本书能起到抛砖引玉的作用，让更多的行之有效的技术在生产中发挥更大的作用，使我国的铝箔生产走上全面的科学发展道路。

由于作者水平所限，加之时间仓促，书中不妥之处，恳请读者批评指正。

编　者
2013 年 4 月

目 录

第1章 铝箔及其应用

1.1 铝箔品种

铝箔按形状可分为卷状铝箔和片状铝箔。铝箔深加工用的带坯大多数呈卷状供应，只有少数手工业包装场合才用片状铝箔。

铝箔按状态可分为硬质箔、半硬箔和软质箔：

（1）硬质箔。硬质箔是轧制后未经软化处理（退火）的铝箔。不经脱脂处理时，表面上有残油，因此，硬质箔在印刷、贴合、涂漆之前必须进行脱脂处理。如果用于成形加工则可直接使用。

（2）半硬箔。半硬箔是铝箔硬度或强度在硬质箔和软质箔之间的一种箔，通常用于成形加工。

（3）软质箔。软质箔是指轧制后经过充分退火而变软的铝箔，材质柔软，表面没有残油。在现时的大多数应用领域，如包装、复合、电工材料等都使用软质箔。

当铝箔采用双张轧制时，分开后铝箔上下表面光泽是不一样的。因此铝箔按铝箔表面状态可分为：

（1）一面光铝箔。双张轧制时，和轧辊接触的那一面以及铝箔相互接触的那一面的表面光泽是不一样的，分卷后一面光亮，一面发暗。这样的铝箔称为一面光铝箔。一面光铝箔的厚度通常不超过0.025mm。

（2）两面光铝箔。单张轧制铝箔时，两面和轧辊接触，铝箔的两面因轧辊表面粗糙度不同又可分为镜面两面光铝箔和普通两面光铝箔。两面光铝箔的厚度不小于0.01mm。

按铝箔的加工状态可分为：

（1）素箔。轧制后未经任何其他加工的铝箔，也称光铝。

（2）压花箔。表面上压有各种花纹的铝箔。

（3）复合箔。把铝箔和纸、塑料薄膜、纸板贴合在一起形成的复合材料。

（4）涂层箔。表面上涂有各类树脂或漆的铝箔。

（5）上色铝箔。表面上涂有单一颜色的铝箔。

（6）印刷铝箔。通过印刷在表面上形成各种花纹、图案、文字或画面的箔。最简单的是一种颜色，最多的有12种颜色。

（7）由以上六种中的几种组合形成的多功能铝箔。

有时也把除素箔以外的铝箔称为精制箔。

按合金成分可分为：

（1）纯铝箔。铝含量大于99%的铝箔。

（2）高纯铝箔。用高纯铝加工成的铝箔。

对高纯铝尚无国际通用的明确定义。日本将铝含量大于 99.95% 的称为高纯铝，美国将铝含量大于 99.90% 的称为高纯铝，中国将铝含量为 99.00%～99.90% 的铝称为纯铝，99.90%～99.995% 的称为精铝，大于 99.995% 的称为高纯铝。高纯铝最直接的表示方法就是写明其含量，也有用"数字 + N"表示的，如 4N（99.99%），而 99.996% 的高纯铝则写成 4N6。

（3）合金箔。用合金如 3003、6061、2024 等加工的箔材。

按铝箔厚度可分为：

（1）厚度小于 0.006mm 的特薄铝箔。

（2）厚度在 0.006～0.01mm 的薄铝箔。

（3）厚度大于 0.01mm 的厚铝箔。

按铝箔的用途分见"1.3 铝箔的应用"。

1.2 铝箔的性质[1]

1.2.1 铝的一般性质

原子序号：13　　　　　　　　　　　　相对原子质量：26.98

原子价：3　　　　　　　　　　　　　　密度：（20℃）2.71g/cm³

　　　　　　　　　　　　　　　　　　　　　（700℃）2.375g/cm³

熔点：660℃　　　　　　　　　　　　沸点：1777℃

熔融潜热：39.06J/g　　　　　　　　燃烧热：31.08J/g

质量热容：0.2297（100℃）J/(g·℃)　　热导率：203.5W/(m·℃)

比热容：900J/(kg·℃)　　　　　　　导温系数：$8.5 \times 10^{-5} m^2/s$

凝固收缩（体积）：6.6%　　　　　　弹性模数：纵向 $70 \times 10^9 Pa$

　　　　　　　　　　　　　　　　　　　　　横向 $26.25 \times 10^9 Pa$

线膨胀系数：（20～100℃）$2.35 \times 10^{-5}/℃$　　电导率：相对铜的 59%（软质）

　　　　　　　（100～300℃）$2.56 \times 10^{-5}/℃$　　　　　　　　57%（硬质）

电荷阳性　　　　　　　　　　　　　无锤击火花现象

非磁性体　　　　　　　　　　　　　良好的塑性

良好的机械加工性　　　　　　　　对光和热有良好的反射性

无味、无毒，对人体健康无害

1.2.2 铝箔的防潮性能

铝箔具有良好的防潮性能，虽然当铝箔厚度小于 0.025mm 时不可避免地会出现针孔，但是对照光线观察，具有针孔的铝箔其防潮性能比看起来没有针孔的塑料薄膜要强得多。这是因为，塑料的高分子链间距比较大，不能防止水气渗透。轧制铝箔则不然，原子间距小，可防止各种物质的渗透，唯有氢气例外。

不同厚度的铝箔和薄膜的透湿度见表 1－1。试验证明透气孔直径是临界的，当孔径小于 5μm 时，在可测量到的范围不传递氧气和水蒸气。

表1-1 铝箔和薄膜的透湿度 $[g/(m^2 \cdot 24h)]$

材料种类	资料1	资料2	资料3	材料种类	资料1	资料2	资料3
0.009mm 素箔	1.08~10.7	2	0.019	0.09mm 聚乙烯	7	9	—
0.013mm 素箔	0.6~4.8	1	<0.005	0.1mm 聚乙烯	4.8	—	1.03
0.018mm 素箔	0~1.24	—	<0.005	0.02mm 聚氯乙烯	157	200	
0.025mm 素箔	0~0.46	—	—	0.065mm 聚氯乙烯	28.4		
>0.03mm 素箔	0			0.095mm 聚氯乙烯	41.2		
玻璃纸	50~70	—	—				

注：资料1为日本东海金属公司铝箔手册；资料2为意大利 NEW HUNTER 工程公司1985年样本；资料3为铝箔译文集（洛阳有色金属加工设计院，1981年）。

1.2.3 铝箔的绝热性能

（1）铝箔是良好的绝热材料，它的绝热性能表现在它的表面热辐射性能上。铝是一种温度辐射性能极差而对太阳光反射能力很强的金属。铝箔对辐射能的吸收和发射率特别小。由于铝箔的发射率和其吸收率十分接近，因此在热工计算时把铝箔视为灰体。

（2）铝箔的发射率仅取决于它的表面状态，与厚度无关，不同表面状态的铝箔的发射率如下：

表面状态	皱纹较多	微皱	刷平	光平
发射率/%	0.22	0.14	0.09	0.08

（3）铝箔的热反射率。铝箔的热反射率和热辐射波长的关系如图1-1所示（注：太阳辐射单位：$W/(cm^2 \cdot \mu m)$）。

铝箔的光反射率与辐射体表面温度的关系如图1-2所示，铝箔表面允许的最高温度是350℃，在更高的温度下它的表面将变黑，因而失去绝热性能。铝箔的光反射率与铝的纯度的关系如图1-3所示。

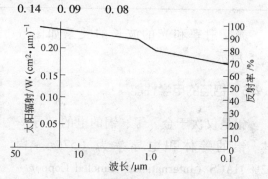

图1-1 铝箔光反射率和热辐射率与波长的关系

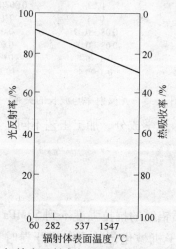

图1-2 铝箔光反射率与热辐射体表面温度的关系

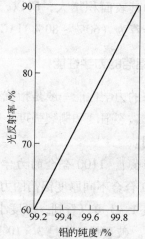

图1-3 铝箔光反射率与铝的纯度的关系

1.2.4 铝箔的光反射率

（1）铝的纯度对铝箔光反射性能的影响如图1-3所示，要获得高反射率的铝箔，铝的纯度不应小于99.6%。

（2）铝箔表面的光反射率与铝箔表面状态有关，而铝箔的表面状态，首先直接受轧辊表面粗糙度的影响。由不同粗糙度轧辊轧出的铝箔的反光率如图1-4所示。

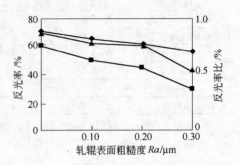

（3）铝箔表面的光反射率和光的入射角有关，当使用GM-26D型数字式光亮度测量仪测量同一试样的光反射率时，入射角不同的反光率见表1-2。

图1-4 铝箔反光率与轧辊粗糙度的关系
◆—纵向反光率，%；■—横向反光率，%；
▲—反光率比，%

表1-2 入射角不同的反光率

入射角/(°)	20	60	磨削轧辊的砂轮
反射率/%	19.4	42.2	80 号
	35.8	53.5	120 号

光反射率和光的波长的关系如图1-5所示。

1.2.5 铝箔的电学性能

铝是仅次于金、银、铜的电的良导体。铝的等体积电导率为（57% ~ 62%）IACS（International Anneled Copper Standard），但当把铝箔绕成线圈或绕组时，因为其表面积增大，所以，铝箔的电导率推荐为（60% ~ 80%）IACS。

1.2.6 铝箔的力学性能

铝箔的力学性能一般是指抗拉强度、

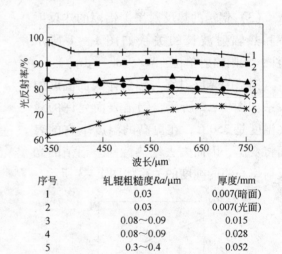

序号	轧辊粗糙度Ra/μm	厚度/mm
1	0.03	0.007(暗面)
2	0.03	0.007(光面)
3	0.08~0.09	0.015
4	0.08~0.09	0.028
5	0.3~0.4	0.052
6	0.3~0.4	0.16

图1-5 光反射率与波长的关系

伸长率、破裂强度和撕裂强度。铝箔的厚度、材质、化学成分、加工工艺不同，其抗拉强度也不同。

1.2.6.1 1100 合金的力学性能

1100 合金不同厚度铝箔的力学性能见表1-3。

从表1-3可以看到，厚度小于0.012mm的软质铝箔的抗拉强度不到50MPa，伸长率小于3%。破裂强度不足3×10^4Pa。这样的材料用于机械化包装或高速开卷时很容易拉断，所以只适于手工包装。

表 1-3 不同厚度铝箔的力学性能

箔厚 /mm	硬 质			软 质		
	抗拉强度 /MPa	A/% （标距 100mm）	破裂强度 /10⁴Pa	抗拉强度 /MPa	A/% （标距 100mm）	破裂强度 /10⁴Pa
0.005	98 ~ 137.2	0.4 ~ 0.5	0.2	29.4 ~ 39.2	1 ~ 1.5	0.1 ~ 0.2
0.006	127.4 ~ 147	0.5 ~ 0.6	0.39	33.3 ~ 44.1	1.2 ~ 1.5	0.2 ~ 0.4
0.007	137.2 ~ 161.7	0.5 ~ 0.7	1.2 ~ 1.5	39.2 ~ 47	1.5 ~ 2	0.3 ~ 0.8
0.009	158.8 ~ 171.5	0.5 ~ 0.8	1.6 ~ 1.9	39.2 ~ 49	1.5 ~ 2	1.3 ~ 1.6
0.012	158.8 ~ 171.5	0.9 ~ 1.1	2.3 ~ 2.6	41.7 ~ 50	2.2 ~ 2.7	2.4 ~ 2.7
0.020	165.6 ~ 166.6	1.2 ~ 1.3	3.5 ~ 4.1	46.1 ~ 47	2.0 ~ 3.0	9.8
0.030	156.8 ~ 166.6	1.2 ~ 1.3	19.8	53.9 ~ 58.8	3.5 ~ 3.9	19.6
0.050	156.8 ~ 166.6	1.2 ~ 1.3	29.4	60.8 ~ 63.7	5 ~ 7	29.4
0.100	147 ~ 166.6	1.2 ~ 1.6	49	66.6 ~ 70.6	10 ~ 12	98
0.200	137.2 ~ 147	1.2 ~ 1.6	107.8	70.6 ~ 74.5	18 ~ 22	

1.2.6.2 不同成分铝箔的力学性能

不同化学成分的铝箔和铝合金箔的力学性能见表 1~4 ~表 1~7。

表 1-4 不同牌号纯铝箔的力学性能

合金 牌号	厚度/mm	最大 R_m/MPa		合金 牌号	厚度/mm	最大 R_m/MPa	
		软质	硬质			软质	硬质
1100	0.0063 ~ 0.012	37.73	—	1145	0.025 ~ 0.05	61.74	149.9
1188	0.0063 ~ 0.012	41.16	—	1145	0.06 ~ 0.14	68.6	156.8
1180	0.0063 ~ 0.012	44.59	—	1100	0.025 ~ 0.05	75.46	176.4
1145	0.063 ~ 0.011	48.02	137.2	1100	0.06 ~ 0.14	82.32	184.2
1145	0.012 ~ 0.022	54.88	143.6				

表 1-5 纯铝箔的力学性能

纯度/%	硬 质		软 质	
	R_m/MPa	A/%	R_m/MPa	A/%
99.95	156.8	4	53.9	15
99.992	132.3	3.5	52.9	20.5
99.996	129.4	2.9	33.3	18.3

表1-6 合金铝箔的力学性能

合金牌号	厚度/mm	软 质		硬 质	
		R_m/MPa	A/%	R_m/MPa	A/%
5A02	0.3	—		245 ~ 264.6	5 ~ 7
	0.2	186.2	20	264.6 ~ 274.4	4 ~ 6
	0.15	—	—	264.6 ~ 284.2	2 ~ 3
	0.10	186.2	18	284.2 ~ 303.8	1 ~ 2
	0.08			294 ~ 313.6	0.5 ~ 1
	0.06	176.4	16	303.8 ~ 323.4	0.5 ~ 1
	0.04	171.5	5	313.6 ~ 328.3	0.5 ~ 1
3003	0.2	98 ~ 117.6	14 ~ 16	254.8 ~ 274.4	3 ~ 4
	0.06	88.2 ~ 117.6	14 ~ 16	264.6 ~ 294	1 ~ 1.5
	0.03	98 ~ 127.4	9 ~ 14	274.4 ~ 294	0.8 ~ 1.0
2A70	0.4		—	205.8 ~ 225.4	5 ~ 6
	0.3		—	245 ~ 254.8	1.3
	0.2	166.6	15	264.6 ~ 274.4	1.2
	0.1		—	294 ~ 313.6	0.6
	0.06	156.8	5 ~ 7	313.6 ~ 323.4	0.4
2A12	0.40			235.2	3
	0.20			274.4 ~ 284.2	3
	0.10			323.4	2
	0.06	186.2 ~ 196	7.5 ~ 9	343	1

表1-7 1100合金不同厚度、不同温度退火的铝箔的力学性能

箔厚/mm 状态 项目	0.008		0.012		0.02		0.03		0.05		0.1	
	R_m/MPa	A/%	R_m/MPa	A/%	R_m/MPa	A/%	R_m/MPa	A/%	R_m/MPa	A/%	R_m/MPa	A/%
220℃退火	41.2	1.5	45.1	1.7	49	2.5	54.9	3.2	63.7	6.2	69.6	10.0
350℃退火	39.2	2.0	43.1	2.5	47	2.7	52.9	3.9	62.7	6.5	66.6	11.0
420℃退火	38.2	2.2	39.2	2.4	46.1	2.6	51	3.9	62.7	6.8	65.7	12.0

退过火的热轧和铸轧铝箔毛料（厚0.6mm），在强度和伸长率方面没有差别。在进一步的轧制过程中，铸轧毛料的冷作硬化比较缓慢，而冷作硬化箔退火后，热轧材的伸长率比铸轧材的高1倍。

1.2.6.3 伸长率

在铝箔轧制过程中，由于冷作硬化的关系，随着铝箔轧薄，强度增加，伸长率下降。而经过完全退火之后，随着伸长率的恢复，强度又明显下降。但是和铝箔的强度一样，铝箔的伸长率与厚度有很大关系。软质的1050A铝箔的伸长率与厚度的关系如图1-6所示。

从图1-6可看到，当铝箔厚度小于0.2mm时退火后的伸长率明显下降。所以0.2mm厚的箔材和大于0.2mm的特薄板伸长率差别很大。当铝箔厚度小于0.02mm时，伸长率

降到2%以下。

1.2.6.4 破裂强度和撕裂强度

破裂强度和撕裂强度主要用于衡量包装材料抵抗破裂的能力。破裂强度是指铝箔抵抗表面垂直方向受有均匀压力而不破裂的能力，其测量单位是10^4Pa。撕裂强度是指规定尺寸的试样，用两点夹持使试样受切力而撕裂时的抗力，单位是 N/15mm。不同厚度的铝箔的破裂强度如图1-7~图1-9所示。

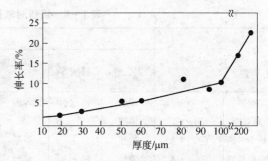

图1-6 铝箔伸长率与厚度的关系

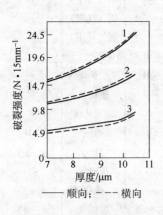

图1-7 常用铝箔厚度
不同时的破裂强度
1—硬质；2—半硬质；3—软质

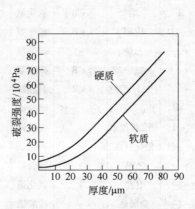

图1-8 1145 合金不同厚度
铝箔的破裂强度

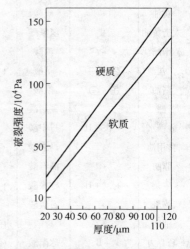

图1-9 3003 合金不同厚度
铝箔的破裂强度

铸轧毛料和热轧毛料所轧铝箔（厚34μm）的破裂强度（10^4Pa）如下：

	铸轧毛料	热轧毛料
硬	29.4	35.3
软	14.7	24.5

1.2.7 铝箔的化学性能

铝在常见酸中的表现如图1-10所示。

铝箔对常见化学物质的抗蚀性见表1-8。

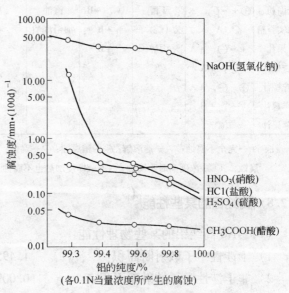

图1-10 铝在常见酸中的表现[2]

表1–8 铝箔对常见化学物质的抗蚀性

食品		化学药品							
		无机酸、有机酸等		煤、焦油及石油制品等		金属及金属盐类		其他	
啤酒	+	硼酸	+，⊕B	苯胺	+，⊖B	硫盐	+H	蒸馏水	+，+A
葡萄酒	⊕~⊖	铬酸	+，-B	苯	+B	氯化锌	⊖~-	雨水	⊕~⊖，+A
威士忌酒	⊕，+A	盐酸	-	甲酚	+H	碳酸钙	+	自来水	⊕~⊖，+A
白兰地酒	⊕，+A	磷酸	⊖~-	焦油	+	氯化钙	⊕	海水	⊕~⊖
杜松子酒	⊕，+A	浓硝酸	+C~⊕©	萘	+~⊕	硫酸钙	⊕	冰	+
清酒		硝酸气	⊕~⊖	二甲苯	+	硫酸铁	⊕	水蒸气	+~⊕
黄油	+	硫酸	⊖H	甲苯	+B	氯化铁	⊖	过氧化氢	⊕~⊖
人造黄油	+	氢氟酸	-	三氯乙烯	+，+H	氨水	⊕~⊖，-	氯气（干）	⊕
干酪	+~⊖	油酸	+H	酮	+B	氯化铵	⊕~⊖B	氯气（湿）	-
盐	⊕~⊖	草酸	+，⊖H	丙酮	+B	碳酸铵	+	氨气（干）	+
酱油	⊕~⊖	酞酸	+	乙炔	⊕	硫酸铵	⊕H	市镇煤气（干）	
醋	+	硬脂酸	+	三氯甲烷	+B	硝酸铵	⊕H	发生炉煤气	
砂糖水	+，+H	丹宁酸	+	（二）乙醚	+B	过锰酸钾	+B	硫化氢	
食用油		马来酸	⊕⊖H	甲醛水溶液	⊖，-B	硝酸铅	-	二氧化碳	+
脂肪		酒石酸	⊕⊖H	硝化纤维素	+	硫酸锌	⊕	亚硫酸气	+H
牛奶	+，+H	柠檬酸	+，+H	硝化甘油	+	明矾	+H	臭气	+~⊖
炼乳		石碳酸	+	乙醛	+	硼砂	⊕	硫酸气	⊕
油脂		硅酸	⊕~⊖	甘醇	+	氯化铝	-	二硫化碳	+
巧克力	+B	冰醋酸	⊕~⊖	杂酚酒	+	硫酸铝	⊕~⊖	废煤气	⊖
酵母	+	苦味酸	+H	沥青	+	氯化镁	⊕~⊖	混凝土	⊖~-
动物胶		甲醇	⊕	矿物油	+H	硫酸镁	+H	砂浆	⊖
苹果酒	+	乙醇	+	石蜡	+H	氢氟化钠	-	木材	⊖
面粉	⊕+~⊖，+	丁醇	+，-B	汽油	+	氢氧化钾	-	橡胶	+H
果实香精	A	戊（烷）醇		加铅汽油	+	碳酸钠	⊕~⊖	墨水	⊖
果汁	+~⊖，+A	丙醇	+B			硅酸钠	⊕~⊖	尿素	+~⊖
香橙汁	⊖，+A					肥皂	⊕~⊖	铅丹涂料	-
柠檬汁	⊕~⊖，+A					氯化钾	⊕~⊖		
洋葱汁	+，+H								
苹果汁	⊕								

注：+—完全不腐蚀；-—能溶解；⊕—稍腐蚀；⊖—腐蚀；+A—阳极氧化处理后不腐蚀；+B—在沸点以上不腐蚀；+C—浓度高时不腐蚀；+H—即使加热也不腐蚀。

1.2.8 高纯铝的某些性能[3]

（1）4N6 高纯铝的某些物理性能：

1）干涉性中子散射断面积：　　　　$1.495 \times 10^5 \, \text{Pa}$

2）非干涉性中子散射断面积：　　　$0.0092 \times 10^5 \, \text{Pa}$

3）中子吸收断面积：　　　　　　　$0.231 \times 10^5 \, \text{Pa}$

4）晶格常数（298K）：　　　　　　0.40496nm

5）密度（固态，298K）：　　　　　2699kg/m³

6）密度（液态，973K）：　　　　　2357kg/m³

　　（液态，1173K）：　　　　　2304kg/m³

7）线膨胀系数（293K）：　　　　　23×10^{-6}/K

8）热导率（298K）：　　　　　　　237W/（m·K）

9）体积电阻率（293K）：　　　　　$2.655 \times 10^{-6} \Omega \cdot m$

10）体积电导率（293K）：　　　　　64.94%IACS

11）磁化率（298K）：　　　　　　　16×10^{-3}mm/gatom

12）表面张力（熔点）：　　　　　　0.868N/m

13）黏度（熔点）：　　　　　　　　0.0012kg/（m·s）

14）熔点：　　　　　　　　　　　　933.5K

15）熔解热：　　　　　　　　　　　10.7kJ/mol

16）气化热：　　　　　　　　　　　291kJ/mol

17）反射率（电解抛光，对可见光）：　85%~90%

18）热辐射率：　　　　　　　　　　3%

19）超导温度：　　　　　　　　　　1.175K

20）切变模量：　　　　　　　　　　2.667×10N·m

21）正弹性模量：　　　　　　　　　7.051×10Pa

22）体积弹性模量：　　　　　　　　7.55×10N·m

（2）高纯铝的某些力学性能，见表1-9。

表1-9　高纯铝的某些力学性能

铝纯度/% （厚度0.1mm）	硬　　质		软质（350℃×2h退火）	
	强度/MPa	伸长率/%	强度/MPa	伸长率/%
99.95	16.0	4	5.5	15
99.992	13.5	3.5	5.1	20.5
99.996	13.2	2.9	3.4	18.3

（3）高纯铝的室温电阻率与残余电阻率之比，见表1-10。

表1-10　高纯铝的室温电阻率与残余电阻率之比

铝纯度/%	$R273K/R1.59K$	$R273K/R4.2K$	$R273K/R14K$	$R273K/R20K$
99.965	200	200	180	170
99.98	350	350	350	300
99.99	700	650	600	450
99.992	800	780	730	540
99.996	1850	1800	1500	1000
99.9975	2200	2150	1750	1120
99.9982	3200	3150	2500	1500

续表 1 - 10

铝纯度/%	R273K/R1. 59K	R273K/R4. 2K	R273K/R14K	R273K/R20K
99.9992	6800	6700	4000	2300
99.99997	4000	35700	—	3600
99.99998	—	45000	—	—

（4）高纯铝的杂质及残余电阻率，见表 1 - 11。

表 1 - 11　高纯铝的杂质及残余电阻率

元 素	区域提纯一次的铝		区域提纯 10 次的铝	
	杂质含量/10^{-6}	残余电阻率 /$10^{-12}\Omega \cdot m$	杂质含量/10^{-6}	残余电阻率 /$10^{-12}\Omega \cdot m$
Li	<0.004	<0.0016	<0.004	<0.0016
Na	<0.12	<0.24	0.06	0.12
Mg	<0.03	0.01	<0.001	<0.0004
Si	0.42	0.27	0.06	0.04
Ca	<0.007	<0.002	<0.007	<0.002
Sc	<0.07	0.30	0.07	0.30
Ti	0.023	0.14	0.023	0.14
V	0.018	0.13	0.014	0.098
Cr	0.015	0.12	0.012	0.096
Mn	0.003	0.02	0.004	0.03
Fe	0.03	0.16	0.002	0.01
Cu	0.08	0.06	<0.04	<0.03
总计	<0.82	<1.5	<0.30	<0.87

1.3　铝箔的应用

1.3.1　铝箔的应用领域

　　铝箔的应用领域，在不同国家和在一个国家的不同历史时期都有所不同。我国 2010 年铝箔表观消费量为 1350kt，其应用领域见表 1 - 12。

表 1 - 12　我国 2010 年铝箔的应用领域[4]

序号	工业用途	加工状态	国内需求量/kt	百分比/%
1	空调器用热传输材料	涂防腐和亲水涂层，直接使用	595	44.1
2	卷烟包装	裱纸，涂蜡，涂乙烯树脂	108	8.0
3	糖果包装	裱纸，印花，上色，直接印刷	32	2.4
4	奶制品包装	裱羊皮纸，印刷，印花，或涂耐蚀材料	49	3.6
5	食品，饮料包装	印刷，复合	60	4.4
6	医药包装	印刷，复合	27	2.0

序号	工业用途	加 工 状 态	国内需求量/kt	百分比/%
7	化妆品包装	印刷，裱纸	16	1.2
8	瓶罐工业	印刷，涂粘贴剂，上色，印刷	43	3.2
9	照相材料包装	印刷，裱补强材料，涂粘贴剂	8	0.6
10	机械行业包装	裱补强材料，涂粘贴剂	16	1.2
11	电容器工业	衬油浸纸，衬电解质	41	3.0
12	建筑保温	折叠状，绝热板	16	1.2
13	建筑装饰	涂层	82	6.0
14	百叶窗	涂层，复合	11	0.8
15	车辆、船舶绝热材料	复合绝热板	14	1.0
16	纺织行业	上色，衬纸或塑料膜	16	1.2
17	家用铝箔	成形加工	108	1.6
18	冲压器皿	成形加工	68	1.0
19	汽车复合箔	成形加工	108	1.6
20	电缆箔	成形，印刷	68	5.0
21	铝塑复合管	铝塑复合	68	5.0
22	其他	各种加工方式	24	1.8

我国和工业发达国家的铝箔应用领域有所不同，工业发达国家与全球在铝箔应用领域的差别见表1-13。

表1-13 铝箔在不同区域的应用领域

比 较 项 目	中 国	工业发达国家	全 球
民用消费领域	占总量的28%	占总量72%	占总量的50%
制造业原辅材料	占总量的59%	占总量的20%	占总量的40%
建筑行业材料	占总量的13%	占总量的8%	占总量的10%
主要消费市场	空调行业	包装行业	包装行业

1.3.2 空调器铝箔[5]

从表1-14和表1-15中可以看到，目前，我国铝箔在空调行业应用所占比重较大，这和近几年我国空调器大量出口密切相关。空调器铝箔的厚度大多在0.1mm左右，进入21世纪，空调器铝箔的厚度已突破0.1mm，达0.08~0.09mm。空调器铝箔的化学成分见表1-14。

表1-14 空调器铝箔的化学成分（质量分数） （%）

合 金	Si	Fe	Cu	Mn	Al
1050	0.25	0.40	0.05	0.05	99.50
1100	0.95		0.05~0.2	0.05	99.00
1200	1.0		0.05	0.05	99.00

合 金	Si	Fe	Cu	Mn	Al
8011	0.5~0.9	0.6~1.0	0.10	0.10	约98.50
3102	0.4	0.7	0.10	0.05~0.40	约99.00
8006	0.4	1.2~2.0	0.3	0.3~1.0	约97.50

由于不同空调器厂家所生产翅片的结构以及所用的设备、成形方法、模具和工艺条件等不同，因此对空调箔性能的要求也有所不同，表1-16列出了空调器散热片用铝箔行业标准 YS/T 95—1996 中规定的力学性能。国内铝箔厂也都有自己的标准。表1-16～表1-18列出了国外一些厂家的空调箔性能。

表1-15　YS/T 95—1996 规定的空调箔力学性能及杯突值

牌　号	状　态	厚度/μm	抗拉强度 R_m/MPa	伸长率 A/%	杯突值 IE/mm
1060、1050A、	—	0.10~0.20	≥70	≥14	—
1235、1145	H24	0.10~0.20	≥90	≥18	—
1100、1200	—	0.10~0.20	80~105	≥16	≥6.0
	H22	0.10~0.15	95~130	≥13	≥4.0
	H24	0.10~0.15	110~140	≥10	≥3.5
	H26	0.10~0.15	120~150	≥6	≥3.0
	H18	0.10	≥160	≥2	

表1-16　日本神户钢铁公司空调箔的典型力学性能

成形方法	牌号	状态	厚度/mm	R_m/MPa	$R_{p0.2}$/MPa	A/%	IE/mm
变薄拉伸	KS1330	H26	0.10	138	131	18	6.0
	KS1350	H26	0.10	138	130	14	5.0
深冲	KS1200	—	0.11	107	44	35	9.8
	KS1200	H2Z	0.11	117	102	28	7.5
	KS1200	H24	0.11	125	114	24	6.8
单发	KS1050	H24	0.15	128	118	26	7.0
高凸缘	KS1050	—	0.30	97	37	40	10.5

表1-17　日本住友轻金属公司空调箔典型力学性能

成形方式	牌号	状态	R_m/MPa	$R_{p0.2}$/MPa	A/%
深冲	1100	—	95	40	35
	1200	H22	110	90	28
	1050	H22	110	90	25
变薄拉深	MF03	H26	145	140	15

表1-18 力拓加拿大铝业公司（ALCAN）空调箔性能

牌 号	状态	R_m/MPa	$R_{p0.2}$/MPa	A/%	IE/mm
8006	H22	100~140	80~110	18~24	5.4~6.4
	H24	120~160	100~140	15~22	5.2~6.01
	H26	130~160	110~150	12~20	4.8~5.2
8079	H24	115~145	90~120	14~20	5.0~5.8

1.3.3 包装铝箔

铝箔的主要应用领域是包装行业，随着中国国民经济的发展铝箔的应用领域也必然朝这一方向发展。在包装行业，中国香烟包装用量最大，每一大箱用7μm厚铝箔1kg。铝箔越薄，利用率越高，在包装行业，6~7μm铝箔的应用愈来愈多。在工业发达国家，家用铝箔已成为家庭日常生活不可缺少的消耗品。其厚度大多为0.01mm。

铝箔在包装行业有着广泛的应用，是因为它具有对包装要求的综合优点：

（1）首当其冲的优点是它的美丽漂亮的外观。

（2）良好的防潮湿、不透水性能，见表1-19。

表1-19 包装铝箔的透湿性

项 目	材 料
1.22	0.025mm聚乙烯
0.52	0.05mm聚乙烯
0.33	0.075mm聚乙烯
0.21	0.1mm聚乙烯
0.14	0.009mm衬纸箔
0.05	0.013mm聚乙烯+0.009mm衬纸箔
0.03 温度39℃ 相对湿度95%	0.025mm聚乙烯和箔

注：水蒸气透过量/g·(25.4cm×25.4cm·24h)$^{-1}$。

（3）保香和不透气性：铝箔和聚乙烯、玻璃纸在保香性方面的差距如图1-11~图1-13所示[6]。

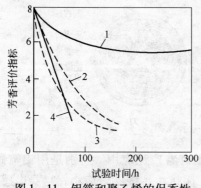

图1-11 铝箔和聚乙烯的保香性
用275W紫外线灯，照射距离1.2m

芳香指标值	9	7	5	3	1
评价	最好	尚好	中等	差	很差

1—铝箔；2—蜡纸；3—聚乙烯（0.05mm）；4—两层玻璃纸

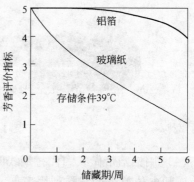

图1-12 铝箔和玻璃纸的保香性

评价等级	5	4	3	2	1
评价	很好	好	一般	差	很差

（4）耐油性、耐污染性。

（5）无毒。

（6）良好的耐热性、热传导性和对光、热的良好反射性。

（7）在连续加工生产线上的不带电性。

（8）耐寒性。

（9）无磁性。

（10）无热收缩、热黏结性。

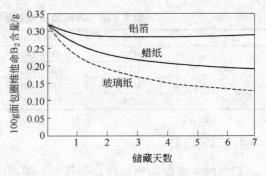

图1-13　铝箔、蜡纸和玻璃纸的保香性

为提高包装用铝箔的防潮、防湿性能和强度，铝箔常和塑料薄膜复合使用。

1.3.4　铝箔在电气行业的应用

（1）电力电容器铝箔。铝箔在电气行业的典型应用是电容器。为了改善供电的功率因数，每增加1kW的发电能力，最少要增加0.7kvar电容器的无功补偿，而每1kvar电力电容器要用0.33kg铝箔，所以，每增加1kW的发电量需要6~7μm铝箔0.23kg。由于轧制技术的进步，电容器铝箔的厚度已由过去的7μm降到4.5μm。

（2）电子铝箔。电子铝箔专门用来制造电解电容器，铝电解电容器是一种有正、负极的电容器，正极和负极都是由铝箔制造的。未经浸蚀和化成的铝箔，在电容器行业中称之为铝箔、铝光箔、铝素箔和铝原箔等。经腐蚀或化成之后制成阴极箔或阳极箔。阴极箔纯度较低，阳极箔对铝的纯度要求很高，用的是高纯铝，通常铝含量不低于99.97%。随着铝加工技术的进步，可以用纯度为99.93%~99.98%的铝生产高品质的阳极箔。

（3）电缆带铝箔。电缆带结构见图1-14，当电缆通入电流时，其周围的绝缘物就被加热。由于纸、纤维膨胀系数不同，会在电缆内部形成空洞，由于受到高压的作用，空洞内的气体被电离长期处于放电状态绝缘物就要发生分解和碳化。被铝箔包裹的导线通过外包铅皮把游离电子导出，不致产生电离，从而延长电缆的使用寿命。

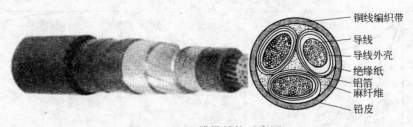

铜线编织带
导线
导线外壳
绝缘纸
铝箔
麻纤维
铅皮

图1-14　电缆带结构示意图

（4）用铝箔带做线圈代替铜线圈。变压器线圈有着广泛应用。特别是用铝箔做线圈，具有层间电位差小，线圈利用率高，短路容量大，阻抗小，线圈效应小，自身电感小，自身静电容量小，散热条件改善等一系列优点，已广泛用于变压器线圈。

1.3.5　铝箔在建筑行业的应用

作为隔热节能防潮材料，铝箔在建筑行业的应用也在不断增加，在内装修、外墙板、新型建筑中的应用越来越多。利用铝箔的反射绝热性能可作为隔热防护服，在汽车、火车车厢、轮船船舱的反射隔热层，在太阳能温室领域也有广泛应用。常用的隔热节能防潮材料结构如图1-15所示。

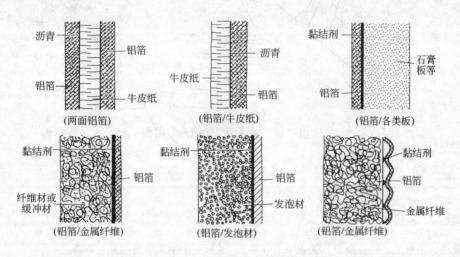

图1-15 常用的隔热节能防潮材料结构

1.3.6 铝箔在航空航天器中的应用

蜂窝夹层结构通常称蜂窝结构，如图1-16所示，是由两块面板和中间较薄的轻质蜂窝夹芯结合而成。蜂窝结构又可分为重型和轻型两种：重型是指用高强合金板焊接而成，而轻型蜂窝结构是指面板为铝合金，芯子又是由很薄的铝箔或其他材料通过特殊的胶接后拉伸成形或波纹压形胶接而成。所以，轻型蜂窝结构实际上是胶接结构。

铝箔作的蜂窝结构具有重量轻、强度高的特点，在航空器、航天器也有广泛的应用。20世纪70年代人类伟大创举之一的月球登陆船的外层绝热材料也使用了铝箔（图1-17）。蜂窝结构在大型飞机上的应用如图1-18所示。

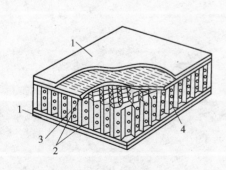

图1-16 蜂窝夹层结构
1—面板；2—胶膜；3—蜂窝芯；4—通气孔

图1-17 铝箔在月球登陆船上的应用

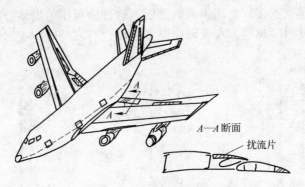

图 1 - 18　波音 707 铝箔蜂窝结构

参考文献

[1] 田荣璋，王祝堂. 铝合金及其加工手册 [M]. 长沙：中南大学出版社，1988.
[2] サンアルミのアルミニウムはくハンドブック [M]. 日本サンアルミニウム工业株式会社，1980.
[3] 王祝堂. 金属世界 [J]. 2004 (4).
[4] 李明. 铝箔市场的现状与发展 [J]. 华铝技术，2006 (1).
[5] 崔国栋. 空调器散热片用铝箔的开发及其前景 [C]. 全国铜铝加工高新技术研讨会，2001.
[6] 石田修. アルミ箔とその应用加工 [M]. [日] 合成树脂工业新闻社，昭和43年.

第2章 铝箔冶金品质的基础——熔铸

铝箔的冶金品质取决于铝箔坯料的品质，即轧制铝箔用的毛料的品质。根据其来源的加工工艺的不同可分为：

(1) 热轧毛料；

(2) 连铸连轧毛料；

(3) 铸轧毛料；

(4) 高速铸轧毛料。

以上四种不同毛料轧制工艺不同，但它们的基础都是熔炼，熔炼工艺的好坏决定了冶金品质，而冶金品质从根本上决定了铝箔的品质。铝熔体的品质对最终产品品质具有不可逆转的决定性影响。可以毫不夸张地说，最终产品上的缺陷70%以上来自熔铸过程。

为了得到稳定的优质铝箔，必须对熔炼有比较详细的了解。在铝箔轧制过程显现出来的某些缺陷就是在熔炼过程中形成的，不很好地了解熔炼过程，就无法预防和消除这些缺陷。对于为铝箔提供坯料的熔炼过程要重点了解以下几个方面。

2.1 化学成分

合金的化学成分决定了合金的性能。标准的铝合金化学成分可以很容易查到。要满足特定性能要求，成分仅仅满足"国标"或"ISO"是不够的，能满足特定性能的铝箔的铝合金的化学成分不同厂家各有不同。

2.1.1 可借鉴的铝箔化学成分

表2-1列出了美、日、欧某些铝厂铝箔常用合金化学成分的内部标准。

表2-1 美、日、欧某些铝厂铝箔常用合金化学成分的内部标准

厂 别	合金	化学成分（质量分数）/%									
		Cu	Si	Fe	Mn	Mg	Zn	Cr	Ti	其他	Al
美国 AA 标准	1235	0.05	Fe + Si 0.65		0.05	0.05	0.1		0.06	0.03	99.35
日本 A 厂	1N30	0.01 ~ 0.05	0.1 ~ 0.2	0.4 ~ 0.5	最大 0.01	最大 0.01	最大 0.01	—	0.01 ~ 0.03	—	99.37
实际值		0.01	0.14	0.45	0.00	0.00	0.00		0.01	0.01	
日本 B 厂	1N30	0.01 ~ 0.03	0.1 ~ 0.2	0.4 ~ 0.5	最大 0.01	最大 0.01	最大 0.01	—	0.01 ~ 0.03	—	99.38
实际值		0.02	0.14	0.44	0.00	0.00	0.00		0.01		
日本 C 厂	1N30	0.01 ~ 0.03	0.1 ~ 0.2	0.4 ~ 0.5	最大 0.01	最大 0.01	最大 0.01	—	0.01 ~ 0.03		99.35
实际值		0.03	0.13	0.46	0.01	0.00	0.00		0.02		

厂别	合金	化学成分（质量分数）/%									
		Cu	Si	Fe	Mn	Mg	Zn	Cr	Ti	其他	Al
欧洲A厂	1235	0.05	最大0.15	0.4～0.5	0.02	0.003	0.04	0.05	Li 0.004	Na 0.004	99.36
美国A厂	1230	0.003	0.1～0.15	0.35～0.49	0.02	0.004	0.04	0.03	Li 0.03	Na 0.03	99.3
美国 AA标准	3003	0.05～0.2	最大0.6	最大0.7	1.0～1.5		0.1	—		0.15	—
日本A厂	3003	0.1～0.2	0.2～0.3	0.55～0.65	1.0～1.2		最大0.02		最大0.02		97.87
实际值		0.15	0.26	0.6	1.1		0.01		0.02		
日本C厂	3003	0.1～0.2	0.2～0.3	0.55～0.65	1.0～1.2	0.03	—	—	0.02		97.92
实际值		0.13	0.23	0.62	1.05						
美洲A厂	3003	0.2～0.55	0.15～0.3	0.45～0.6	1.05～1.2	0.05	0.05	0.2	0.05	—	其余

从表2-1可以看出，同是99.3%纯铝，不同厂家的成分组成是不同的，差别虽小，对后续加工中表现的影响却不可忽视。

2.1.2 Fe对铝箔性能的影响

把厚8mm的铸轧试料毛坯（0.3%～1.0%Fe；0.15%Si）冷轧到0.6mm，在350℃及550℃退火10h，保温2h，然后冷轧到0.1mm，并在200～250℃退火10h，保温2h。对按上述制度制取的0.1mm厚铝箔试样作了力学性能试验。随着Fe含量的增加（由0.3%增到1%）R_m和$R_{p0.2}$也相应地增大10%及15%，随着中间退火温度的升高，A及埃利可森数（IE值）也增大。A及埃利可森数的增大只决定于Fe含量和中间退火温度，与最终退火温度无关。如图2-1所示[1]。

2.1.3 Mg、Mn对铝箔性能的影响

镁、锰虽然是纯铝中含量较少的杂质，但其含量的影响也是不容忽视的，如图2-2所示。

把厚度为0.5mm退火状态纯度为

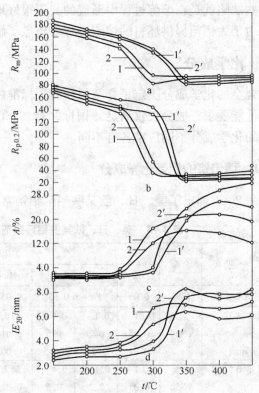

图2-1 Fe含量（质量分数）对0.1mm铝箔性能的影响
a—R_m；b—$R_{p0.2}$；c—A；d—IE
1—0.3Fe%；2—0.7Fe%
（1，2 t=350℃中间退火；1′，2′ t=550℃中间退火）

99.30%的铝带材轧至0.01mm，由于镁、锰含量不同，其冷作硬化的程度是不同的，如图2-2所示。为了最大程度地发挥轧机的能力，提高生产率，在选择铝箔坯料时对这一影响必须加以考虑，图2-2也说明，要使一种合金具备一定性能，化学成分组成是必要的基础，同时还要有后续的严格的工艺条件相随。仅仅套用某种化学成分，并不能得到期望的性能，对3003合金、高纯铝尤其如此。对于纯铝，$m(Fe)/m(Si)$ 比也是不可忽视的因素。

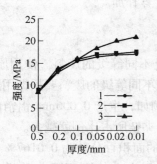

曲线	Si	Fe	Mn	Cu	Mg	Ti	Al	$m(Fe)/m(Si)$
1	0.12	0.46	0.000	0.02	0.000	0.02	99.38	3.0
2	0.14	0.44	0.003	0.015	0.001	0.014	99.3	3.14
3	0.14	0.43	0.01	0.01	0.03	0.014	99.4	3.8

在$m(Fe)/m(Si)$相同的情况下，Mg，Mn含量高和Cu含量高可起到相同的作用。但是，Mg容易漂浮在熔体金属表面形成氧化镁，这对于要进行表面深加工的铝箔是不利的。对于要进行表面深加工的铝箔，Mg含量应控制在0.005以下

图2-2 Mn、Mg含量对99.30%纯铝硬化程度的影响

2.1.4 $m(Fe)/m(Si)$ 对铝箔性能的影响

$m(Fe)/m(Si)$ 不同的1×××合金结晶时产生的初生相也不同。控制好1×××合金的 $m(Fe)/m(Si)$，就能控制好初生相，使其完全进入三元化合物之内，减少有害相的生成。如其比例不恰当，则在合金的显微组织中会出现共晶组织，影响铝的塑性（详细论述见第5章）。

2.1.5 化学成分的调节

合金化之后的铝成分经炉前快速分析常常和所要求的成分有所不同，因此还要进行必要的调整。以Fe为例：

（1）当化验结果比所要求的化学成分低时，需要加入的中间合金的质量为：

$$W' = \frac{w(Fe)_2 - w(Fe)_1}{w(Fe)} \times W \qquad (2-1)$$

式中　W'——需要加入的中间合金的质量，kg；

　$w(Fe)_1$——铝熔体中实际Fe含量，%；

　$w(Fe)_2$——所要求的Fe含量，%；

　　W——炉内金属质量，kg；

　$w(Fe)$——所要加入的中间合金的Fe含量，%。

补加时要特别注意，宁可稍微少一些，不要超标，一旦超标就要用较多的纯金属冲淡，既降低了炉温，又延长了熔炼时间，有时因投料过多超过了炉的容量，会使熔体外溢。另外，有大量纯金属入炉，其他成分又降低了，还需补料。

（2）冲淡。如（1）所述，一旦超标就要用较多的纯金属进行冲淡，冲淡需要加入的金属量为：

$$W' = \frac{Y_2 - Y_1}{Y_1} \times W \tag{2-2}$$

式中 W'——冲淡需要加入的金属量，kg；

$\qquad W$——炉内原有金属量，kg；

$\qquad Y_1$——所要求的元素含量，%；

$\qquad Y_2$——铝熔体内该元素的实际含量，%。

冲淡后，有的元素含量可能降低，还要按式（2-1）计算补加。

2.2 炉料

常用的炉料有来自电解槽的原铝和原铝锭、复化铝锭及不同等级的废料。使用原铝，必须有强化的净化处理工艺，复化铝锭的验收要特别小心，不同等级的废料要根据用途确定适当的添加比例。特别是对于性能有严格要求的产品，例如，生产 0.006mm 铝箔的炉料，就不允许使用废料。使用废料比例越大，金属中非金属夹杂所占比例就越多。

例如，用 99.99% 高纯铝生产的铝板带，其非金属夹杂的面积百分数为 0.0167%，而用其废料生产的板带，不但纯度下降为 99.97%，其非金属夹杂的面积百分数增大到 0.117%（同是 30 个检测点的平均值）。某厂 3102 合金静置炉流口处夹渣分布（全部使用废料时），其非金属夹杂的分布如图 2-3 所示，其面积百分数达 2.065%，夹杂最大颗粒尺寸达 143.5μm，而采用正常炉料（废料不大于 20%），其非金属夹杂的分布如图 2-4 所示，其面积百分数只有 0.802%，夹杂含量相差 2.5 倍，夹杂最大颗粒尺寸 52.9μm，只相当于全部使用废料时夹杂颗粒尺寸的 1/3（关于面积百分数的含义请参见 2.5.1 小节铝熔体的过滤）。

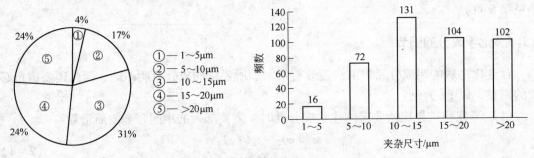

图 2-3 3102 合金静置炉流口处夹渣分布

（全部使用废料，面积分数为 2.07%）

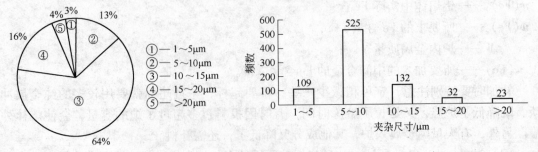

图 2-4 3102 合金静置炉流口处夹渣分布

［采正常炉料（使用废料不大于 20%，面积分数为 0.80%）］

　　无论使用原铝、原铝锭还是复化铝锭，在熔炼炉和静止炉中都要进行精炼处理。常用的精炼方法有：

　　（1）向炉内喷吹熔剂粉。以纯度不低于99.99%的氮气为载体，以（1.5～2）×0.1MPa的压力（控制熔体浮起高度不超过100mm），将配制好的混合型熔剂粉吹入溶池底部，时间20～30min，氮气用量约0.6m³/min，熔剂粉用量为每吨熔体1.5～2kg。熔剂粉成分为：KCl、$NaCl$、Na_3AlF_6。

　　（2）将经CCl_4充分浸泡过的轻质耐火砖装于特制长柄料筐内，在炉中搅拌，CCl_4的用量约为每吨铝0.5kg。

2.3　铝熔体温度

　　铝熔体在熔炼炉和静止炉中的温度对最终产品的品质有不可忽视的影响。这种影响在很大程度上取决于装备水平。当炉子装有自动的温度控制系统时，铝熔体温度对坯料品质的影响可以不考虑，为确保温度的均匀性，在现代化的熔炉上装有电磁搅拌装置或炉底氮气喷吹装置。当没有电磁搅拌装置或炉底氮气喷吹装置时，熔池中上下铝熔体的温差就会很大。图2-5是容量为20t的熔炼炉在铝熔化后2h熔池上下铝熔体误差的典型分布。

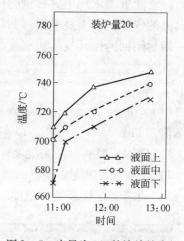

图2-5　容量为20t的熔炼炉在铝熔化后2h熔池上下温差的典型分布

　　造成铝熔体温度过高的另一个因素是直接使用原铝，不但温度高，非金属夹杂和氢气含量也高，要格外精心处理。

　　铝熔体温度越高，则氢含量越高，这是大家所熟知的。

　　在熔炼过程中铝熔体温度应控制在730～760℃，静止炉中铝熔体温度应控制在700～730℃。

2.4　铝熔体的氢含量

　　溶解在铝熔体中的气体主要是氢，占气体总量的80%左右。依靠自然除气过程铝中氢气含量无法达到0.2mL/(100g Al)。为减少铝箔成品的针孔量，厚度在0.01mm以下的铝箔坯料的氢含量应在0.12mL/(100g Al)以下。为此只能通过专门的除气措施来减少铝中氢的含量。

2.4.1　除氢装置

　　在静止炉出口处常用的典型除气装置有转子喷头式和不带转子喷头两种形式。进入20世纪90年代，转子喷头式除气装置应用得比较普遍，如：ALPUR（法国PECHINEY公司开发），SNIF（美国联合碳化物公司开发），HYCAST（挪威海德鲁铝业公司开发），ACD（加拿大铝业公司开发）等。随着透气砖的广泛应用，又有了透气砖与搅拌器组合的在线除气装置的应用。对于除气装置，用户关心的是它的除气效率。以上几种除气装置的除气效率为 50% ~ 70%。除气效率和使用条件有很大关系。在中国的同一个工厂，同时使用 ALPUR、SNIF 和 HYCAST 的车间，采用相同的工艺生产 8××× 合金，使用 Telegas 测氢仪检测三个月的统计结果表明，以上三种除气装置其除气效率并无明显差别。可是同一除气装置在不同使用条件下的除气效率却差别很大。这是因为除气效率和合金牌号、铸造温度、过滤前氢含量、净化气体类型、净化气体中氢含量、净化气体的流量、净化气体与熔体的接触时间、转子的转数、外部环境、测量氢含量用的仪器、探头浸入深度等有关，每一项对除气效率都有很大影响。

2.4.2 测氢仪和氢含量

尽管能够测量铝中氢含量的仪器不少，但是能够在线测量铝熔体中氢含量并以数字显示其值的仪器基本上是根据"封闭回路循环气体法"和"固体电解质氢传感器法"制成的。用封闭回路循环气体法制成的仪器有 Telegas 测氢仪（美国铝业公司开发）、Alscan 测氢仪（加拿大铝业公司开发）、LH 型测氢仪（中国西南铝业（集团）有限责任公司开发）。

（1）Alscan 测氢仪的最新发展[2]，可以在铝熔体中在线测量氢含量并以数字显示其含量值，如图 2-6 所示，可以实现远程控制和传送并显示：

1）周围环境的温度和湿度；

2）绝对湿度和氢含量；

3）动态氢含量（氢含量随时间的变化）。

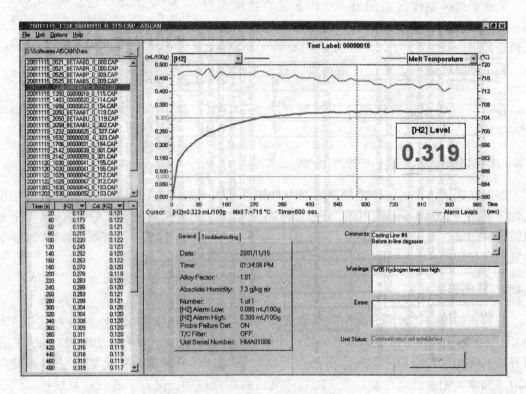

图 2-6 最新型号 Alscan 测氢仪的动态信息

值得注意的是，虽然 Telegas 和 Alscan 在国际铝加工行业广泛应用，但是两者在同一条件下测得的数值是不同的。Telegas 和 Alscan 之间存在较固定的差值（图 2 - 7），平均差值为 0.038，即 Alscan 测得值比 Telegas 测得值约高 0.04[3]。

（2）关于国产测氢仪和 Telegas 的差尚无正式统计数据。笔者在 Telegas 调试后与国产测氢仪测得值的比较中发现两者的线性相关性较差（图 2 - 8）。

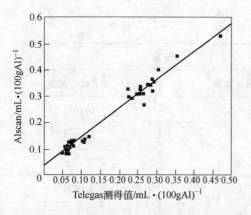 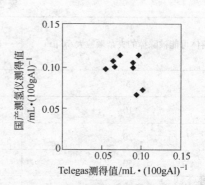

图 2 - 7　Alscan 和 Telegas 测得值的比较　　　图 2 - 8　Telegas 和国产测氢仪测得值的比较

（3）固体电解质氢传感器法在国外已有应用。东北大学开发的该型测氢仪在笔者参与下做过现场工业性试验，可以连续测量铝熔体中除气前后的氢含量，并显示和记录，其优点是十分明显的，只是没有和 Telegas 测量值做过比较。

2.5　铝熔体中的非金属夹杂

2.5.1　铝熔体的过滤

铝熔体中的非金属夹杂会在铝箔轧制过程出现表面条纹和针孔。表面条纹也是高档 PS 版板基所不允许的缺陷。为满足高档铝箔坯料和 PS 版板基的需要，减少铝熔体中的非金属夹杂和检测铝熔体中非金属夹杂的大小以及分布已成为铝箔生产中的重要环节。过滤的目的就是要尽可能去掉铝熔体中的非金属夹杂。20 世纪 70 年代中期以来，国外做了大量研究工作，但受到检测手段的限制，国内做的还较少。

目前常用的铝熔体过滤装置是双层多孔陶瓷过滤板。过滤效果取决于铝熔体通过过滤板的流速、单层过滤板的孔眼数和双层过滤板孔眼数的组合。

2.5.1.1　过滤效率和流速

Selee 公司给出了下面的计算式

$$过滤效率 = 1 - e^{\frac{-k_0 L}{v_{\mathrm{m}}}} \tag{2-3}$$

式中　L——过滤板厚度，mm；

　　　k_0——孔眼动态系数；

　　　v_{m}——过滤箱内金属流动速度，mm/s，

$$v_{\mathrm{m}} = \frac{熔体速度(\mathrm{kg/min})}{液态铝密度 \times 过滤板面积 \times 孔眼系数}$$

熔体密度 $=2.37\mathrm{g/cm^3}$。

孔眼系数：对60ppi过滤板为0.85，ppi值不同时参照图2-9中虚线选取。

过滤板面积：不含搭接斜面的面积，例如对于17″过滤板的面积为0.16m²而不是0.186m²。

通常金属通过过滤器的流速应小于20mm/s。

K_0 系数参照表2-2选取。

表2-2 K_0 值的选取

熔体可能被除掉的夹杂颗粒大小/μm	K_0 值	
	粗孔眼过滤板	细孔眼过滤板
5	0.0265	0.1063
10	0.053	0.2125
20	0.106	0.425
50	0.265	1.0625
100	0.53	2.125

从公式（2-3）中可清楚的看到，过滤箱内熔体流动速度越低，夹杂除去效率越高。

2.5.1.2 单层过滤板的筛孔孔眼数和过滤效率

单层过滤板的筛孔孔眼数和过滤效率如图2-9所示。

2.5.1.3 不同孔眼数双层过滤板组合的过滤效率

根据Selee公司经过多次验证的模式化结果表明：一层20″细过滤片和20″+17″两层过滤片的捕捉效率几乎是一样的。使用一块细过滤片时，如果熔体很脏，过滤片会很快堵塞，使用两块过滤片可延长过滤片的使用寿命。就过滤效率而言，靠增大过滤面积来改善捕捉效率远比在上面增加一个粗过滤更有效。更为有效的布置方式是在流槽出口平行放置两个面积较大的细过滤片，而不是一粗一细串联使用。采用LiMCA法测得的 N_{20} 的过滤效率见表2-3[4]（图2-10）。

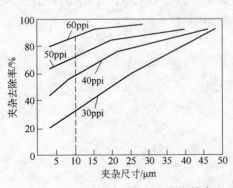

图2-9 不同规格过滤板的除杂效率

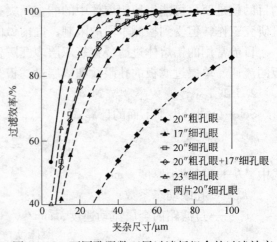

图2-10 不同孔眼数双层过滤板组合的过滤效率

表 2-3   LiMCA Ⅱ 法测得的 N_{20} 的过滤效率

试验次数	单层过滤板		双层过滤板		ABF 床式过滤器
	30ppi	50ppi	30/50ppi	50/70ppi	
1	80.5	97.8	89.7	95.2	82.5
2	48.3	40.4	93.0	99.3	84.1
3	38.9	74.0	88.5	80.6	77.5
4	65.7	85.9	92.1	—	75.9
5	88.0	68.0	—	—	69
6	63.4	89.8	—	—	—
合计	67.5	74.4	90.8	94.6	78.2

注：ABF 床式过滤器为加拿大铝业公司设计，内含薄片状氧化铝所组成的整体式床垫。

从表 2-4 可以看到，双层组合过滤可显著提高除杂效率，双层过滤板的另一个优点是过滤后杂质含量的波动小，特别是细孔眼双层组合过滤（图 2-11）[5]。

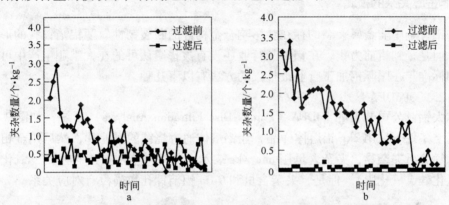

图 2-11   单层和双层泡沫陶瓷过滤前后夹杂数量的波动情况

a—使用 30ppi 泡沫陶瓷过滤板过滤前后夹杂数量随使用时间的波动情况；

b—使用 50/60ppi 两层组合泡沫陶瓷过滤板过滤前后夹杂数量随使用时间的波动情况

从图 2-12 可以看到，要想把尺寸小于 6~8μm 夹杂除掉 50% 以上，采用泡沫陶瓷过滤板是做不到的[6]。因此采用管式烧结陶瓷过滤器已成为高档铝制品的必要手段。

烧结陶瓷管式过滤器的过滤能力取决于烧结颗粒形成的"通道"（孔径）尺寸和过滤管等级，其关系如图 2-13~图 2-15 所示[7]。

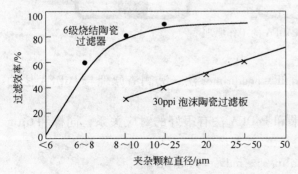

图 2-12   管式烧结陶瓷过滤器的过滤效率

（溶体流量 250kg/min）

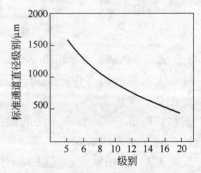

图 2-13   烧结陶瓷过滤器的级别和孔径

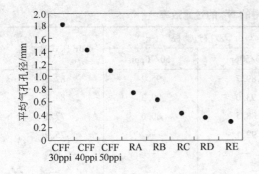

图 2－14　陶瓷过滤器等级和孔径的关系

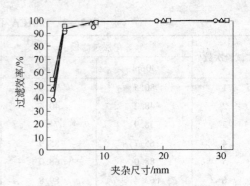

图 2－15　不同等级过滤器对不同夹杂
颗粒尺寸的过滤效率
○—RA；△—RB；□—RC

2.5.2　非金属夹杂的检测

铝和铝合金中非金属夹杂的存在会影响合金构件的断裂韧性、薄铝箔针孔的形成和表面品质。但是，到目前为止，在铝加工行业还没有被普遍认可的在大工业生产中可行的检查方法和标准。在国际铝加工行业被推崇的方法有以下几种。

2.5.2.1　PoDFA[8] 法

加拿大铝业公司开发的 PoDFA（Porous Disc Filtration Analysis）系统，如图 2－16 所示，在真空条件下采用 2kg 铝熔体样品，让铝熔体通过烧结的过滤片，然后用金相显微镜观察过滤片分析夹杂物，夹杂含量用 mm^2/kg 表示，同时可鉴别夹杂的种类（氧化镁、碳化物、氧化硅、氧化膜）。但是，夹杂含量和 $6\mu m$ 铝箔针孔数尚没有对应关系。

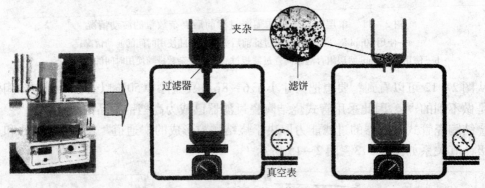

图 2－16　PoDFA 的工作原理

2.5.2.2　Prefil－Footprinter 法

加拿大波曼公司（Bomem）开发的 Prefil－Footprinter 法，其测渣原理与 PoDFA 法的类似（图 2－17）[8]。

据称，Prefil－Footprinter 法的检测结果和 PoDFA 法有很好的对应关系，同样和 $6\mu m$ 铝箔针孔的多少尚没有对应关系。

2.5.2.3　LiMCA（Liguid Metal Cleanliness Analyser）系统[8]

波曼公司开发的 LiMCA CM 系统通过带有 $300\mu m$ 孔眼的玻璃探头，直接浸入铝熔体中，带有孔眼的探头周围就是传感区，测量铝熔体中悬浮的绝缘粒子的密度，并实时分析

第一步：取 1.4kg 铝熔体；

第二步：在一定温度和压力条件下精确测量 1.4kg 铝液
全部通过漏孔的时间，该时间越短金属越清洁；

第三步：通过显微镜检查滤饼上夹杂颗粒的大小，尺寸
分布和夹杂种类

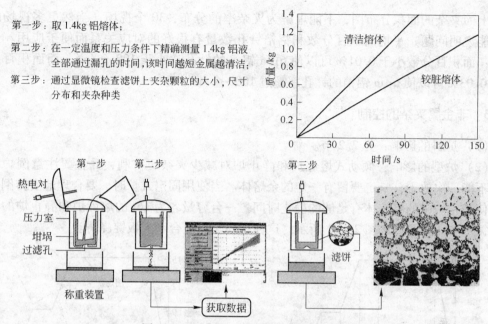

图 2-17 Prefil-Footprinter 法工作原理

尺寸为 20~300μm 夹杂物的体积分布。由于配备了先进的信号和数据处理电子装置，仪器可通过分析电压波动频率及波动幅度的分布来推测铝熔体中粒子的密度及体积分布。粒子密度以夹杂物粒子个数/（kg 铝熔体）表示。它能连续监测铸造过程中洁净度的变化情况，将其显示为工艺参数和熔体处理操作的函数，或仅显示为时间的函数。

以上三种方法的典型的检测结果都只能表达到 N_{20}，即能够把大于 20μm 的非金属夹杂全部过滤掉的效率。显然，对于满足高档铝箔坯料和 PS 版板基的要求是不够的。当然通过用显微镜观察分析滤饼上夹杂的分布可以测得颗粒直径小于 20μm 夹杂的尺寸，但整套装置价格相当昂贵。

2.5.2.4 配有金相图像分析系统的金相法

用金相显微镜观察试样单位面积上夹杂物的数量和大小及计算方法是多年来金相分析的最基本的操作。只是这种操作既费时又费力，效率极低。随着计算机技术的发展，在计算机专用图像分析系统的帮助下，这种操作变得简单、可行、可信、价廉。

在海门电子铝材厂，利用金相图像分析系统，采用面积百分数方法，对非金属夹杂进行分析，已经取得适用的结果，用夹杂的面积百分数和最大夹杂颗粒尺寸计量的结果如图 2-18 和图 2-19 所示。

图 2-18 进口热轧坯料的夹杂分布
□ 1~5μm；□ 5~10μm

图 2-19 进口铸轧坯料的夹杂分布
□ 1~5μm；□ 5~10μm

上面夹杂的面积分布图，不能理解为夹杂率的分布，30 个视场（当然更多视场的结果更能说明问题）平均面积百分数和铝箔针孔数量有很好的对应关系而便于应用。试验表明：面积百分数小于 0.01% 可以使 6μm 铝箔的针孔率小于 100 个/m²，而面积百分数大于 0.03% 可以使 6μm 铝箔的针孔率超过 1000 个/m²[9]。

2.5.3 非金属夹杂的控制

（1）炉料的影响：见 2.2 节。

（2）炉型的影响：倾动式熔炼炉和静止炉对减少夹杂更有利，并且要注意倒炉和放流时不能一次放干，一定要留有一定的余熔体。当使用固定式炉时，要合理地安排倒炉时间，使静止炉中的铝熔体有足够的静止时间。一台容量各为 16t 的熔炼炉和静止炉的典型工作循环如图 2－20 和图 2－21 所示。这种布局，只适合于大板锭浇铸。

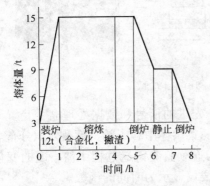

图 2－20　16t 熔炼炉的工作循环

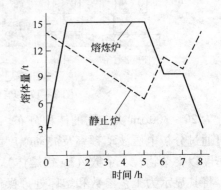

图 2－21　16t 熔炼炉和静止炉的工作循环

（3）尽管通过熔炼炉和静止炉工作循环的安排可以减少转炉时对静止炉中铝熔体的冲击，但是，对于铸轧卷来说，铝熔体始终不能在经过充分静止后流入铸轧机。对 16t 熔炼炉来说，如果配置两台 8t 静止炉，一台向铸轧机供熔体，一台静止，交换使用，铝熔体将会得到充分的静止，从而减少非金属夹杂。

（4）通过熔炼过程中的正确、及时的覆盖、搅拌、撇渣、精炼处理，可以改善非金属夹杂的状态。

2.5.4 非金属夹杂缺陷的图像分辨

非金属夹杂是铝箔产生针孔的主要原因，但不是唯一的原因。因此一旦出现数量较多的针孔或肉眼不易分辨的表面缺陷，就要进行显微分析。对针孔缺陷进行金相分析是重要的检测手段，对分析结果作出正确的判断尤为重要。

2.5.4.1　针孔图像的建立

针孔或表面缺陷的图像应包括：试样的来源、缺陷的数量、缺陷表面特征、缺陷大小、缺陷位置、显微图像以及电子扫描图像、对图像的分析（图 2－22）。

2.5.4.2　典型的非金属夹杂造成的针孔

图 2－23 是针孔缺陷的 SEM（Scanning electron microscope）图像，针孔边缘为絮状，为非金属夹杂物所压成。图 2－24 是 EDS（Energe dispersive X－ray spectroscopy）图像，

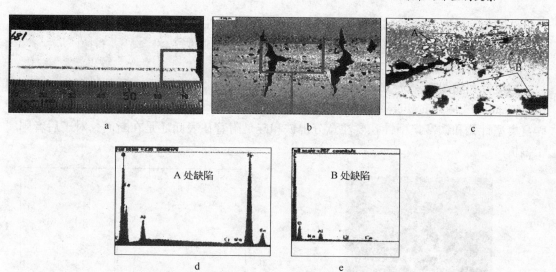

图 2-22 针孔缺陷图像一例

a—缺陷大小,位置;b—缺陷微观形貌(低倍);c—缺陷微观形貌(高倍);d,e—EDS(X射线能谱衍射扫描)

铝中硅和氧含量较高。在 EDS 图像中不含 K、Na、Ca、Mg 等杂质,说明试样来自热轧坯料。

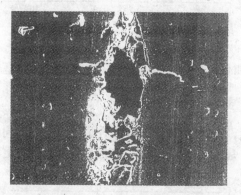

图 2-23 针孔缺陷的 SEM 图像

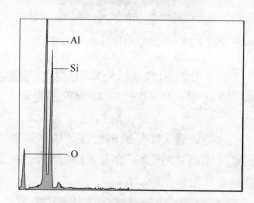

图 2-24 针孔缺陷的 EDS 图像

2.5.4.3 硅富集型针孔

图 2-25 为硅富集型针孔 SEM 图像,边缘清晰;EDS 图像如图 2-26 所示,常含有氧成分。

图 2-25 硅富集型针孔 SEM 图像

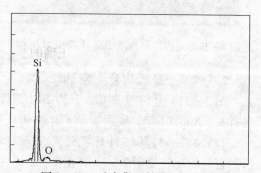

图 2-26 硅富集型针孔 EDS 图像

硅富集型针孔大多是耐火材料颗粒造成的，常常发生在厚度大于0.025mm的铝箔上。薄铝箔上密集细小硅富集型针孔是过饱和硅没有充分析出所致。

2.5.4.4 铁富集型针孔

这类针孔如图2-27和图2-28所示。在SEM图像上可明显看到外来物。用BEI（Backscatterd Electron Micrograph）方式检测会更明显。EDS检查结果外来物是铁屑。对于硅富集型针孔和铁富集型针孔要注意分辨铁和硅是附着在表面还是在断面，对于后者则属于偏析。

图2-27 铁富集型针孔的SEM图像

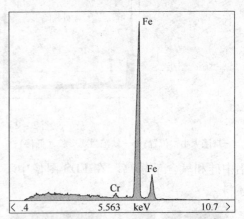

图2-28 铁富集型针孔的EDS图像

如果EDS图像显示外来物是铝，表示粘（Zhan）铝，如果EDS图像显示外来物是钛则可能是Al-Ti-B丝中Ti颗粒的凝聚。

2.5.4.5 由擦、划伤造成的针孔

这类缺陷常常是成串出现，边缘清晰无絮状，在能谱图上缺陷周围没有和基体不同的元素（图略）。图2-29是SEM图像，图2-30是BEI图像（电镜背散射图像），能更清楚地表现轮廓图形。

图2-29 由擦、划伤造成的针孔SEM图像

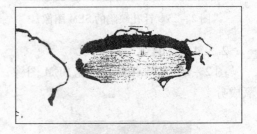

图2-30 由擦、划伤造成的针孔BEI图像

2.5.4.6 铸轧坯料夹杂针孔

图2-31a为SEM图像，b为BEI图像，边缘有絮状物，c为EDS图像，EDS图像中含有K、Na、Cl等，说明夹杂产生在铸轧过程。

2.5.4.7 铸轧坯料针孔处元素和铸轧辊表面火焰喷涂残留物元素的比较

它们的比较见图2-32和图2-33，两者的分布是相似的（图2-33是把火焰喷在玻璃片上测得的，所以含有较多的硅）。

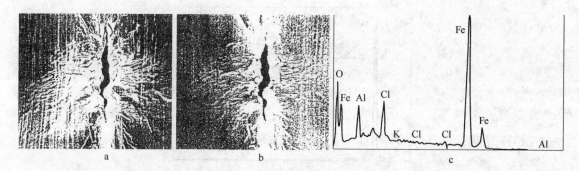

图 2 - 31　铸轧坯料夹杂针孔图像

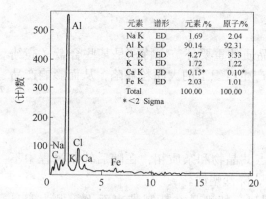

图 2 - 32　铸轧坯料针孔处元素的分布

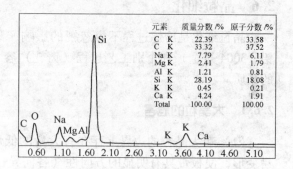

图 2 - 33　喷涂残留物元素的分布

2.5.4.8　断裂和撕裂形成的针孔

这类针孔如图 2 - 34 所示，断裂裂口与轧制方向垂直，撕裂裂口和轧制方向平行（图 2 - 35），边缘有一半是清晰的，和成分或夹杂无关，主要原因是轧制工艺。

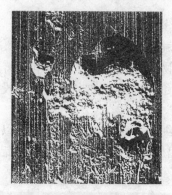

图 2 - 34　断裂形成的针孔

图 2 - 35　撕裂形成的针孔

2.5.4.9　板带中心偏析缺陷

由于铸轧参数选择不当，常常会在轧制带材断面的中心部位产生偏析，如图 2 - 36 所示。这些不同组分的中间合金相，在轧制过程被压碎，碎片尺寸往往大于 $6\mu m$，在 $6\mu m$ 的铝箔上形成针孔。这是特薄铝箔产生针孔的另一个重要原因。

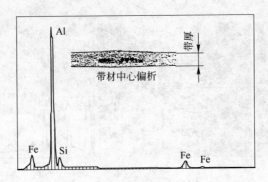

图2-36 带材中心偏析缺陷的 EDS 图像

2.6 晶粒细化

晶粒细化是冶炼过程不容忽视的影响产品品质的重要环节，特别是某些合金（高纯铝、3004合金）和个别工艺过程（铸轧）容易产生组织上的大晶粒缺陷，从而影响产品的品质。

2.6.1 大晶粒的危害

（1）粗大晶粒的边界上存在有大量的低熔点共晶物和杂质相，在随后轧制过程中不易变形，使板带具有明显的方向性（各向异性），降低塑性。

（2）粗大晶粒材料的轧制表面容易形成裂口，特别是在轧制带表面上，尤为明显（马蹄裂）。

（3）粗大晶粒材料的轧制表面粗糙，有明显的条文，在轧制过程中影响操纵手对带面的观察，轧制后，特别是在氧化着色材料表面会形成明显的色差（花脸）。

（4）粗大晶粒坯料在铝箔轧制过程的最后阶段容易断带，明显降低成品率。

2.6.2 晶粒细化方法

晶粒细化的方法可以分为：动态晶粒细化和采用添加剂细化。

（1）动态晶粒细化是在熔体凝固过程中施以某种物理振动：大方锭的电磁铸造（当然它的主要目的不是晶粒细化）、电磁铸轧。动态晶粒细化需要增加专用设备，投入比较大，适于单一品种大批量生产。

（2）在铝加工中应用普遍的方法还是采用添加剂细化。所采用的细化剂有以中间合金形式加入的、粉状盐形式加入的或气态加入的。在铝加工行业中普遍采用的是铝-钛-硼丝连续加入方法。

（3）铝-钛-硼丝的常用成分见表2-4[10]。

其中，最常用的为 3/1 TiBAl，3/1 TiBAl 和 5/1 TiBAl 的细化效果比较如图2-37所示。

在这里特别注意的是，细化效果不仅仅取决于成分，更重要的还与"形态"有关。必须是细小均匀分散分布的 TiB_2 在 $TiAl_3$ 的包围中形成的颗粒，颗粒大小还要满足一定的尺寸要求才能起到细化作用。对于 3/1 TiBAl，90% 的 TiB_2 的尺寸要小于 $1\mu m$，$TiAl_3$ 的尺

寸要小于 $60\mu m$，对于 5/1 TiBAl，$TiAl_3$ 的尺寸要小于 $80\mu m$，而且在铝-钛-硼丝的任何部位都要满足上述的要求。如果 TiB_2 的晶粒过于粗大或凝聚，在铝箔轧制时就会显露出来，针孔就会增加。

表2-4 铝-钛-硼丝的常用成分

合金种类	成 分		$m(Ti)/m(B)$
	Ti	B	
3/0.2 TiBAl	3	0.2	15
3/0.5 TiBAl	3	0.5	6
3/1 TiBAl	3	1	3
5/0.2 TiBAl	3	0.2	25
5/0.5 TiBAl	3	0.2	10
5/1 TiBAl	3	1	5

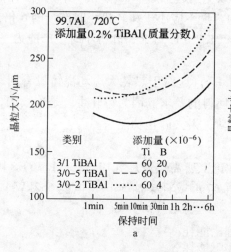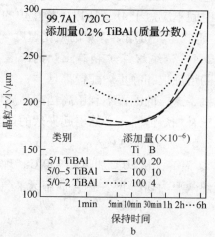

图2-37 3/1 TiBAl（a）和5/1 TiBAl（b）细化效果的比较

2.7 熔炼炉和静止炉

2.7.1 炉型的选定

铝和铝合金熔炼使用最多的炉型是圆形炉和矩形炉。圆形炉和矩形炉又有固定式和倾动式之分。

（1）熔炼炉采用圆形的较多，因为圆形炉装料比较方便，装料时间只占熔炼时间的 2%～5%。燃烧器的配置应能使炉内产生有利的热气漩流，工作效率比矩形炉的高，每小时单位溶池面积产量约 $350 \times 10Pa$。但扒渣、清炉比较困难。另外，装料时炉盖移开，烟雾逸出，卫生条件较差。

（2）矩形炉装料时间较长，即使机械化装料，装料时间也超过熔炼时间的 20% 以上，装碎料所用的时间就更多。经常打开炉门热损失也大，工作效率低，每小时单位溶池面积产量约为 $(220～250) \times 10Pa$。

（3）为了减少夹杂含量，圆形炉和矩形炉都可以做成倾动式。但非金属夹杂并不总是沉积在炉底。特别是倾动式静止炉的扒渣和精炼很不方便。

2.7.2 熔炼炉和静止炉的容量和配置

2.7.2.1 热轧大扁坯用静止炉的容量

热轧大扁坯用静止炉的容量要根据立式铸造机的能力确定。为确保每个铸次静止炉中铝熔体不放干，静止炉的容量要比立式铸造机的能力大 20% ~ 25%。

热轧大扁坯用熔炼炉的容量 = （1.2 ~ 1.25）× 热轧大扁坯用静止炉的容量

2.7.2.2 辊式铸轧机用静止炉的容量

辊式铸轧机用熔炼炉的容量 = 10 × 铸轧机小时生产能力

2.7.2.3 辊式铸轧机用熔炼炉的熔化速度

为铸轧机供料的静止炉与为热轧大扁坯用静止炉不同，它是连续不断地供料，不能间断，又不宜经常地随时接受熔炼炉的供料，以免引起铝熔体面搅动。由熔炼炉向静止炉供料的间隔时间不应短于 4h，所以，静止炉的容量不应小于铸轧机小时产量的 6 倍。

辊式铸轧机用熔炼炉的熔化速度 = （1.2 ~ 1.5）× 铸轧机小时生产能力

2.7.2.4 传统熔炼炉和静止炉的配置

传统的熔炼炉和静止炉配置都是"一对一"，这对于热轧大扁坯浇铸没有问题。但是对于铸轧机，这样的配置不利于高档高品质坯料的要求。因为铸轧生产是连续的，在连续铸轧过程中补加熔体料，必然引起夹杂的搅动，失去静止功能。

2.7.2.5 能耗和热效率

熔化 1t 铝锭，从 20℃ 加热到 750℃，理论上所需热量是 （10.92 ~ 11.76）× 10^5 kJ。

假定热效率为 50% 时，折合标态天然气 67m³ 或轻柴油 56kg，电能 652kW·h，则热效率 η：

$$\eta = \frac{理论能耗}{实际能耗}$$

炉的能耗不仅取决于炉本身，还和操作有很大关系，如装料方式、炉压控制、燃烧过程控制等。而实际能耗也不能依某一炉的数据为依据，要取多炉连续工作的平均值。

2.7.2.6 烧嘴功率的校核

$$烧嘴总功率 = \frac{所要求烧嘴总发热量}{0.858}$$

$$（1kcal/h = 1.165W, \ 1W = 0.858kcal/h）$$

$$所要求烧嘴总发热量 = 每小时生产能力所需热量/炉热效率$$

2.7.2.7 使用部分熔体料节省的能量

当使用温度为 920℃ 的原铝，1kg 原铝含有 1344kJ 热量，高出 760℃ 的余热可熔化 1kg 的 14.3% 的固体料，使其达到 760℃，当液体料的温度为 800℃ 时，理论上可熔化的固体料只有 1kg 的 3.6%。

2.7.3 某些先进技术在熔炼过程中的应用

（1）低 NO_x 蓄热燃烧系统的应用可明显地降低能耗，提高炉子的燃烧效率。

（2）炉底电磁搅拌：明显降低铝熔体温差，改善成分均匀性，提高劳动效率，节省能源。以 25t 圆炉为例，炉底和表面温差为 80℃时，启动电磁搅拌不到 1min，炉底和表面温差即可减小到 5℃以下。

（3）炉底透气砖：明显降低铝熔体温差，改善成分的均匀性，减少铝渣（扒渣时间可减少 50%）和氢含量（减少 40% ~ 60%），降低燃料消耗，提高劳动效率，节省能源。对于一台 100t 的长方形熔炼炉，溶池深 1220mm，搅拌前上下温差 52℃，投入搅拌 5min 后，温差为 3℃。

（4）采用一台熔炼炉对两台静止炉的配置，并采用炉底透气砖，可明显减少非金属夹杂的含量。

（5）扒出来的铝渣，快速处理，可最大限度地减少铝渣中铝的含量。暴露在空气中没有冷却的铝渣，每分钟就会氧化掉 1% 铝。

参考文献

[1] Злотн Л Б. 用无锭轧制毛坯轧制的铝箔组织和性能 [J]. 轻金属，1984（8）.

[2] Jane E. Kaiser Aluminum, Spokane, WA and Rbert A. F. Rank, Praxair, Tarrytown. N Y. Startup and Evaluation of the SNIF SHEER System at Kaiser Aluminum, Trentwood Works [C]. Presented at 122nd TMS Annual Meeting Denver, Colordo, February 24, 1993.

[3] Dawid D. Smith; Leonard S. Aubrey; Technical update on stage ceramic foam filtritiob technology [M]. Submitted to 6th Australian Asian Pacific Conference 1997.

[4] Dawid D Smith, Leonard S. Aubrey. LiMCA Ⅱ Evaluation of the Performance Caeracteristecs of Singole Element and Steged Ceramic Foam Filtrition [M]. SELEE Corporation.

[5] Bonded Particle Filter for Molten Aluminum Meltaullics System Co. L. P.

[6] 管式过滤器（PTF）技术说明. 三井金属陶瓷事业部，2009.

[7] 辛达夫，王春娟. 铝箔针孔和金属纯洁度 [C]. 全国铝合金熔铸技术交流会论文集，2004.

[8] J. PEARSON. M. E. J. BRICH. improved grain refining with tibal all oys containing 3% titainium [J]. Light Metals, 1984.

第3章 铝箔带坯

3.1 热带坯

当冶金品质相同时，由不同类型的热轧机列所生产出来的铝箔坯料的产品品质有所不同。

3.1.1 典型的热轧机列

典型的热轧机列示意图如表 3-1 所示。

表 3-1 典型热轧机列

机型示意图	名 称	代 表 厂
	初始型单机架热轧机	东北轻合金有限责任公司（改造前）
	改进型单机架热轧机	东北轻合金有限责任公司（改造后）
	单机架双卷取热轧机	关铝股份有限公司，埃及铝业公司，韩国尉山铝业公司（KORALU）
	热粗轧 + 单机架双卷热轧机	西南铝业（集团）有限责任公司，澳大利亚科马科公司（Comalco）
	热粗轧 + 四机架连轧热轧机（俗称 1+4）	西南铝业（集团）有限责任公司，德国阿卢诺夫工厂（Alunnorf）
	热粗轧 + 热中轧 + 五机架连轧（俗称 1+1+5）	美国特雷特伍德厂（Trentwood）

3.1.2 不同类型热轧机列的产品品质

由于初始型单机架热轧机和改进型单机架热轧机本身结构上的缺陷，成品的表面品质和加工品质都难以保证，所以这两种轧机在新建项目中很少采用。其他三种热轧机列成品在厚差（纵向、横向）、中凸度（板形）、板带力学性能的均匀性、表面品质几项重要的热轧品质指标上所表现的定性比较见表 3-2。各项参数对带材品质的影响如下述

表3-2 几项重要的热轧品质指标在不同机型上的定性比较

机 型	厚 差	中 凸 度	性能均匀性	表面品质
热轧双卷取	+	-	-	-
热轧 (1+1) 式	+	-	-	-
热连轧 (1+3) 式	+	+ +	+ +	+ +

注:"+"表示好;"++"表示更好;"-"表示差。

(1) 压下量。连轧机的基本方程计算表明,给定压下量变化对成品带厚的影响在第一个机架最明显,在第二个机架稍有些影响,而在第三个、第四个机架完全没有影响。给定轧辊转数对成品板厚的影响在第一个、第五个机架最明显,在第二个机架稍有影响,而在第三个、第四个机架完全没有影响[1]。所以,在具有相同控制功能的 AGC 条件下,可以认为,三种典型热轧工艺的产品厚差基本上同在一水平上。

(2) 中凸度。热轧铝带的中凸度控制在热粗轧阶段已基本上定型,在精轧阶段精调。在连轧机上,每一个机架上的辊型都是不同的,可以得到最好的调节,而 (1+1) 式最后的三个道次使用的是同一辊型,热轧双卷取也是如此,每一个道次辊型都得调节,使板形处于不稳定状态。

(3) 力学性能。带材力学性能的均匀性直接影响特薄铝箔轧制的稳定性,带材力学性能不均匀,在双合轧制中极易断带。所以,对高档铝箔坯料,不仅强度变化应小于平均值的 ±5%,而且还要求强度每米变化率要小于或等于 ±0.3%。如图 3-1 所示。

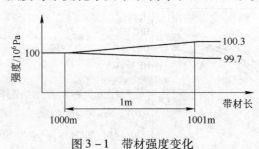

图 3-1 带材强度变化

在 1000m 处的强度为 100MPa;

在 1001m 处的强度应为 100.3 ~ 99.7MPa。

强度变化控制在 ±5% 以内并不太困难,但是要把强度每米变化率控制在小于或等于 ±0.3% 并不容易。

(4) 终轧温度。为了控制带材力学性能的均匀性,首先应控制热轧的终轧温度的均匀性(当然还和成分的均匀性以及退火制度有关)。在热连轧机列上可以通过控制轧制速度控制终轧温度。笔者的随机抽查结果表明,在没有温度自动控制的条件下,在 (1+3) 式热轧机列测得的铝卷温度差为 ±10℃。增加了 ATC(温度自动控制系统)后铝卷温度差可控制在 10℃ 以内。在热轧双卷取机列上,轧件的温度是靠计算机软件控制的,第一卷的温度差要靠第二卷的自学习过程来修正。另外,轧辊直径既要考虑粗轧压下量的需要,又要考虑精轧出口厚度的需要,粗轧机的轧辊直径不得不减小,致使轧制道次增加,也很难保证终轧温度的均匀性。1996 年,东北轻合金加工厂在非洲某铝厂考察时,该铝厂特意用两块铝锭作了表演,在热轧双卷取机列上,半径方向卷材实测的温度差为 23℃,

在国内的热轧双卷取机列上取得的数据为 ±30℃。在国内（1＋1）式热轧机列上取得的数据也是 ±30℃。

（5）表面品质。为取得良好的热轧表面品质，粗轧和精轧必须使用两种性能的乳液，而且，精轧三个道次的轧辊表面粗糙度也应不一样，这是热轧双卷取机列和（1＋1）式热轧机列无法实现的。典型的有代表性的表面缺陷是表面粘铝。在热轧双卷取和（1＋1）式机列上，最后几个道次，在较高的温度下反复卷取，表面粘铝量明显多。

进入 21 世纪以来，有一种看法认为，对于热轧双卷取和（1＋1）式，除了不能用于高级罐料，生产高级铝箔坯料和高级 PS 版坯料是没有问题的，以至于在国内形成了一个大上热轧双卷取的热潮。国内的实践已经证明，这一期望没能成为现实。国内已经投入生产运行的热轧双卷取机列没有一条可以稳定、连续大批量地生产优质高精铝带产品。国内自主设计最大的热轧双卷取机列已经被（1＋3）式取代。至于热轧（1＋1）式，国内技术实力较强，在 1985 年经日本 IHI 改造过的西南铝（1＋1）式历经了二十多年的实践，已经作出了回答。如果仍然希望用（1＋1）式热轧机来生产高精铝带，除了在设备硬件上要有更现代化的装备，还要掌握成熟可靠的生产工艺技术。当然，这不等于说由（1＋4）式所轧出来的产品就一定是品质高档的产品。国内 2011 年运行的（1＋4）式热轧生产线已经有三条，所生产的铝箔坯料不全都是"高档"的。

（6）坯料性能与热轧温度的关系[2]。热轧温度不同，铝箔坯料在铝箔轧制时的表现也不一样。热轧温度高，铝箔轧制时冷作硬化的倾向越明显（图 3-2）。

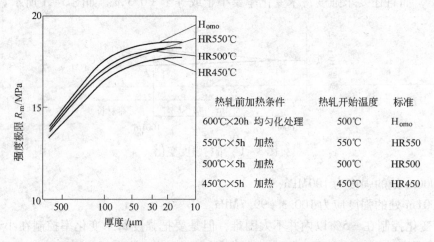

图 3-2 用热轧温度不同的坯料冷轧铝箔时的冷作硬化特性

因此热轧温度不同，铝箔轧制时的速度效应也不同。这意味着，铝箔轧制速度不同，对坯料热轧时的轧制温度要求也不同，反之亦然。

同样，带坯热轧温度不同，铝箔退火的软化特性也不一样，如图 3-3 所示。

空调器散热片常用 H22、H24 状态材料，其软化曲线在这一区间随温度的变化较大，其性能更难于控制。若印刷、着色材料易于软化，则在印刷、着色后的干燥工序会变软。

（7）热轧带温度的均匀性。如本节（4）所述，在连轧机列上，从热粗轧出来的中间毛坯在进入连轧的第一机架开始温度分布就是不均匀的（图 3-4），如果没有温度自动控制，这样大的温差必然会给后续工序的厚差、性能的均匀性造成不良影响。

（8）软铝合金热轧前组织均匀化的必要性。硬铝合金为取得均匀的组织和优异的性能，在热加工前要进行组织均匀化处理是大家所熟知的。那么，软铝合金热轧前组织均匀化处理有必要吗？

对纯铝而言，在结晶时生成的硅质点、化合物 $FeAl_3$ 和两个三元化合物 $\alpha(Al_{12}Fe_3Si)$ 和 $\beta(Al_8Fe_2Si)$ 都是既脆又硬的片状或针状化合物。如果不进行组织均匀化处理，在随后的热加工和冷加工过程中这些硬脆的化合物只能被

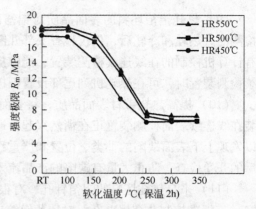

图 3 - 3　热轧温度不同对铝箔
退火软化特性的影响

破碎与细化，而无法改变其硬脆的特性。对于比较厚的箔材，其影响不很明显，当铝箔的厚度几乎和破碎的粒子的尺寸一样大时，例如对厚度为 $6\mu m$ 的铝箔，这些硬脆的化合物就会成为形成针孔的主要原因。对软铝合金热轧前组织均匀化的目的就是既要改变这些硬脆的化合物的形态又要改变其特性。

对于 3003 合金，热轧前的均匀化处理对箔材的晶粒度有明显的影响（图 3 - 5）。

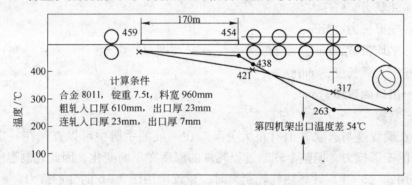

图 3 - 4　（1 + 4）式热连轧带的温度分布[3]

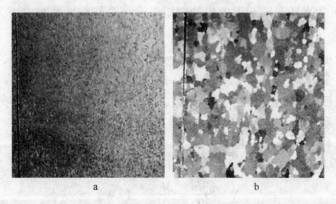

图 3 - 5　3003 合金热轧前是否进行均匀化处理对箔材晶粒度的影响
a—3003 合金 0.2mm 铝箔的晶粒度（板坯经过组织均匀化）；
b—3003 合金 0.2mm 铝箔的晶粒度（板坯没经过组织均匀化）

（9）热轧铝箔坯料的表面品质对铝箔的品质也是不可忽视的重要影响，但又是很难检测的。热轧和冷轧后，仅仅检查头部几圈是很不够的。在最现代化的热轧和冷轧机列装有计算机控制的在线连续检测装置，能够提供可靠的整卷带表面品质情况。在没有在线连续检测装置时，可在热轧机列尾部设置阳极氧化着色间及时对表面品质进行抽样检查。

（10）提高热轧带材表面品质，将表面缺陷控制在产生的初级阶段，在热轧机列上安装在线连续表面检测装置正在悄然兴起，通过在线连续表面检测取得的缺陷频率分布图可以发现上下表面缺陷的种类、位置和严重程度，从而查找出原因并及时消除，可避免热轧后的开卷检查，防止大量有缺陷的产品流入下道工序。

（11）来自热轧坯料的铝箔针孔，有很大一部分是来自熔铸过程。按照罐料要求，以"N_{20}"标准控制非金属夹杂，对特薄铝箔来说是完全不够的，详见 2.5.3 节。

3.1.3 热轧机能力的校核

3.1.3.1 轧制力的计算

计算热轧轧制力的公式很多。通过实践和对比，采用 Orowan – Pascoe 公式比较简单与实用。其计算式为：

$$P = Kb_m L\left(0.8 + \frac{L}{4h_2}\right) \qquad (3-1)$$

式中　P——轧制力，kgf；

$\quad\quad K$——变形抗力，MPa；

$\quad\quad b_m$——平均带宽，mm；

$\quad\quad L$——咬入弧长度，mm；

$\quad\quad h_2$——出口侧带厚，mm；

$\quad\quad K$——常数。

计算的正确程度与选取 K 值有很大关系。在一般的手册中可以查到在一定温度下的某一个合金的变形抗力，但整个轧制过程轧件的温度在不断变化，因此轧制温度不是一个常数。在采用式（3-1）计算热轧轧制力时，建议采用图 3-6 的变形抗力。

3.1.3.2 轧制力矩的计算

为了校核电机功率还必需知道电机的扭矩。设一个轧辊的轧制力矩为 M_1，则

$$M_1 = PL\alpha \qquad (kN \cdot m) \qquad (3-2)$$

式中　P——从大板锭开始到热轧完了每一个道次轧制力的最大值，kN，以轧制强度最大的合金为准；

$\quad\quad L$——从大板锭开始到热轧完了每一个道次轧制力为最大值时的咬入弧长度，mm；

$\quad\quad \alpha$——力臂系数，热粗轧取 0.55；热连轧取 0.48。

3.1.3.3 热轧主机功率的校核

在求得轧制力和轧制力矩后，即可根据下式校核电机功率

$$N = \frac{\pi M n}{30} = \frac{Mv}{30D} \qquad (kW) \qquad (3-3)$$

式中　M——式（3-2）中的 M_1，kN·m；

$\quad\quad n$——工作辊转数，r/min；

v——工作辊的线速度，m/min；

D——工作辊直径。

用式（3-3）取得的功率是驱动一个轧辊的功率。由于热轧驱动电机都具有较大的过载能力，实际选用值取为 0.85N 已足够。

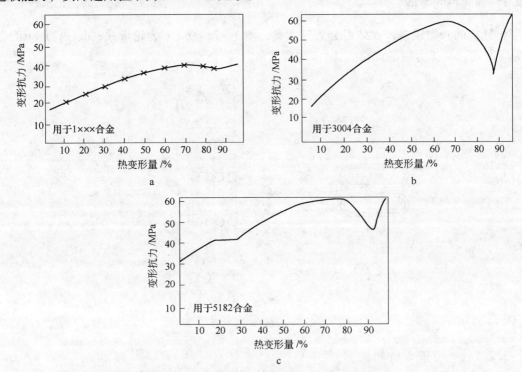

图 3-6　不同合金与不同热变形程度的变形抗力

3.1.4　先进热轧技术的应用

（1）AGC 系统：应用厚度自动控制系统可使带材总长度 95% 以上的厚差处在板厚的 ±0.8% 以内。

（2）AFC 系统：应用板形自动控制系统的可使带材总长度 95% 以上的板形（凸度）处在板厚的（0%～0.5%）±0.2% 以内。

（3）ATC 系统：应用温度自动控制系统可使带材总长度 95% 以上的带温度控制在 ±5℃ 以内。带卷温度不仅影响带卷的表面光亮度，还会影响带卷在冷轧之后的加工性能。

（4）乳液性能的自动监控和调节。乳液性能（浓度、pH 值、表面张力、N/C 油珠直径 >2μm 的油珠数和乳液浓度之比）直接影响带材的表面性能。

（5）表面缺陷在线连续检测。为了把表面缺陷尽可能控制在加工的初期阶段，热带材机列安装在线连续带表面缺陷检测装置已取得良好的经济效益。

3.2　铸轧带坯

当冶金品质相同时，由于结晶速度不同，其组织结构和相组成与热轧带坯的有所不同，在后续的加工过程中，冷作硬化表现也有所差异，再结晶的温度也有所不同。另外，由于铸轧辊表面为防止粘辊所喷射的润滑剂（当采用不完全燃烧的残炭作为润滑剂时）对铝带表面有所污染，非金属夹杂含量也增多，因此，采用铸轧带坯轧出的铝箔，针孔比热轧带坯的要多。不过，通过适当的热处理，这一差距可大大缩小。

3.2.1 铸轧机的类型

铸轧机的种类颇多，大致可分为三大类，图3-7a、b、c为轮带式；d、e、f为带式，d为履带式，e、f为钢带式；g、h、i为辊式。

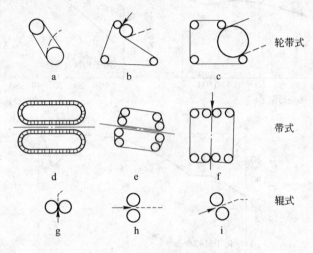

图3-7 铸轧机类型

3.2.1.1 轮带式铸轧机

轮带式（图3-7a、b、c），多用于铝线的铸轧。

3.2.1.2 带式铸轧机

图3-7d又称为CastⅡ，图3-7e又称为HAZLLET，两者已开发多年，图3-7f是Alcoa在20世纪末，在总结了CastⅡ和HAZLLET的基础上开发出来的[4]，称为ABC带式铸轧机（Alcoa Belt Caster）。带式铸轧机的目标一直希望以较小的投资生产出品质和热轧"1+4"式一样的产品，在20世纪末这一趋势以GOLDEN投入试生产达到高潮，并计划在澳大利亚建设宽幅CastⅡ生产宽幅啤酒罐坯料[5]。当时有人声称再上热轧生产线就是世界上最后的一条。历经三年的工业试生产，最终还是因为品质的稳定性与热轧料有明显差距而告一段落。但带式铸轧机在批量生产纯铝和软铝合金民用薄板和中板方面的成本优势是毋庸置疑的。

3.2.1.3 辊式铸轧机

辊式铸轧机开始研究是在19世纪中期，从下铸法开始，真正用于工业生产是在20世纪50年代，发展到目前的超薄高速铸轧机，50年的历程如图3-8所示。

如图3-8，自左至右分别为：上铸式、下铸式、牌坊倾斜式和牌坊垂直式（又分为标准型和超大型），超薄高速式（又分为两辊和四辊的）。

我国于1964年首先在东北轻合金加工厂开始铸轧机研制和工艺试验，1980年在华北铝加工厂进一步扩大试验，1982年投入生产并通过冶金部的鉴定，1984年以自主产权入股中日合资涿神公司得到进一步成熟并出口国外，到2011年全国有600台投入生产。

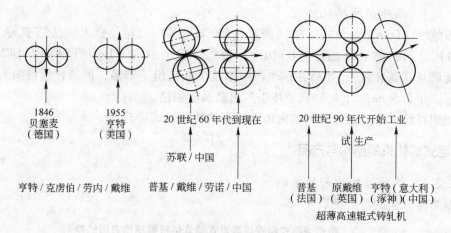

图3-8 辊式铸轧机发展历程

3.2.1.4 工业生产上应用普遍的辊式铸轧机

此类铸轧机有三种（图3-9）：牌坊倾斜式（图3-9a），牌坊垂直式（图3-9b），无牌坊式（图3-9c）。

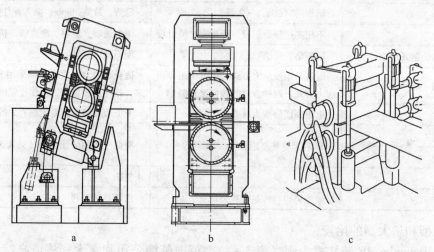

图3-9 辊式铸轧机的分类

牌坊倾斜式和牌坊垂直式铸轧机在中国使用已经很普遍了，其结构已为大家所熟知。无牌坊式铸轧机和前两种铸轧机的主要区别有：

（1）用四个液压缸代替了牌坊的四个立柱；

（2）松开四个立柱顶端的螺母，用吊车就可以方便地实现换辊；

（3）循环水冷却通道是沿辊芯圆柱母线分布，给水方向沿水槽一反一正交错出入，使轧辊温度分布更均匀，板形也更平直；

（4）由于循环水冷却通道是沿辊芯圆柱母线分布，打开两端压盖就可以清理循环水槽，而不必拆卸辊套；

（5）液压压下既可以采用恒压方式也可以采用恒辊缝方式运行。

但此种铸轧机只适用于生产窄的带坯与小型企业，未获推广。

3.2.1.5 高速超薄铸轧机

英国戴维（DAVY）公司、法国普基（PECHNEY）公司、意大利法塔亨特（FATA HUNTER）公司、挪威海德鲁（HYDRO）公司、瑞士劳内（LAUNERENGINEERRING）公司（无牌坊式铸轧机），虽然在试生产中用其带坯轧出了铝箔，但是，到目前为止，还没有一家能用5.5mm以下的铸轧带坯生产出高品质铝箔。

因此到目前为止，铝箔带坯的来源还只有热轧和辊式铸轧的。

3.2.2 辊式铸轧机的结构与产品

3.2.2.1 机械结构方面的差别

机械结构方面的差别见表3-3。

表3-3 牌坊倾斜式和牌坊垂直式铸轧机机械结构方面的差别

项　目	垂　直　式	倾　斜　式
牌坊底座	无	要有一个倾斜底座，要增加两个倾翻缸及其控制系统
换辊	简单省时	复杂费时
立板	堵板用时30s，一人操作	跑渣、放流30min，两人操作
机组组成	不用夹送辊、压辊、矫直辊，机组短	用夹送辊、压辊、矫直辊，机组长
预应力和轧制线设定	用平垫，简单	用斜铁，复杂
厚度控制	既可采用预应力方式，也可采用非预应力方式，两种方式的转换比较简单	适合预应力方式。如果采用非预应力方式，结构比较复杂，操作比较困难
结晶条件	上下表面静压力有微小差别	上下表面静压力差比垂直式的小
铝箔轧制工艺	两者无明显差别	有两个厂的统计纪录（见表3-4）
铝箔性能		
维护	简单	复杂
国外生产厂家	戴维公司与普基工程公司	法塔亨特公司

标准型和超大型的比较

以法国Jumbo 3C铸轧机为例（表3-4），英国戴维公司和意大利法塔亨特公司给出的数据与表3-4内的类似。

表3-4 标准型和超大型辊式铸轧机的比较

机　型	Jumbo 3C 620	Jumbo 3C 960
轧辊直径/mm	620	960
铸轧带坯最大宽度/mm	1600	2000
带坯产量/kg·(m·h)$^{-1}$	1.35	1.7
最大宽度的产量/t·a^{-1}	16000	26000

实践表明，表3-4中给出的产量数据是在理想条件下可能达到的最大值，而不是产品品质最好的，换句话说，要想用表3-4的生产能力来生产高档铸轧带坯是不可能的，而两者最根本的差距在最大轧制宽度上，用标准型铸轧机轧制2m宽的带坯，板形就很难控制了。另外，由于超大型铸轧机的轧制力比标准型的大，产生偏析的倾向要小些。

3.2.2.2 辊缝设定和轧制力调节

辊式铸轧轧制力计算式如式（3-4）所述。当采用牌坊垂直式铸轧机与压下系统采用恒压系统时，辊缝和轧制力既可以通过液压系统调节也可以用加垫方式或斜铁方式进行调节（表3-5）；而牌坊倾斜式铸轧机，通常只用加垫方式或斜铁方式调节辊缝。图3-10所示为单一加垫方式，其中 b 为加垫和斜铁联合调节，c 是在 b 的基础上增加了压力传感器，而 d 是靠液压压下调节。

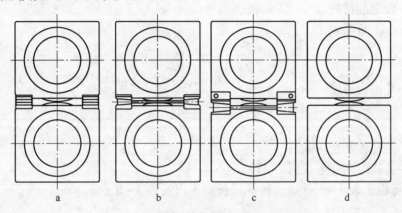

图 3-10 铸轧机辊缝调节方式示意图

表 3-5 铸轧机辊缝调节

项　目	不加垫	加　垫
立板准备	+ 利用压下平衡系统快速调节辊缝	- 辊缝必需在机架加上预应力负荷之后通过斜铁一点一点地进行调整
立板	- - 当铝熔体流入辊缝的一瞬间，在轧制力的作用下机架产生的拉伸量一定要合适，否则加上立板后熔体就会从耳子边上流出。这就要求操纵手技术熟练	+ + 由于机架受预加载荷的作用，立板时并不要求轧制力一定正确，对不熟练的操纵手立板失败的几率就少
运行条件	+ + + 压力直接影响板形，带材厚度可在 ±0.5mm 范围内通过轧制速度调整	带材厚度在预载荷作用下已经固定不能再调。铸轧速度也应固定，改变速度会影响板形
断板停车	- 及时抬起压下，防止两个辊面接触	+ 由于斜铁或加垫的作用，维持有一定的辊缝，两个辊面不会接触
工艺参数自动化控制	+ + + 铸轧进入稳定状态即可	- - - 实现工艺参数自动化比较困难

注："+"代表相对优点，"-"代表相对缺点，符号多少代表相对的重要性。

3.2.2.3 轧制力核算

关于热轧、冷轧、箔轧轧制力的计算，在文献上可以找到多种计算式，如何计算铸轧轧制力在文献上却比较少见。笔者通过参与国内外知名铸轧机的引进和国内铸轧机的开发、研制、改造、调试和使用，总结出以下的铸轧轧制力计算式，实践表明，在低速铸轧机上，计算结果具有参考价值：

$$P = \sigma \cdot W \cdot L \cdot F \tag{3-4}$$

式中 P——铸轧时的轧制力，kN；

    W——铸轧带宽度，mm；

    L——设定的铸轧区长度，mm；

    F——压下量系数，

$$F = 1 + 0.2 \frac{E - e}{e}$$

    e——轧制带厚度，mm，

$$e = E - \frac{L^2}{R}$$

    R——铸轧辊半径，mm；

    σ——铸轧时的变形抗力，MPa。

式中 σ 可根据表 3-6 选取，铸轧区长度 L 可按表 3-7 选取。

表 3-6 铸轧时的变形抗力

合 金	1×××	8×××	3003	3004	5082
σ/MPa	55	90	88	180	240

表 3-7 铸轧区长度 L （mm）

铸轧机类别	铸轧辊直径	合 金		3×××, 8×××
		1×××, 8×××		
		带材宽度		
		<1500	>1500	<1500
超大型	900~980	78	75	50
	870~900	75	70	45
	840~870	70	65	40
标准型	600~660	50	40	40
	500~600	40	35	45

表 3-7 中的轧制区长度是可选用的最大值，不同轧制区长度和极限铸轧速度之间的关系如图 3-13 所示。

3.2.2.4 轧制力矩核算

（1）对于简单轧制过程，作用在一个轧辊上的轧制力矩为：

$$M = P\psi \sqrt{r\Delta h} \ (\text{kN} \cdot \text{m}) \tag{3-5}$$

式中 P——轧制力，可按式（3-4）计算，kN；

    ψ——力臂系数，取为 0.3~0.35；

    $\sqrt{r\Delta h}$——铸轧区长度，mm。

（2）用式（3-5）计算出 M，可根据主电机的 n 或铸轧速度按式（3-6）核算主电机功率

$$N = \frac{\pi M n}{30} = \frac{M v}{30 D} \qquad (3-6)$$

式中　D——铸轧辊直径，m；

　　　v——铸轧速度，m/min。

当使用不加垫轧制模式，核算正在运行的铸轧机的功率时，轧制力可从液压压下的压力表中读取，主机功率按式（3-6）核算，其中 M 可按式（3-7）核算：

$$M = 526 \frac{N}{n} i \frac{I_{实}}{I_{额}} \qquad (3-7)$$

式中　N——电机功率，kW；

　　　n——电机额定转数，r/min；

　　　i——减速比；

　　　$I_{实}$——实际电流，A；

　　　$I_{额}$——额定电流，A。

3.2.2.5　产品的差别

经笔者在标准型铸轧机上，采用相同的轧制工艺，用牌坊倾斜式和牌坊垂直式铸轧机轧制 99.3% 纯铝 7μm 铝箔进行比较，在裂边、冷作硬化特性、退火软化特性、针孔数量、断带次数、成品率、电阻率、晶粒度、断面组织等指标上作了比较，没有发现明显差别（表3-8）。

表3-8　用牌坊倾斜式和牌坊垂直式铸轧机轧生产产品的差别

比 较 项 目	牌坊倾斜式	牌坊垂直式
轧制带裂边/mm	2~3	2~3
冷轧成品率/%	87.5	88
0.007mm 的强度/MPa	17	16
400℃退火的强度/MPa	7.6	7.7
400℃退火的伸长率/%	13	11
针孔数/个·m^{-2}	250~300	278
断带数/次·t^{-1}	1	1.16
轧制成品率（0.4~0.007）/%	86.2	85.96
电阻率/Ω·m	0.387	0.401
晶粒度		

我们还在超大型的两种铸轧机上，对五台铸轧机（一台倾斜式，四台垂直式）各 18个铸次的成品率进行了统计，牌坊倾斜式铸轧机的成品率为 95.38%，牌坊垂直式铸轧机

的成品率为 95.16% ，两者的差别也微乎其微。

表 3 - 5 的比较表明，采用牌坊倾斜式和牌坊垂直式铸轧机生产的箔带坯，当铝箔成品厚度在大于等于 7μm 时，在品质上没有大的差别，对于厚度小于 7μm 的铝箔尚没有足够的数据说明其差别。

3.2.2.6　工艺参数和控制

（1）熔炼温度。熔体温度控制在 730 ~ 760℃，超过 790℃ 由于氢的大量溶入熔体将不能使用。

（2）静止炉中熔体温度的控制。1 × × × 合金，熔体温度控制在（705 ~ 760）℃ ± 5℃。为了能够严格控制在规定范围，炉子必须有准确、可靠的自动控制系统。特别是为了确保温度的均匀性，静止炉以倾动式的为佳。能够配备永磁电磁搅拌或炉底吹气（惰性气）搅拌最为理想。

（3）前箱熔体温度和控制。前箱熔体温度直接影响最终产品的品质，必需严格控制。铸轧温度和铸轧机生产能力的关系有过很多报道，经验表明，铸轧温度升高 10℃，最大生产能力下降 1% ~ 3%，对 1 × × × 系和部分 8 × × × 系合金，最适宜的温度是 685℃，对 3 × × × 系和 5 × × × 系合金最适宜的温度是 690℃，在所有的情况下都不能低于 675℃。特别重要的是要控制温度的稳定。为了取得高品质的批量产品，希望在稳定运行的条件下能保持 ±2℃ 以下。完全靠人工维持这一精度是困难的，因为这涉及到从熔炼炉到前箱的全过程，应对全过程的每一个环节给予自动化控制才能实现。

（4）铸轧辊表面温度的控制。当熔体温度和流量不变时，影响铸轧辊表面温度的最大因素是铸轧速度和铸轧区长度，在通常范围内，从理论上讲，入口水温度对散热无任何影响。实践经验表明，当水温为 20℃ 时，热交换量最大[6]，即产能最大。但是，当要求最好品质时，还是要牺牲产量，降低铸轧速度，提高入口水温到 40 ~ 50℃，恒温为佳。

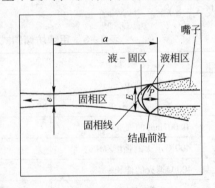

图 3 - 11　轧制区
a—铸轧区长；E—凝固厚；e—出口厚；
P—液穴深度

（5）铸轧速度和控制。铸轧速度直接影响铸轧机的生产能力，当然是愈快愈好。但是，随着铸轧速度的提高，在轧制带坯上容易出现凝固缺陷（热带、表面裂口等）和粘辊。凝固缺陷和液穴深度密切相关，同时又受到铸轧条件的影响（图 3 - 11 和图 3 - 12）：热加工率 $= \dfrac{E - e}{E}$。

以上论述已经清楚表明速度和品质的关系：为取得高品质，只能低速度。过高的铸轧速度带坯会出现孔洞、热带、粘铝等明显可见的凝固缺陷，更为重要的是，提速会促成看不见的缺陷——偏析的产生。在每一铸轧厚度下都存在一个不会产生偏析的铸轧速度极限，超过这一极限，偏析程度总是随着铸轧速度的增加而加重[7]。

（6）铸轧机预压力的设定。对于牌坊垂直式铸轧机，当轧辊轴承箱之间不加垫片时，液压压下（上）缸中的压力就是轧制力（不考虑辊组重量）。当轧辊轴承箱之间有垫片时，液压压下（上）缸中的压力是轧制力与作用在垫片上的力之和（图 3 - 13）。

图3-13表明，当轧辊轴承箱之间加上垫片时（倾斜式铸轧机都采取这种方式）轧制力大小和液压缸中所设定的压力不直接相关，但是合适的轧制力和可采用的合适的轧制速度以及铸轧区长度有关，因此，液压缸中预压力设定得是否合适与生产效率和产品品质密切相关，也是不可忽视的铸轧参数之一。轧制力和带坯板形、轧制带厚度的关系如图3-14所示。

由图3-13和图3-14可以看到，如果轧制前能选定合理的轧制力或液压缸压力，就会很容易地进入合理的铸轧速度区并取得良好的板形。

前箱液面高度的控制：铸轧带坯的组织与铸轧区内铝熔体的静压力以及冷却凝缩过程有密切关系，当熔体

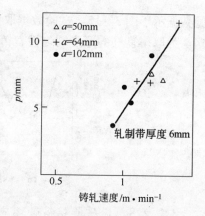

图3-12 液穴深度和铸轧速度的关系
（铸轧辊直径960mm）

弯液压面区域的静压力大于某一个极限值时，带坯的上下表面才能形成相同的柱状组织，大于该值，会引起铸嘴膨胀与漏铝；小于该值，上下表面组织，甚至在同一面的宽度上结晶组织会不一样，造成带坯力学性能、工艺性能的不均匀[8]。对于品质要求较高的双合轧制的精制箔，还会在暗面形成条文。为确保带坯品质和性能的稳定，前箱液面高度应控制在±0.5mm。

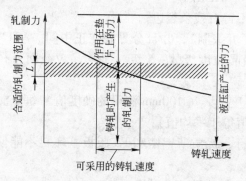

图3-13 轧制力和轧制速度的关系示意图

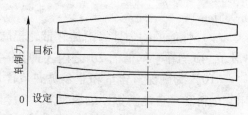

图3-14 轧制力与轧制带坯板形、
轧制带坯厚度的关系

3.2.2.7 轧辊精度对铸轧带厚差的影响

A 几何精度的影响

轧辊的几何精度取决于轧辊磨床的精度。现代化的轧辊磨床的磨削精度可以达到：

正圆度：0.002~0.005mm

圆柱度：0.002~0.003mm

同心度：0.005mm

由于轧辊是用托架支撑辊径磨削，两个辊径的同心度就显得非常重要，它直接影响带坯的厚度精度和辊形，所以在验收轧辊时应格外注意。两个铸轧辊辊径的同心度不应大于0.005mm。

B 铸轧辊表面硬度的影响

关键是硬度的均匀性。铸轧辊的表面硬度的波动直接影响带坯的厚度波动，我们的试

验数据示于图 3-15。试验数据取自轧辊驱动侧、工作侧、辊身中间，其他两组类似，省略。为取得良好的厚度均匀性，铸轧辊的表面硬度的波动应保持在 ±5HB。

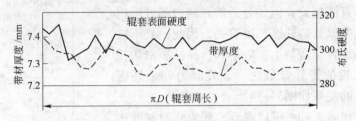

图 3-15　铸轧辊表面硬度的波动对带坯厚度的影响

3.2.2.8　优质薄铝箔带坯应具备的条件

（1）氢含量：小于 0.12mg/（100gAl）；

（2）非金属夹杂含量：面积百分数小于 0.01%，最大颗粒尺寸不大于 10μm；

（3）厚度偏差：整卷长度上小于 ±1%，在轧辊一周长上小于 0.05mm，横向厚差小于 1%；

（4）平直度：在卷取前不得有可见的波浪；

（5）表面：不得有可见的缺陷；

（6）卷取精度：塔形小于 5mm，层间窜动小于 1mm；

（7）裂边：在切边道次，每边切掉 20mm，不得有残余裂边；

（8）晶粒度：铸轧料：上下表面均为一级（五级制），并且分界线在正中间。ASTM 显微晶粒度级数 6.5~8.5；热轧料：ASTM 显微晶粒度级数：5 级（平均晶粒截面直径 0.065mm）；

（9）性能的均匀性：沿铸轧带轧辊周长的长度上，每 100mm 测得的硬度值（每点测 3 次），应当在平均值的 2σ 之内（即 95.45% 的值等于平均值）；

（10）为确保氢含量和非金属夹杂含量不超标，优质薄铝箔和 PS 版板基坯料不能使用复化料和来自电解铝厂的原铝。

3.2.2.9　优质薄铝箔和 PS 版板基带坯应具备的设备条件

无论是热轧或铸轧仅仅靠经验和管理都无法满足对带坯的严格要求，在管理和技术的基础上，现代化的自动化控制程度越高，产品品质的可靠性也越高。

在热轧机上，厚度自动控制（AGC）、板形自动控制（AFC）、温度自动控制（ATC）已普遍应用，表面在线自动检测和记录正在推广中。这些自动控制手段大大提高了带坯品质的可靠性和稳定性。

在铸轧机上，由于产量和品质矛盾的突出，为了确保产品品质就得在远远低于品质极限的速度下运行，大大限制了铸轧机生产能力的发挥。由于温度、液面高度、熔体流量、轧制力、张力检测控制精度的提高，在保证熔体温度、流量、液面高度精确控制的基础上，铸轧机已经可以实现自动控制。在立板的初期阶段，由操纵手设定主要铸轧参数，如速度、轧制力、辊缝、铸轧区长度、液面高度、卷取张力，在取得了理想的带坯厚和板形后，即可投入自动运行，这时应维持轧制力不变和轧制力矩不变，通过调整铸嘴位置、铸轧速度、卷取张力，保持带厚和板形不变，同时保持一个比较高的铸轧速度。这样，既保证了稳定的高品质又可以取得较好的生产能力。

综上所述，在考察铝箔带坯的品质时，在具备全面质量管理体系的条件下，既要看带坯生产厂的工艺，又要看其设备装机水平。

3.2.3 先进技术在铸轧机上的应用

（1）立板后，在技术熟练的操纵手把主要的工艺参数调整好之后，使铸轧机在计算机控制下投入自动运行。

（2）采用板形和表面缺陷的在线连续自动检测。

3.3 铝箔带坯的冷轧

冷轧就是把热轧或铸轧的带坯料轧成一定厚度、一定性能和表面粗糙度的冷轧产品。本节叙述的重点是和高档铝箔、PS 版版基品质有关的冷轧工艺技术环节，对冷轧的理论部分不作深入的论述。要达到上述目的，首先遇到的问题就是采用什么样的冷轧机能更好地实现预期目的。

3.3.1 冷轧机机型的选择

3.3.1.1 应用最普遍的机型

带有液压弯辊的四辊不可逆冷轧机是应用最普遍的机型，已为大家所熟知。为确保带坯的厚差，首先轧机必须有良好的 AGC 系统，AFC 系统也是不可或缺的。对于冷轧机上是不是一定要装 AFC，看法还不完全一致：有些人认为，冷轧机上不装，另外配一套拉弯矫直机，不是更灵活吗？实际生产证明是不行的。因为，在没有 AFC 的轧机上，由人工控制所出的板形，有很大一部分是超过拉弯矫所能矫直的（拉弯矫要求入口来料的离线不平直度小于 40I 单位），有一部分甚至是负凸度，具有负凸度的带拉伸后在带中部会出现严重的皱折，如图 3 – 16 所示。

图 3 – 16 具有负凸度的带材拉弯矫直后的效果

3.3.1.2 冷轧机出口卷取方式

冷轧机出口的卷取方式对产品品质有一定程度的影响。冷轧机出口的卷取方式有上卷取和下卷取两种，如图 3 –17 所示，两种卷取方式的差异见表 3 –9。

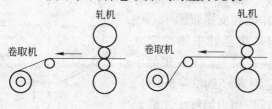

图 3 – 17 冷轧带的出口卷取方式

a—上卷取；b—下卷取

表 3 - 9 冷轧带材出口方式的比较

上卷取	下卷取
易于观察板形和板形的调整	卷径较大时，不便观察板形
当车间清洁度较差时，灰尘不易卷入层间	易于卷入灰尘
机顶排烟罩较短	机顶排烟罩较长，排烟效率低，易凝结油滴
卷中心标高较高，易于处理断带	卷中心标高较低，不易于处理断带
偏导辊受力较小，易于维护	偏导辊受力较大，不利于维护
表面残油容易甩掉	表面残油容易卷入层间
便于安装压平辊，有利于高速稳定卷取	不便于安装压平辊，不利于高速稳定卷取
当使用机旁卷材运输线时，轧制完了的卷材送入轧机入口时要回转180°	当使用机旁卷材运输线时，轧制完了的卷材送入轧机入口时不要回转，不改变方向
带材的上下表面与轧制道次无关	带材的上下表面随轧制道次交替变换

3.3.1.3　四辊不可逆冷轧机的不足

装有 AGC 的冷轧机，只要来料厚差合格，每道次 AGC 都能及时连续投入，成品的厚差就不会有问题。但是，若轧机装有 AFC，轧出来的成品不一定都是平直的。

首先，四辊轧机的固有缺点是，工作辊与支撑辊之间的超出带材宽度区域的有害接触导致了轧辊的过度挠曲使板形控制复杂化和塌边。

其次，受工作辊轴承所能承载的最大负荷的限制，弯辊力不能很大（一般为轧制力的15%），液压弯辊的调节能力很有限，而有限的弯辊力又受到上述有害区的影响，弯辊力的发挥又受到约束。

再次，弯辊的调节作用又和工作辊辊身长与辊径比有关，例如，对于一台工作辊辊身宽为 1930mm 的冷轧机，当辊径为 280mm 时，弯辊的有效作用部位只能达到辊身的 1/4 处，可调解的板形缺陷是 "六~八阶的"。当辊径为 394mm 时，弯辊的有效作用部位接近达到距辊身边缘 1/3 处，可调解的板形缺陷是 "三~四阶的"。当辊径为 666mm 时，弯辊的有效作用可能达到辊身的 1/2 处，可调节的板形缺陷是 "二~三阶的"[9]。

此外，支撑辊的直径、凸度、工作辊轴承箱之间的距离、轧辊接触长度也都会影响弯辊的效果[10]。

还有，由于工作辊，支撑辊和轴承箱及牌坊都存在间隙，如果工作辊和支撑辊的中心线在一条直线上，运转起来将会处于不稳定状态，为此，在四辊不可逆轧机上，工作辊的中心线都向出口偏移一定距离（约 3~5mm），以便支撑辊轴承箱上的反作用力始终大于轧制力的分力。但是偏移距离和轧制条件有关，为使支撑辊轴承箱上的反作用力始终大于轧制力的分力（图 3-18），出口偏移距离必须合适

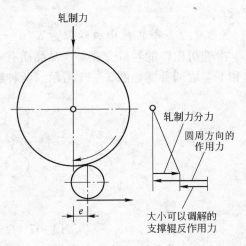

图 3 - 18　工作辊和支撑辊偏移后的受力情况

并且在整个轧制过程中该偏移距离应固定。所以在近期投产的四辊不可逆冷轧机上，有的安装了支撑辊定位装置，有的安装了轧辊平行稳定器，前者可使偏移距离固定，后者可使偏移距离可调。

另外，对于常规四辊轧机，轧制时轧制力的波动将造成辊系弯曲的变化，若不相应调节弯辊力，必将导致带材平直度的变化。

为改进四辊不可逆冷轧机的不足，在带材轧机上采用了具有特殊功能的轧辊，出现了一些新的机型，这里仅就和铝带轧制关系比较密切的作一介绍。

3.3.2　VC 辊

VC 辊[11]（Variable Crown roll）即凸度可变轧辊，日本住友公司开发，1977 年用于工业生产。如图 3-19 所示，VC 辊包括一个辊套、一个辊芯和一个回转接头。来自液压站的高压油通过回转接头进入油腔使辊面膨胀。VC 辊一般用于支撑辊，单根使用即可，用于上辊或下辊，效果是一样的。

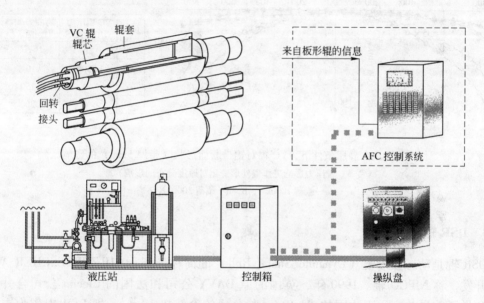

图 3-19　VC 辊系统及其工作原理

在静压条件下（轧辊不转，只加轧制力），VC 辊对铝带断面形状（带厚 5mm）的影响如图 3-20 所示。

从图 3-20 可以看到，在不同带宽的条件下，VC 辊都能有效地改变轧辊的凸度，从而改变板形。在正常轧制条件下 VC 辊对板形的调节能力如图 3-21 所示[12]。

图 3-21 表明，当轧辊的细长比较大时（图中右侧），VC 辊和弯辊的控制效果几乎是一样的，当细长比较小时（图中左侧），弯辊的 λ_2 稍小，VC 辊的 λ_2 稍大。

图 3-20 和图 3-21 表明，当轧辊的细长比较小（小于 3 时），有了弯辊手段，再增加 VC 辊就没有必要，对于细长比较大的轧辊，VC 辊和弯辊的结合，对板形有更大的调节范围（细长比不同，有效的调节范围不同），但高阶的不良板形最终还得靠喷射轧制油来解决。

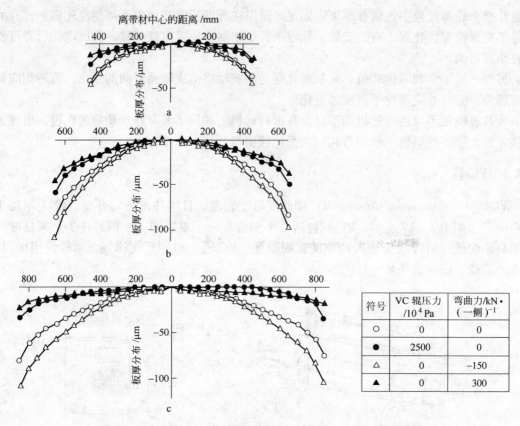

图 3 – 20　在静压条件下，VC 辊对铝带断面形状（带厚 5mm）的影响

（受 VC 辊压力影响工作辊外形变化对厚度分布的影响）

a—载荷 1000kN；b，c—载荷 3000kN

符号	VC 辊压力 /10⁴ Pa	弯曲力/kN· （一侧）⁻¹
○	0	0
●	2500	0
△	0	−150
▲	0	300

3.3.3　DSR 辊

　　DSR 辊是动态板形辊（Dynamic Shape Roll）的简称。瑞士 SULZER ESCHER WYSS 公司开发，称 NIPCO 辊。1990 年，英国的原 DAVY 公司和法国的 Clecim 公司合并，对 NIPCO 做了改进并应用于法国的 NeufBrisach 公司的冷轧机上[13]。把 DSR 辊作为支撑辊用在四辊轧机上，如图 3 – 22 所示。

　　如图 3 – 22 所示，DSR 辊由芯轴、辊套、支撑垫三部分组成，在起支撑辊作用的同时，还能调整凸度，调整局部板形并取代了支撑辊轴承。

　　从理论上说，当支撑垫为无限多时就可以调整板宽上任意一点的板形缺陷和式（3 – 8）中各阶次板形。可以独立于压下产生轧制力，改变轧制力时，在辊缝处轧制力沿轴向方向的分布保持不变（图 3 – 23），因为这些力来自支撑辊内部，该力使固定的辊芯产生弹性变形而非辊套变形，而支撑力的作用宽度可以根据所轧带材的宽度通过需要给油的支撑垫的数量来设定（图 3 – 24）。

　　事实上，因为支撑垫数量是有限的，只有七个，这七个缸中每一个的压力可以通过伺服阀单独调节和控制。回转外套靠的是装在辊芯两端的轴承。当带宽和两个外侧支撑垫同宽时，DSR 对调节中部、两边和二肋的波浪的能力比弯辊加 VC 辊的调节范围大。

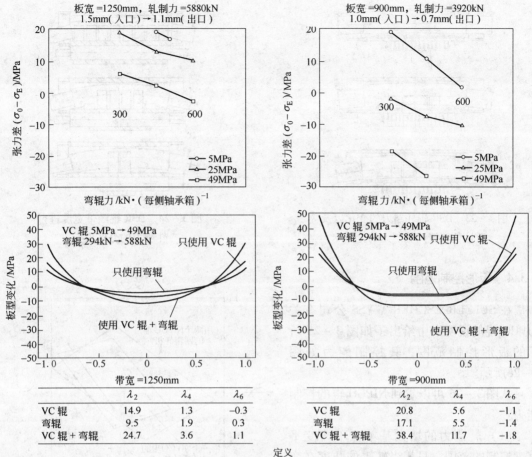

图 3 – 21   VC 辊对板形的调节能力

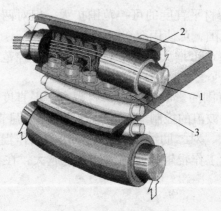

图 3 – 22   DSR 辊示意图

1—辊芯（固定部分）；2—辊套（回转部分）；3—静压轴承（支撑垫）

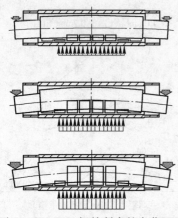

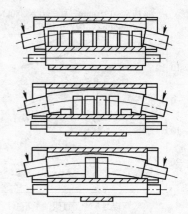

图 3 - 23   DSR 辊轧制力的变化以及
对应的辊缝间轧制力的分布

图 3 - 24   DSR 辊随带宽度进行
轧制力的分区设定

3.3.4   板形控制范围

在 SULZER ESCHER WYSS 公司有关 NIPCO 辊的说明书中给出了如图 3 - 25 所示的板形控制范围, 其控制能力如图 3 - 26 所示。

从图 3 - 26 可以看到 NIPCO 辊的控制能力:

(1) 轧制力的增大基本上不改变平直度控制的范围, 只相当轧辊的凸度在变化, 对二肋波浪从两边紧向两边松方向移动。当轧件宽度为 2m 时, 在轧制力由 4000kN 增大至 12000kN 的情况下, 在 NIPCO 和弯辊的共同作用下由两边紧过渡到两边松。

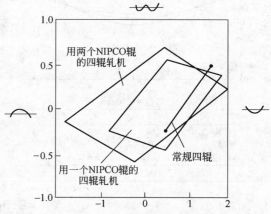

图 3 - 25   NIPCO 辊的板形控制范围

轧机及轧制条件: φ400/1230 × 2130mm 轧坯与轧辊
均无凸度; 轧件宽: 2000mm; 接触力: 4kN/mm; 工作辊
弯辊力: ±300kN; NIPCO 辊 (支撑辊) 5 区段

(2) 弯辊力增大时, 带材平直度的可控范围扩大, 但对两侧或中间波浪的控制能力没有影响, 为了扩大可控范围, 可使用双 NIPCO 辊。

(3) 轧辊原始凸度和热凸度增大时, 带材平直度的可控范围增大, 只是二肋板形几乎没有变化。

(4) 带材宽度对控制范围的影响较大。带材越宽, 平直度的可控范围明显扩大, 轧件宽度越小, 则对四分之一波浪的控制能力减弱, 只相当于调节轧辊凸度。

(5) 工作辊的直径越大, 对二肋波浪的影响减小。工作辊的辊径越细, 带材平直度的可控范围越大, 这是因为工作辊辊径越细, 其柔性越大, 在 NIPCO 辊的支撑下, 更易于变形。

3.3.5   板形的调节能力

图 3 - 25 看起来概念比较模糊, 把坐标方向改变一下就易于理解, 如图 3 - 27 所示。

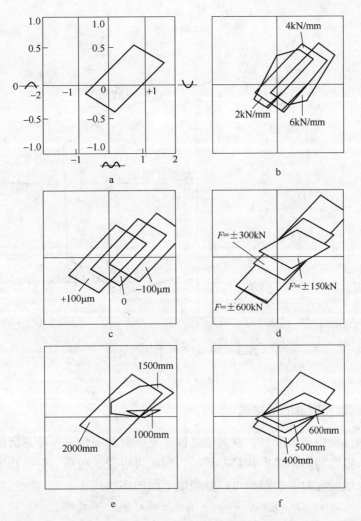

图 3 - 26 NIPCO 辊的板形控制能力

a—NIPCO 单辊，5 区段无原始凸度 ϕ400/1230×2140mm，F = ±300kN/边，F = ±300kN；
轧制力 5kN/mm；轧件宽 2000mm；b—不同轧制力下的调节范围；c—不同原始凸度的调节范围；
d—不同弯辊力的调节范围；e—不同宽度轧件的调节范围；f—不同工作辊辊径的调节范围

在图 3 - 27 上，Y 轴上的各点涵盖了从凸到凹的所有二次板形。Y 值越大板形中凸越大，$|-Y|$ 越大板形中凹越大；X 轴上的各点涵盖了所有四次板形，X 值越大，二肋越紧（正二肋板形），$|-X|$ 越大二肋越松（负二肋板形）。原点处为几何上的长方形。离原点越近板形越好，反之亦然。图 3 - 27 中四个象限中的任意一点的板形都可以用 $|XY|$ 的坐标来合成，涵盖了所有高次项板形，如图 3 - 27 中的 1、2、3、4、5、6、7、8。如果一台轧机具有如图 3 - 27 所示的任意多边形的板形调节能力，那么就可以把平直的断面轧成图 3 - 27 中 1—8 的各种断面。反之，是否 1—8 的不良板形都可以轧成良好板形呢？理论上是，但是实际上，在热轧条件下还有可能，在冷轧或铝箔轧制中就不尽然。因为，在冷轧过程，在变形区中的金属，几乎没有横向流动，例如要把一个中凸的变形轧平，轧机调节能力有这个手段，但是金属只能沿纵向延伸而形成中间松的变形。因此为了取得良好变形，坯料板形要平直是基本条件，不是任意的板形有了 AFC（板形自动控制）就可以轧出平直的板形。

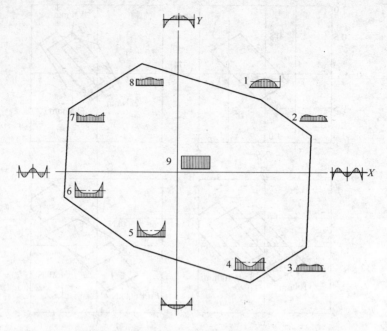

图 3 - 27　板形控制图的含义

3.3.6　板形、辊型和辊缝的数学式

带材在轧制过程中产生变形，在忽略轧件弹性恢复的条件下，变形后的轧件断面形状与轧机两个工作辊之间的辊缝形状是一致的，因此可以说，板形、辊型和辊缝三者是统一的。任何一个板形经过数学回归都可以整理成下面的多项式：

$$f(x) = a_0 + a_1 x + a_2 x^2 + a_3 x^3 + \cdots + a_n x^n \tag{3-8}$$

式中　a_0——常数项；

　　　a_1——一次项，曲线的倾斜部分，可通过倾辊矫正；

　　　a_2——二次项，曲线的抛物线部分，通过弯辊或 VC 辊、轧辊的轴向窜动矫正；

　　　a_3——三次项，曲线的三次项部分，通过弯辊或 VC 辊、轧辊的轴向窜动达到部分矫正；

　　　a_n——高次项，通过喷淋轧制油矫正。

在式（3-8）中，a_0 代表了曲线在坐标中的位置，a_1 为直线部分，而辊形特别是原始辊形多为对称的，而且上下轧辊相互也是对称的，一对非对称辊型的奇次部分是相同的（二者相差180°），奇函数又可以用奇次幂级数表示，对奇次幂级数的分析要比对非奇次幂级数的分析简单得多，所以，用轧辊的直径的奇函数来代表辊身形状更为方便。

3.3.7　复合辊型和高阶不良板形的形成

带坯轧制时前一道次中，由于成分、温度、组织、厚度、板形等因素的不均匀分布都可能引起下一道次板形产生高次项的板形缺陷。例如，当来料是一个均匀的抛物线中凸板形，在接下来的带有 AFC 的轧机上轧制中，当目标板形不合适或轧制制度不合适，将会产生具有高阶次的不良板形，如图 3-28 所示。图 3-29 是来料板形不良造成的具有高阶次项的板形缺陷的例子，图 3-29b 是由千分尺测量的板形，图 3-29a 是轧制 1min 后的在线显示板形。从图 3-29 中可以明显看到来料凸起部分产生松浪。

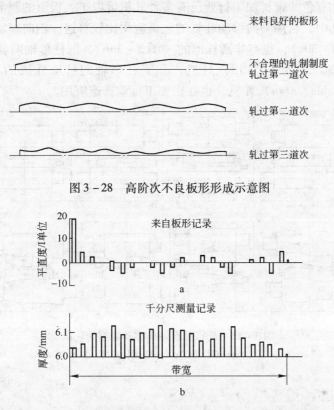

图 3-28　高阶次不良板形形成示意图

图 3-29　来料板形不良造成的具有高阶次项的板形缺陷

　　由于带材横断面厚度的不均匀性以二次成分为主，因此选择辊形时，主要是从改变辊缝的二次成分这方面考虑的。如果单纯以改变辊缝的二次成分为目的，采用三次辊形就可以满足要求，因为它所形成的辊缝只含二次成分，没有高次凸度，而且二次凸度与轧辊的轴向移动量呈比较简单的线性关系。从板形方面看，中浪和边浪的板形缺陷最为常见。这类板形与二次凸度有直接的关系，通过改变二次凸度就可以改变板形。对于这种情况，采用三次辊形很合适。因此，三次辊形可以用于大多数场合，满足对辊缝控制的一般要求。然而，在有些情况下，如轧制宽带时，板形缺陷就不仅限于中浪和边浪，而介于两者之间的四分之一浪以及边中复合浪也是比较常见的。这类板形缺陷就与高次凸度有关，必须利用高次凸度的调节加以消除。高次辊形（如五次、七次辊形等）虽然能够同时调节辊缝的二次凸度和高次凸度，但凸度比不一定能满足实际要求。例如，对一些轧制后的成品断面的分析表明，实际的凸度比可达十几到几十，一般的高次辊形是无法适应这种情况的。

　　为了改变高次辊形所形成辊缝的凸度比，可以在高次辊形的基础上迭加一个三次辊形。因为后者所形成的辊缝只有二次凸度，迭加的结果自然会使辊缝的二次凸度与高次凸度的比例发生变化。按这种方法迭加后的辊形就是所谓的 3+i 次辊形，相对简单的 i 次辊形，称为复合辊形[14]。

3.3.8 轧辊轴向移动的轧机

如上所述，VC 辊加弯辊对改善高阶不良板形的作用是有限的。为适应高精带材产品的需要，在钢铁和有色的带材加工行业已有多种轧机可以扩大板形的调节范围，以改善波动的不良板形，其中，利用轴向移动轧辊的轧机应用比较普遍。轴向移动轧辊轧机的轧辊有圆柱形的（图 3–30a），也有非圆柱形的（图 3–30b），圆柱形轴向移动轧机的典型代表是 HC（High Crown Control Mill）轧机；非圆柱形轴向移动轧机的典型代表是 CVC（Continuously Variable Crown）轧机，也在铝加工行业普遍应用。

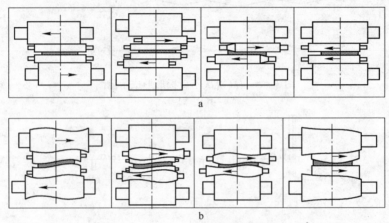

图 3–30　轧辊具有轴向移动功能的轧机

a—圆柱形的；b—非圆柱形的

3.3.9　HC 系列轧机

HC 轧机是日本日立公司 1972 年开发的。有四辊的，也有六辊的，四辊的应用较少，其核心是利用轧辊的轴向窜动调节板形。

虽然 HC 和 CVC 两种轧机都是六辊，但其工作原理并不相同。

HC 轧机的轧辊轴向窜动是基于要消除工作辊和支撑辊在带材宽度以外相互接触产生的附加应力带给板形的不良影响，如图 3–31 所示。

在四辊轧机上，当轧制力比较小的时候，两个轧辊的弯曲是相等的（图 3–31a），当轧制力较大时，接触区发生弹性压扁，在接触区表面上好像弹簧一样在带材外侧产生不希望的有害的接触区，对板形产生不利影响，如塌边等（图 3–31b）。比较理想的轧制条件如图 3–31c 所示，支撑辊辊身宽度和带材一样宽，以消除不希望的有害接触区，这在实际生产中，因带宽度不同，就要采用辊身宽度不同的支撑辊是做不到的。如果工作辊产生轴向移动，使轧制接近理想状态（图 3–31d）是可行的，这就是 HC 轧机的基本原理。

HC 轧机的分类如图 3–32 所示。

中间辊移动并带工作辊正弯辊的 HCM 型（图 3–32a）；工作辊、中间辊都能窜动且工作辊正弯的 HCW 型（图 3–32b）；工作辊、中间辊都能窜动还可以正弯的 UCMW 型（图 3–32c）；中间辊窜动，工作辊、中间辊都可以正弯的 UCM 型（图 3–32d）。在实际使用中，中间辊的轴向移动并不闭环控制，而是根据轧制带材宽度在轧制前设定。

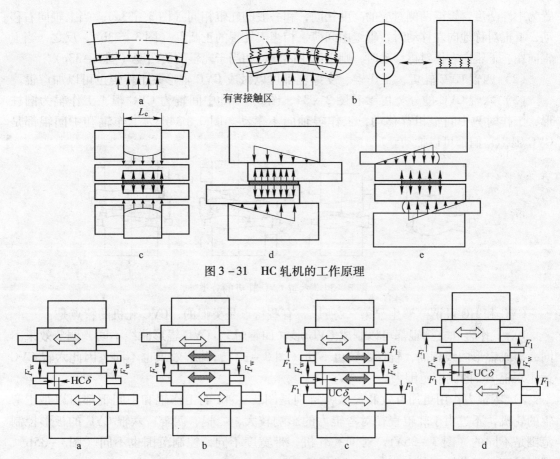

图 3 - 31 HC 轧机的工作原理

图 3 - 32 HC 轧机的分类

HC 轧机的特点是：（1）工作辊、支撑辊、中间辊都是圆柱形，没有凸度。（2）弯辊力作用更加有效和灵敏，特别是 UC 轧机，中间辊也可以进行弯辊，增大了弯辊的调节范围。（3）当 δ 等于某值时（轴向移动量），轧机的横向刚度为无限大，轧制力的波动不会引起轧制带平直度的波动。（4）轧机的纵向刚度随中间辊窜动量的增大而降低，这意味轧制力的波动使轧制中的带材的厚差变差，实乃 DC 轧机的缺点。

3.3.10 CVC 轧机

（1）CVC 轧机是凸度连续可调轧机的简称，西德 SMS 公司 1980 年开发，有两辊、四辊和六辊的。两辊 CVC 轧机的工作原理如图 3 - 33 所示。

如图 3 - 33 所示，上下轧辊加工成特殊的互补的曲线形，两个辊的形状完全相同，一反一正，相差 180°，上下辊沿轴向相背移动时，辊缝形状也相应变化，上、下两轧辊在基准位

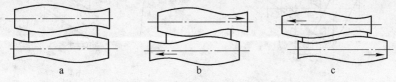

图 3 - 33 CVC 轧机的工作原理

置为中性凸度,辊缝两侧对应的高度相同,和一般的轧辊相同(图3-33a)。当上辊向右移动,下辊对称地向左移动时,辊缝中间薄,相当于轧辊的正凸度(图3-33b),反之,当上辊向左、下辊向右作对称移动时,则辊缝中间厚,相当于轧辊的负凸度(图3-33c)。

(2)四辊 CVC 轧机,工作辊、支撑辊都可以做成 CVC 辊形,工作辊也可以加弯辊。

(3)六辊 CVC 的分类可参看图3-34,图3-34c 中间辊为 CVC 辊,工作辊为圆柱形,工作时只中间辊相背移动,工作辊轴向不窜动。图3-34d 为工作辊和中间辊都是CVC 辊,它们都可以抽动。

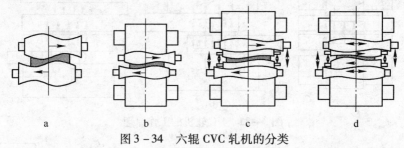

图3-34 六辊 CVC 轧机的分类

CVC 和 HC 可谓"孪生兄弟",所以,有些特点是类似的,CVC 轧机的特点是:

1)工作辊和支撑辊都可以制成 CVC 形(四辊时),CVC 辊形曲线不同,调节效果不同,即或辊形曲线相同,辊形参数也不同(图3-33),调节效果也不同,因此六辊 CVC 远比六辊 HC 的调节范围大。

2)弯辊力作用更加有效和灵敏,特别是图3-34d 的工作辊和中间辊都可以是正弯辊的轧机,不过由于轧辊直径对弯辊力的影响较大,二辊、四辊、六辊 CVC 的板形控制范围是不同的(图3-35a),对同一轧机,带宽度不同,控制范围也不同(图3-35b),带材越宽,调节范围越大[15]。

3)当工作辊受到较大的轴向水平力时,易产生失稳,为此,在 CVC 轧机装上工作辊的水平稳定装置才能轧出平直板形,工作辊越细,对水平稳定装置的精度要求越高(HC轧机也存在此问题)。

4)互相倒置180°的 S 形工作辊会在辊身长度方向上产生辊径差,正常情况下,这个差值为0.3~0.8mm。这会导致产生0.05%~0.4%的线速度差,较小的差值对应于较小的辊

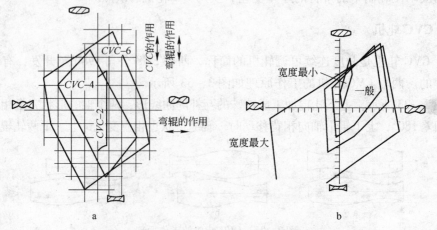

图3-35 不同类型 CVC 轧机的板形控制范围

径。然而，这一速度差与工作辊和轧件的速度差相比是微不足道的。根据压下量的不同，前滑区内的轧辊与轧件的速度差可以达到 5% ~ 40%，对轧制中的带材表面没有影响[16]。

将 CVC 轧机的轧辊磨成圆柱形，CVC 轧机就可以当作 HC 轧机使用，但是，它的轧制宽度范围会减小（图 3 – 34d）。所以，在轧制宽度范围相同时，HC 轧机的辊身要比 CVC 轧辊的辊身长一些。

（4）CVC 的辊形设计[17]。

空载时上下工作辊之间的辊缝等于工作辊中心线距离 A 减去上下工作辊直径和的一半（图 3 –36），即

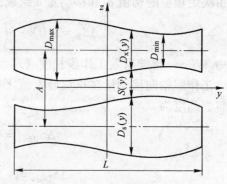

图 3 – 36　CVC 辊型设计

$$S(y) = A - \frac{D_s(y) + D_x(y)}{2} \tag{3-9}$$

式中　$D_s(y)$——上工作辊的直径函数；

　　　$D_x(y)$——下工作辊的直径函数。

由辊缝的对称条件 $S(y) = S(-y)$ 可得

$$D_s(y) + D_x(y) = D_s(-y) + D_x(-y) \tag{3-10}$$

由上式可知，若上辊为对称辊型，下辊也应是对称辊型。若 $D_s(y) = D_x(-y)$，则必须 $D_x(-y) = D_x(y)$，即要保证辊缝 $S(y)$ 的对称性，上下两个轧辊的辊型应是反对称的。自然，奇函数的直径函数能够满足这种反对称条件，如

$$D_s(y) = D + a_1(y - \delta) + a_3(y - \delta)^3 + \cdots$$

$$D_x(y) = D - a_1(y + \delta) - a_3(y - \delta)^3 + \cdots \tag{3-11}$$

$$S(y) = A - D + a_1\delta + a_3\delta + a_3\delta(3y^2 + \delta^2) +$$

$$a_5\delta(5y^4 + 10y^2\delta^2 + \delta^4) + \cdots \tag{3-12}$$

式（3 – 12）说明，$\delta = 0$ 时，$S(y) = A - D$，辊缝是均匀的，$\delta \neq 0$ 时，辊缝是对称的偶函数，δ 为正值时为凹形，δ 取负值时为凸形。最简单的空载辊缝函数是二次函数，这相当于轧辊是三次的直径函数。式（3 – 12）对坐标求导可得决定最大直径和最小直径的坐标值 e 及直径差 ΔD 的方程如下：

$$(y - \delta)^2 = e^2 = -\frac{a_1}{3a_3}$$

$$\Delta D = D_s(-e) - D_s(e) = 4a_3 e^3 \tag{3-13}$$

上面两式联立可获得用 ΔD 和 e 表示的辊型曲线系数为

$$a_1 = -\frac{3\Delta D}{4e}$$

$$a_3 = \frac{\Delta D}{4e^3} \tag{3-14}$$

所以

$$D(y) = D - \frac{3\Delta D}{4e}(y - \delta) + \frac{\Delta D}{4e^3}(y - \delta)^3 \tag{3-15}$$

CVC 轧机是通过轴向移动轧辊改变 δ 值来改变辊缝 $S(y)$ 以控制板形的，故 δ 可看作是由决定辊型的初值 δ_0 和移动量 δ 组成的。由公式（3–9）可得

$$\Delta S_B = S(0) - S\left(\frac{B}{2}\right) = -\frac{3\Delta D}{4e^3}(\delta + \delta_0)\left(\frac{B}{2}\right)^2 \qquad (3-16)$$

式中　B——辊缝有效工作段长度（$B < L$）。

工作辊轴向移动量在正负最大值之 δ_m 中间变化，即 $\delta_m \leqslant \delta \leqslant \delta_m$，故对应的最大和最小辊缝凸度为

$$\Delta S_{Bmax} = \frac{3\Delta D}{4e^3}(\delta_m - \delta_0)\left(\frac{B}{2}\right)^2 \qquad (3-17)$$

$$\Delta S_{Bmin} = -\frac{3\Delta D}{4e^3}(\delta_m + \delta_0)\left(\frac{B}{2}\right)^2 \qquad (3-18)$$

由上面两式可得确定 ΔD 和 δ_0 的计算公式为

$$\Delta D = \frac{8e^3}{3B^2} \times \frac{\Delta S_{Bmax} - \Delta S_{Bmin}}{S_m} \qquad (3-19)$$

$$\delta_0 = -\delta_m \frac{\Delta S_{Bmax} + \Delta S_{Bmin}}{\Delta S_{Bmax} - \Delta S_{Bmin}} \qquad (3-20)$$

辊缝凸度值的调节范围是根据工艺要求确定的，因此，需减小 ΔD，必须相应地减小 e 值并适当地选择 B 值。也就是说，辊身的形状是不能自由选择的。应该指出的是，上面介绍的 CVC 辊型设计方法只是关于空载辊缝的设计方法，而决定板形精度的并不是空载辊缝而是负载辊缝，而且，上面的辊型曲线系数也只计算到三级，即简单的三次板形。因此，正确的辊型设计应针对负载辊缝和目标板形设计，以板形为目标函数进行 CVC 辊型曲线设计是 CVC 轧制技术进一步发展的重要课题。

引进的 CVC 轧机的辊型曲线已经设定好，如何设定未提供，是否符合买方工艺要求卖方也并不保证。以 SMS 公司提供给宝钢的 2030mm 五机架连轧机的 CVC 为例，由北京科技大学在宝钢配合下所解析出来的辊型曲线见表 3–10。

表 3–10　北京科技大学解析出来的 CVC 轧辊辊型曲线

原始曲线	C_1	C_2	C_0	$C_2 \sim C_1$	F_0	e	ΔD
1	0.00	0.50	0.25	0.50	100	608.2	0.6032
2	−0.10	0.30	0.10	0.40	50	390.06	0.1273
3	−0.20	0.30	0.05	0.50	20	387.36	0.1558

注：$C_0 = \dfrac{C_1 + C_2}{2F_0}$；$C_1$，$C_2$—CVC 辊可形成的辊缝最大和最小凸度（与轧辊凸度大小相等，符号相反）；F_0—CVC 辊型的初始移动量，mm；e—极值距中点的距离，mm；ΔD—两个极点直径差，mm。

北京科技大学在现场的调研结果表明，采用表 3–10 中数据的辊型轧制出带材的平直度距希望值相差还很大，要取得平直的带材，还要作大量的研究和开发工作，开发出适合企业轧机工艺条件的辊型。

还应该说明的是，CVC 辊型和弯辊是 CVC 轧机控制板形的两种独立控制方法。一般地说，一种方法只能控制一种简单的板形缺陷（对称边浪或中间浪），两种方法才能既控制第一种简单的板形缺陷又控制第二种较复杂的板形缺陷（四分之一浪或边中复合浪）。

如果两种方法使用不当，第二种板形则不能得到有效控制。因此，存在 CVC 辊型的调整与弯辊力调节两种方法最佳配合问题。理论上最佳配合的目标函数是出口带材的横向张力分布均匀，使总张力消失后带材平直度达到板形精度要求。因此，能不能给出合理的目标板形是能否正确利用好轧机平直度调节手段，从而是轧制出平直板形的重要环节。

3.3.11 目标板形

顾名思义，目标板形就是我们所期待的板形。我们期待带材是平直的，目标板形理应是一条直线，但在 AFC 系统的目标板形恰恰不是一条直线，这是因为：板形取决于辊缝，辊缝受辊型制约，轧辊在轧制力、热膨胀等因素的作用下辊型不是直线。轧辊在轧制力作用下，在不考虑弹性压扁时，变形后近似一条抛物线，由于受到不均匀热变形的影响，轧出来的板形就成为式（3-8）所示的曲线，正如 3.3.7 节所述，为计算和表达方便，常用 $3+i$ 的奇函数来表达。在三阶函数中，抛物线占主要部分，所以，目标变形常常是经过修改的二次曲线。如何设定目标变形，将在铝箔轧制中叙述。

3.3.12 几种常见轧机和板形控制能力的比较

图 3-37 是英国 DAVY 公司在下面所述的轧机上取得的结果：图 3-37a 是弯辊力的调节范围，图 3-37b 是 VC 辊的调节范围，图 3-37c 是实芯辊轴向移动的调节范围，图 3-37d 是 DSR 辊的调节范围。

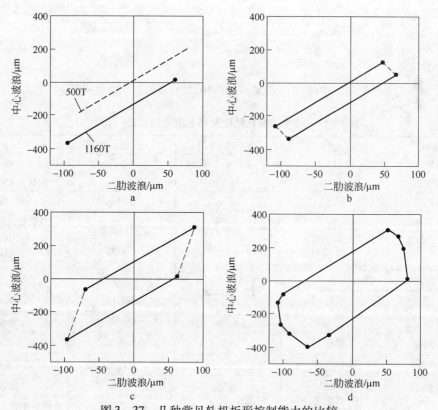

图 3-37 几种常见轧机板形控制能力的比较

a—弯辊力的调节范围；b—VC 辊的调节范围；c—实芯辊轴向移动的调节范围；d—DSR 辊的调节范围

轧机类型：四辊冷轧机；轧辊尺寸：$\phi 420/1120 \times 1900mm$；弯辊：$\pm 380kN/$每侧；带材宽：1650mm；轧制力：11600kN；工作辊直径凸度：

实芯辊	$120 \sim 360\mu m$
VC 辊	$240\mu m$
DSR 辊	$240\mu m$

从图3-37可以看到，弯辊力的调节范围是一条直线，结合图3-20和图3-21来看，VC辊和弯辊结合起来的作用才能达到图3-37b的效果。

六辊CVC轧机和六辊HC轧机板形调节能力的比较见图3-38和表3-11。

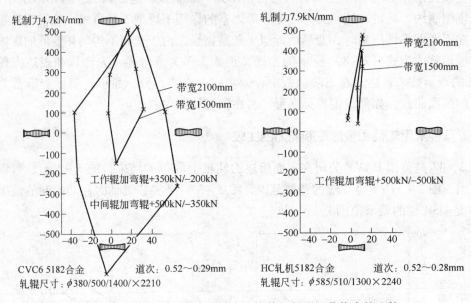

图3-38 六辊CVC轧机和六辊HC轧机板形调节能力的比较

表3-11 几种典型轧机板形调节能力的比较（冷轧）

比较项	四辊 + VC 辊	四辊 + DSR 辊	六辊 UC	六辊 CVC
轧辊数	4	4	6	6
支撑辊辊型	圆柱或中凸	圆柱	圆柱	圆柱或 CVC 曲线
工作辊辊型	圆柱	圆柱	圆柱	CVC 曲线
板形调节手段	VC 辊压力弯辊	DSR 辊各支撑垫压力，弯辊	轧辊轴向移动量，弯辊	轧辊轴向移动量，弯辊，CVC 曲线参数
板形调节范围	小	很大，可连续	大，连续	很大，连续
非对称调节	不可以	可以	不可以	不可以
辊型和磨削工艺	简单	简单	最简单	复杂
专用备用辊	需要	需要	不需要	不需要
适应范围	软铝合金	软铝及硬铝合金	软铝及硬铝合金	软铝及硬铝合金
技术成熟程度	成熟	发展中	成熟	成熟
最终效果取决于	来料平直度，目标板形	来料平直度，目标板形	来料平直度，目标板形	来料平直度，目标板形，CVC 曲线的设计

从图 3-38 中可以看到：

（1）仅靠弯辊，板形的调节范围是一条直线，不在直线上的不良板形就调节不了，调节范围十分有限，而且只能进行对称调节。

（2）在弯辊的配合下，VC 辊的调节范围是一个较小的面积，也只能进行对称调节。

（3）DSR 辊的调节范围较大，每一个支撑垫都可以单独调节，在调节范围内，调节可以是连续的，可以进行非对称调节。

（4）CVC 的调节范围也比较大，调节不良板形可以实现连续调节（轴向移动事先设定好，在轧制过程中通常并不在线连续调节），只能进行对称调节。

（5）UC 轧机和 CVC 轧机一样，轴向移动也不是在线闭环反馈控制，由于它的调节手段比 CVC 轧机少，所以，它的调节范围比 CVC 轧机小（图 3-39）。只能进行对称调节。

（6）从最终调节效果来看，既取决于来料平直度也和轧制过程的其他因素相关，例如轧机类型，目标板形的设定，由于成分、温度、组织、厚度、板形等因素的不均匀分布所引起的变化。也就是说，如果坯料板形不良，目标板形设置不正确，采用什么轧机也轧不平直带材。由于六辊轧机板形调节范围的扩大，在六辊轧机的轧制过程中，在该轧机可以控制的范围内，一旦出现板形缺陷，就可以及时地得到修正，可控范围大，及时修正的机会多，产生缺陷的机会就少，带材自然就更平直，带材用户已经感受到六辊轧机轧的带材就比四辊轧机轧出来的平，这就是所谓的"六辊轧机的名片效应"。可以说，六辊轧机已经成为铝带轧机的发展趋势。

从 2002 年开始，我国再也没有引进一般国际水平的普通铝带冷轧机了，所引进的全是高技术大容量铝带冷轧机，至 2011 年中国投产的 CVC 轧机有 14 台占世界总数的 60%。六辊轧机已经成为"平直带材的名片"，国内有知识产权的六辊轧机也正在稳步进入市场。

3.3.13 冷轧轧制系统的编制

轧制系统是带材轧制工艺的基本技术文件之一，它的编制是否合理直接影响轧制生产是否能够在安全、高效、高品质的条件下进行。

确保安全是编制轧制系统的首先要考虑的条件，保证安全生产的基础就是要保证所编制的轧制系统的最大轧制负荷、扭矩和轧制速度应小于轧机技术规格书中所规定的数据。为了实现高效率的生产，就要尽可能地以最少的轧制道次和尽可能快的轧制速度轧制。而高"品质"主要是指带材在整卷长度上的平整度、厚度偏差要在规定的范围内，表面光泽均匀，无可见的缺陷。

影响以上三个基本条件的工艺参数有压下量、轧制速度、轧辊的原始凸度、表面粗糙度、带材宽度、卷取和开卷张力以及润滑条件。对于一台新投入运行的轧机来说，以上参数可以说全是未知数。

3.3.13.1 轧制带材宽度的确定

轧制料的宽度取决于轧机工作辊辊身的有效宽度，所谓有效宽度是指轧辊辊身宽度去掉两边抹斜部分所剩余的宽度，最适合的轧制宽度是辊身有效辊面宽度的 85%，最大可轧宽度是有效辊面宽度的 90%。例如辊身有效辊面宽度为 1200mm 时，它的最大可轧宽度为 1080mm。

有的厂家为了利用现有轧机轧制尽可能宽的带材，辊身每边只剩下 50mm 甚至更少，这样轧出的带材的平直度是无法保证的。

3.3.13.2 道次压下量的确定

现代化铝带冷轧机的设计基础都是按道次最大压下量的60%来考虑的（适应1×××系和3×××系合金），有关规定要阅读轧机的规格书。

在开始试轧时，先用1×××铝合金按每道次50%来考虑，通常都是没问题的，例如当来料的厚度为7mm最终厚度为0.1mm时，压下量的分量的分配可以是：7—3.5—1.75—0.875—0.44—0.22—0.11，编排的结果，最终的出口厚为0.11mm，这时可以把最后一个道次改为0.22—0.1mm，该道次的压下量为54.5%，也是可以的，如果一定要最后一个道次的压下量为50%，可以把第一道次的压下量加大，从后往前推，即0.1—0.2—0.4—0.8—1.6—3.2—7.0mm。

3.3.13.3 轧辊凸度的确定

所谓轧辊凸度是指辊身中部和辊身有效宽度两端的直径差。凸度是用来补偿轧辊因受轧制力作用而产生的挠度。轧辊没有凸度时，轧出来的带材断面就会呈过大的中凸形，而轧辊凸度过大，轧出来的带材断面就会呈中凹形。

为了计算轧机轧辊凸度就要知道每道次的轧制力，把轧辊看作一个简支梁，按照材料力学有关公式计算，但是影响轧制力的因素多，变化也比较大，而且这样的计算也没有考虑在轧制过程中因发热产生的热凸度，计算程序复杂，结果也不适用。因此对一台新轧机往往是参照同规格同类型的轧机先预定一个凸度，根据实际的轧制结果加以修订，修订的依据是根据轧制结果来判断轧辊凸度是大了还是小了。为了判断轧辊凸度是否合适，要在轧制的稳定状态从带卷里（不能是头、尾）切下约100mm长的一块，测量带材的横断面，根据板材断面和轧制当时的表现，参照表3-12的比较判断轧辊凸度是否合适。

表3-12 轧辊凸度的判断

凸度过大	凸度过小	合 适
稳态轧制时的板形中间松，两边紧	稳态轧制时的板形两边松	板形有0%~0.5%的中凸型，在轧制过程中稍稍松一松前张力，两边有对称的轻微波浪，当料卷轧制到0.1mm以下，带材有小花边，但中间二肋是平整的
在轧制过程中要使用较大的轧制力，否则边部过紧	轧制力太小，增大轧制力边部太松	轧制力适中
增大轧制力带材厚度比规定的薄，不增大轧制力边部又太紧	轧不到预定厚度，增大轧制力边部出现波浪	正常轧制力，厚度偏差在±1%以内，装有良好的AGC系统，来料厚度符合偏差要求
希望加大轧制速度，但加不上去，一增速，带材厚度就超薄	必须升高速度，否则厚度达不到目标值	速度正常，厚度正常
各道次负弯用的比较大	各道次正弯力过大	冷辊开车时使用正弯，随着轧辊温度的升高，正弯减小，到下班时或辊热时，用一定的负弯。但正负弯一般都用不到最大值
轧辊中部的喷油量一直大开，总量也一直在上限	辊身中部的喷油嘴需要经常关闭，导致支撑辊喷嘴也要关闭	喷嘴状态处于中间大开，二肋中，二边小开，边部不开

上下工作辊的凸度通常是一样大的，当一个工作辊的凸度小于0.01mm时，可把一个工作辊（一般是上辊）磨成凸辊，另一个辊磨成平辊。上、下支撑辊一般都磨成平辊，因为支撑辊凸度仅能调整工作辊和支撑辊之间的接触状况，对空载辊缝的形状不起作用，因此，将具有一定凸度的支撑辊与具有相同凸度的工作辊相比较前者对带材凸度的影响就要小得多。也有个别工厂，因单一品种大批量生产时采用较大的支撑辊凸度，把工作辊磨成圆柱形。

为了取得更好的轧制表面，第一道次最好使用专用的轧辊，特别是当轧制铸轧带坯时，由于喷涂石墨层的影响，应使用粗糙度较大的轧辊，否则第一道次的轧制速度会很低。

3.3.13.4 轧辊表面粗糙度的确定

见"轧辊磨削技术5.5.6"。

3.3.13.5 前后张力的确定

前张力即卷取张力用于拉平带材便于缠紧、缠齐，在保证带材平直的条件下，越小越好，一般为20~40MPa，与合金种类无关，也就是说1×××合金、3×××合金、8×××合金的都一样，最大值不超过60MPa，第一道稍小可选为10MPa，逐道增加。前张力过大，不利于观察板形，也容易引起断带。

后张力即开卷张力，它的重要作用是在保证不松卷的前提下，来预调整带材厚度，因此它不能太小，而太大又会拉断，为20~40MPa。由于现代化轧机上都装有AGC系统，所以它的大小基本上是由AGC系统自动控制，在轧制过程中，操纵手不必过多干预。另外还要注意，无论哪个道次，开卷张力都不应大于前一个道次的卷取张力，否则可能引起层间窜动造成擦伤。

3.3.13.6 轧制速度的选取

轧制速度主要受轧机功率的限制（表3-15）。对于万能轧机，由于功率的大小既要考虑前几道次大压下量、大扭矩的需要，又要满足后几道高速轧制的要求，相对前几道来说，要适应大压下高速度的要求，功率值相对偏小，而专用轧机的功率都考虑了最大速度的要求，在轧制中能不能把速度开到轧机的设计水平，决定于装机水平、卷材大小、带材品质和操作技巧：

（1）装机水平：高速轧制的困难首先在板形控制。当轧制速度大于900m/min时，人工控制板形就比较困难了，在没有装板形仪的轧机上是很困难的，一个熟练操纵手能够控制的最佳平整度在60个I单位以上。

（2）卷材大小：由于轧机在加减阶段厚差是在变化的，卷材太小、速度高，升降速时间长，卷材上厚度超差部分所占的部分就大。

（3）带坯品质：重点是来料板形和厚差，为保证加减速不断带，厚差不超差，来料板形一定不能是中凹，来料厚度的斜度不能大于10%。

（4）操作技巧：重点是控制板形，特别要控制不能轧出二边紧的板形，当使用带有板形仪的轧机时，如果边缘上两个相邻转子上的板形差大于30I，即或装有板形仪也不能把速度开得太快。

3.3.13.7 板形控制

参见"7.1.3"小节。

3.3.13.8 适当轧制力的确定

轧制力的计算有很多理论公式，但计算起来很麻烦，变数也很多，仅以摩擦系数一项为例，当轧制温度不同、使用润滑油种类不同、轧辊表面粗糙度不同等，它的变化范围就很大，为此建议采用我们在生产中得出的下面的经验公式：

$$P = K \cdot R_{p0.2} \cdot W \cdot \sqrt{R\Delta h} \qquad (3-21)$$

式中　P——轧制力，kN；

　$R_{p0.2}$——屈服极限，MPa；

　　R——工作辊半径，mm；

　Δh——该道次的绝对压下量，mm；

　　W——轧制料宽，mm；

　　K——所使用轧机的特性系数。

$R_{p0.2}$可以通过硬化曲线获得，可以从相关的参考书中查得，但最好用各自企业所轧制的材料来作这条曲线。如上所述，同样牌号的合金，由于成分的差异、工艺的不同，硬化曲线的差别也很大（见图3-42~图3-50）。在无法取得屈服极限时也可以采用强度极限，按图3-39，可根据总加工率修正。

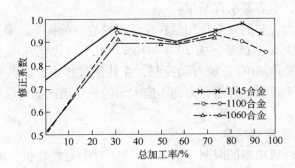

图3-39　强度极限修正成屈服极限的修正系数

关键是"K"值如何求得。它决定于所用轧机的特性。在一台新轧机投产前，可参照后面的附图，根据总加工率选取K值，按式（3-21）求得P值。

在试车阶段可以根据有经验的操纵手的实际轧制记录的平均值取得P值。在现代化的轧机上，轧制力均有正确的显示，它包括轧制过程中各种变数，统计的数据越多越接近实际情况。须注意的是，操纵盘上显示的数值往往是一个压上缸的轧制力，按上式计算出的轧制力也是一个压上缸的轧制力。

这样，P、$R_{p0.2}$、W、$\sqrt{R\Delta h}$为已知，求出各道次（不同加工率）的K值，画出K值曲线，利用这个K值曲线，就可以求得该合金在不同道次与不同压下量的轧制力。这个K值曲线包括了你正在使用轧机的所有特性，例如刚度、温度、轧制速度、前后张力、摩擦系数等的所有影响，所计算出的轧制力最接近实际轧制力，用来制订更新的轧制工艺。

从以上的计算可以看到，"K"值相当于"斯通"公式中的压力放大系数，不过"斯通"公式中的压力放大系数可由表查出，而上式中的"K"值是通过各自使用的轧机的资料统计得出的，所以更接近实际情况。

对于这样的计算公式的准确度如何呢？现场的轧制力并不是一个简单的恒定值。在同一个道次的起始、中间和后部都不一样，同一合金相同工艺的轧制力，在刚刚换完辊，和在热辊状态也不一样，在冬季与夏季也不一样。所以压下规程中，给出的轧制力是一个范围。用上式计算出的值相当于该道次的平均值，用于编制新的轧制工艺、校核主机功率、前后卷取机功率，其准确度是足够的。

式（3-21）的计算结果和国际上知名的轧机制造商提供的冷轧轧制计算的比较结果见表3-13和表3-14。

表3-13 冷轧轧制计算的比较结果

比较参照 道次	相对偏差/%			
	A公司报价书	B公司报价书	C公司报价书	某企业试车统计
1	+1.2	-1.5	-16	-11.7
2	-1.9	+6.7	-14.7	+5
3	-1.1	-10.8	-2	+9.4
4	+0.1	—	-0.1	+13.9
5	-4.0	—	+3	-31
6	+9.0			

表3-14 铝箔轧制计算结果的比较

比较参照 道次	相对偏差/%				
	计算机统计	计算机统计	C公司报价书	D公司报价书	某企业试车统计
1	+3.5	+0.7	-4.0	-20	+18
2	+0.5	+16.8	-12	-8.8	+4.8
3	+5.0	+24.2/+10	-0.5	-16	+15
4	-2.0	+13.6	+12	-22	+13
5	—	-21.4/-12.6	+3.5	-0.7	—
6	—	-22/-19.2	+24	-9.5	

以上29个道次的轧制力的最小偏差为0.5%，最大偏差为24%，平均绝对值偏差为11.5%，其标准偏差为7.85%。平均正负百分比偏差为-0.2%，其标准偏差为14.2%，可以方便快速地在现场应用。使用起来比使用Ekelund公式要方便得多。

在试生产前的阶段，本文所提供的"K"曲线所算出的轧制力完全可以作为轧制力的设定值，其精度是够用的。

在使用式（3-21）时可能遇到三种情况：

（1）在完全有辊缝轧制时，一般不会出现大的出入。

（2）在有辊缝和无辊缝的过渡状态，有可能出现负荷增大效应，这说明轧制工艺不匹配，某些参数要调整，至于具体要调整哪个参数，如何调，以后论述。

（3）在完全无辊缝轧制时，式（3-21）给出的值是预压力。由于轧制习惯的不同，可能有较大的出入。

冷轧轧制力倍增系数图和铝箔轧制轧制力倍增系数分别见图3-40和图3-41。

3.3.13.9　冷轧用的轧制油

参见铝箔轧制5.7.2小节。

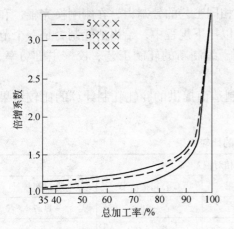

图 3 - 40　冷轧轧制力倍增系数

（5952 合金总加工率达 84%）

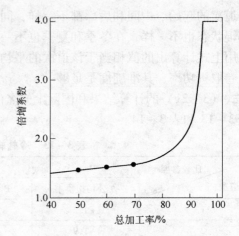

图 3 - 41　铝箔轧制轧制力倍增系数

总加工率	40	50	60	70	80	90	95	>95
K	1.4	1.45	1.5	1.52	1.7	2.15	4.0	4.0

3.3.13.10　强度极限的参考曲线

有关参考曲线见图 3 - 42 ~ 图 3 - 50。

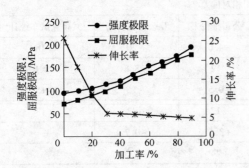

图 3 - 42　1100 合金热轧带冷作硬化曲线

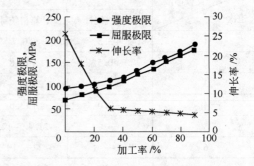

图 3 - 43　1145 合金铸轧带冷作硬化曲线

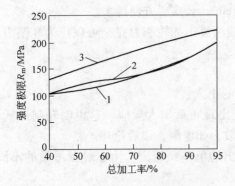

图 3 - 44　1100 合金冷作硬化曲线

1—取自 S 公司报价书；2—取自 A 公司报价书；

3—取自 I 公司报价书

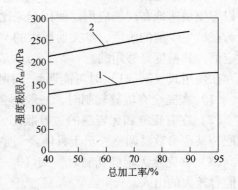

图 3 - 45　8011 合金冷作硬化曲线

1—取自 S 公司报价书；2—取自 H 公司报价书

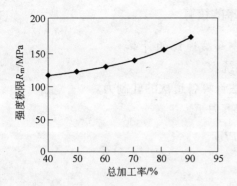

图 3 - 46　3102 合金冷作硬化

化学成分（质量分数）　Si　Fe　Cu　Mn　Zn　Ti

　/%　　　　　　　　0.17 0.57 0.03 0.39 0.06 0.03

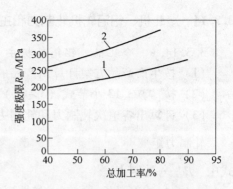

图 3 - 47　3004 合金冷作硬化曲线

1—取自 S 公司报价书；2—取自 I 公司报价书

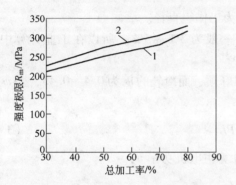

图 3 - 48　5052 合金冷作硬化曲线

1—取自 A 公司报价书；2—取自 M 公司报价书

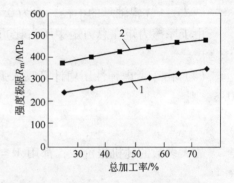

图 3 - 49　5182 合金冷作硬化曲线

1—取自 S 公司报价书；2—取自 I 公司报价书

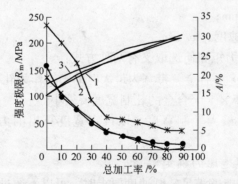

图 3 - 50　3003 合金冷作硬化曲线

─×─ 8%　　─●─ 8%　　─✳─ 8%

化学成分（质量分数）/%	Mn	Fe	Si	Ti	Cu	Mg
1—铸轧带，经 580℃/10h 均匀化	1.0	0.48	0.07	0.04	< 0.05	0.02
2—热轧带，经 580℃/10h 均匀化	1.3	0.45	0.42	0.05	< 0.05	< 0.05
3—热轧带，未经均匀化	1.1	0.18	0.18	0.02	< 0.05	< 0.05

3.3.14 冷轧机、铝箔轧机轧制力和主电机功率的核算

3.3.14.1 冷轧机、铝箔轧机主电机功率和减速比的计算

（1）按生产产品方案计算出产品的轧制系统表。

（2）按"3.3.13 小节式（3－21）"的方法计算各道次的轧制力。

（3）计算出各道次轧制力和轧制力矩和摩擦力矩。

轧制力矩 $$M_1 = 2PL\psi$$

式中　P——轧制力；

　　　L——咬入弧长，应考虑弹性压扁的影响。

摩擦力矩 $$M_0 = Pd\mu$$

式中　P——轧制力；

　　　μ——滚动摩擦系数，一般取 0.004；

　　　d——轧辊轴承的中径，取为 0.6D，D 为工作辊直径。

由于摩擦力矩在总力矩中所占比重很小，一般为 3% ~ 5%，所以在工业计算中都不予考虑。

（4）由于考虑弹性压扁计算咬入弧长也很麻烦，而冷轧的 ψ 为 0.4 ~ 0.45，若 ψ 取为 0.5，则

$$M_1 = PL \tag{3-22}$$

故大多数的轧机报价中，都用 $M = PL$ 来计算主电机功率 n：

$$N = \frac{\pi M n}{30} = \frac{Mv}{30D} \ (\text{kW}) \tag{3-23}$$

式中　M——用式（3－22）求得的轧制力矩；

　　　n——轧辊转数，r/min；

　　　D——轧辊直径，mm；

　　　v——设计的轧制速度，m/min。

采用以上方法计算的力矩如何选取又有两种方式：

（1）选择以轧制 $1\times\times\times$ 合金，带宽为最大时的力矩作为轧机的设计最大扭矩来计算轧机的设计功率。这时，$5\times\times\times$ 合金的轧制宽度要缩小。

（2）确保合金系列的最大轧制宽度，以设定宽度算出的力矩来计算轧机的主电机功率。

3.3.14.2 主电机减速比的确定

（1）当主电机的转数能够满足轧制速度要求时，可以不通过变速，例如图 3－51。

（2）当主电机转数不能满足轧制速度要求时主电机的减速比：

$$i = \frac{\text{主电机高档时的线速度}}{\text{主电机高档时的轧制速度}} \tag{3-24}$$

以中间辊驱动的六辊轧机为例（图 3－52）。

表 3-15　图 3-51 的参数

支撑辊驱动			
轧辊尺寸	工作辊	mm	380/490
	支撑辊	mm	1400
电机功率 100%		kW	2×4000
电机转数		r/min	0-114-341
电机扭矩		kN·m	22.4/7.5
减速比 i			1
工作辊转速		r/min	1257/975
轧制速度 V_{max}		m/min	1500
轧制扭矩 100%		kN·m	22/7

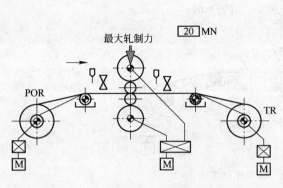

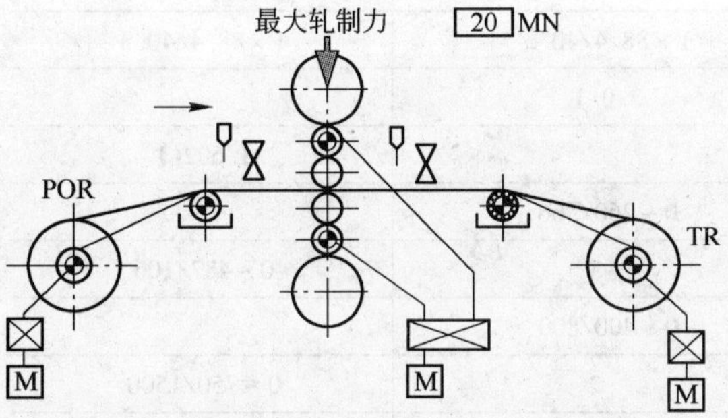

图 3-51　主电机不经过变速的直接驱动

表 3-16　图 3-52 的主要参数

中间辊驱动			
轧辊尺寸	支撑辊	mm	1400/1300×2100
	中间辊	mm	560/510×2550
	工作辊	mm	380/340×2250
电机功率	100%	kW	1×0-5500/5500
	115%	kW	1×0-6325/6325
电机转速		r/min	0~455/1500
电机扭矩		kN·m	1×115.3/35
			1×132.7/40.3
减速比 i			1.335:1
工作辊转速		r/min	0~503/1685
轧制速度		m/min	0~600/1800
轧制扭矩	100%	kN·m	102.4/30.5
	115%	kN·m	117.8/35.1

图 3-52　要经过变速的主电机

如表 3-16 所示，主电机高挡时的轧制速度为 1800m/min，因为是中间辊驱动，主电机高挡时的线速度为：$\pi \times 0.51 \times 1500 = 2402.1$（m/min）。

所以，减速比 $i = 2402.1/1800 = 1.335$；

轧制扭矩：

$$M_1 = \frac{30N}{\pi n} = \frac{30 \times 5500}{\pi \times 0.53} = 104.6 \text{（kN·mm）}$$；由于是通过中间辊驱动，考虑摩擦损失，取效率 98%；

所以　$M_1 = 104.6 \times 0.98 = 102.4$（kN·m）

同理

$$M_2 = \frac{30 \times 5500}{\pi \times 1685} = 31.8 \text{（kN·m）} \qquad 31.8 \times 0.98 = 30.5 \text{（kN·m）}$$

3.3.14.3 主电机的二级减速比

主电机的二级减速比见图 3 – 53。

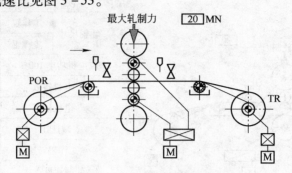

图 3 – 53 经二级变速的主电机

表 3 – 17 图 3 – 53 的主要参数

轧辊尺寸	支撑辊	mm	BUR：1400/1300 × 2100	
	中间辊		IR：560/510 × 2550	
	工作辊		WR：490/450 × 2250	
电机功率	100%	kW	1 × 0 ~ 5500/5500	1 × 0 ~ 5500/5500
	115%		1 × 0 ~ 6325/6325	1 × 0 ~ 6325/6325
电机转速		r/min	0 ~ 683/1500	
电机扭矩	100%	kN·m	1 × 76.9/35.0	1 × 76.9/35.0
	115%		1 × 88.4/40.3	1 × 88.4/40.3
减速比 i	(1)		3.0 : 1	
	(2)			1.602 : 1
工作辊转速	r/min(1)		0 ~ 260/566	
	r/min(2)			0 ~ 487/106
轧制速度	m/min(1)		0 ~ 400/800	
	m/min(2)			0 ~ 750/1500
轧制扭矩	100% kN·m(1)		202.0/92.8	105.7/48.5
	115% kN·m(2)		232.3/106.7	121.5/55.8

一级减速比的计算方法和 3.3.14.2 节相同，计算结果 $i_1 = 1.602$。设二级减速比为 i_2

$$i_2 = \frac{\text{主电机低挡时的线速度}}{\text{主电机低挡时的轧制速度}} = \frac{\pi \times 0.56 \times 683}{400} = 3.0 \qquad (3 – 25)$$

3.3.14.4 冷轧机、铝箔轧机的卷取机、开卷机电机功率和减速比的计算

A 卷取机电机功率的计算

$$N = K \frac{Tv}{\eta} \qquad (3 – 26)$$

式中 N——卷取机功率，kW；

$K = 1.1 ~ 1.2$；

$\eta = 0.9 ~ 0.95$；

v——卷取机的最高速度，m/s；

T——设计的道次最大张力，kN，

$$T = A \cdot S$$

S——带材使用的单位张力，MPa；

A——板带的断面积，mm²，

$$A = W \cdot t$$

W——带材最大宽度，mm；

t——带材最大厚度，mm。

不同的轧机制造厂家，选用的单位卷取张力不同，一般为 $(20 \sim 50) \times 10^9 Pa$。推荐采用值见表 3 – 18。

表 3 – 18 推荐采用的卷取机单位张力

卷取厚度/mm	6	3	1.5	0.75	0.3	0.2	0.1	0.05	0.03	0.015
单位张力/MPa	25	15	18	20	25.5	30	30	30	35	40

用上面给出的单位张力数据计算出来的各道次的卷取张力，取最大值作为选取的设计功率。K 和 η 都取为 1，计算起来就比较方便了，式（3 – 26）可以写成

$$N = Tv \quad (kW) \tag{3 - 27}$$

B 卷取速度的计算

$$卷取机速度 = (1 + 前滑率) \times v_R \tag{3 - 28}$$

式中 v_R = 轧制速度，m/min。

在轧制过程中，各道次的轧制速度是不一样的，取设计的最大值计算不但会造成能力的浪费而且还会使最小张力满足不了设计要求。取值过小会造成功率不足。根据现场的经验，为充分发挥电机的能力，可根据带材轧制厚度不同参照表 3 – 19 选取相应道次的轧制速度，箔材轧制可参照表 3 – 20 选取。

表 3 – 19 带材轧制速度的选取

计算 N 时选用的速度 /m·min⁻¹　　　出口厚度 /mm　　最高轧制速度 /m·min⁻¹	6	3	1.5	0.75	0.5	0.2	0.1
750	200	300	400	500	600	700	700
1000	300	400	500	600	700	800	900
1500	400	500	700	800	900	1000	1200

表 3 – 20 箔材轧制速度的选取

计算 N 时选用的速度 /m·min⁻¹　　　出口厚度 /mm　　最高轧制速度 /m·min⁻¹	0.3	0.15	0.07	0.035	0.015	2 × (0.006 ~ 0.009)
750	300	300	400	500	600	300[①]
1000	300	400	500	600	700	900
1500	400	500	700	800	900	1200

①箔材双合道次的轧制速度取决于工艺条件。

C 前滑率

为了计算卷取机速度就要知道前滑率。影响前滑的因素很多，但总的来说主要有以下几个因素：压下率，轧件厚度，摩擦系数，轧辊直径，前、后张力，带材宽度等，凡是影响这些因素的参数都将影响前滑值的变化，而计算起来却十分繁杂。参照国外多家知名轧机制造厂所选用的前滑率和出口厚度的关系如图 3 - 54 所示。

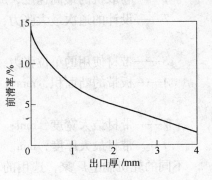

图 3 - 54 前滑率和带材
出口厚度的关系

在计算各道次的卷取机速度时可参照图 3 - 54。而在计算需要的冷轧机卷取机功率时，对高速段，前滑率取 15% ~ 20% ，对低速段取 5% 。

3.3.14.5 开卷电机功率的确定

（1） $$\text{开卷机速度} = (1 - \text{最小压下率}) \times v_{卷} \qquad (3 - 29)$$

式中 $v_{卷}$ = 卷取速度，m/min。

（2）开卷机的单位张力。

不同的轧机制造企业，选用的单位开卷张力不同，通常为 $20 \sim 50\text{kN/mm}^2$ 。推荐采用值见表 3 - 21 。

表 3 - 21 推荐采用的开卷机单位张力

开卷厚度/mm	6	3	1.5	0.75	0.3	0.2	0.1	0.05	0.03	0.015
单位张力/10^9Pa	10	15	15	17	19	25	28	30	35	38

由于开卷机电机功率通常是和卷取机相同的规格（功率、转速），只是根据转矩的需要确定电机的数量。

（3）电机数量的确定。采用式（3 - 27）计算的卷取机和开卷机电机功率和每一道次的功率比较，特别对铝箔轧制的精轧的几个道次，采用一个电机功率就会显得过大，这样就有必要把总功率分配在几个电机上。

（4）为了使开卷机和卷取机电机的备件备品储备最少，特别是一个车间同时上几台轧机时，这样，通常把该电机做成几个功率相等的，规格一样的。

（5）为了更经济地利用能源，当需要用两台电机驱动时，可以分成一台小一点，一台大一点。

（6）卷取机减速比。

当开卷和卷取都选用相同规格的电机时，为满足卷取机的电机转速，对于开卷机肯定转速过高，这样，当卷取机不通过减速机时，开卷机就必须经过减速，开卷机的减速比 i 为

$$i = \frac{v_{卷}}{v_{开}} \qquad (3 - 30)$$

式中 $v_{卷}$ —— $(1 + \text{前滑率}\%) \times \text{轧制速度}$ ；

$v_{开}$ —— $(1 - \text{道次压下率}\%) \times v_{卷\max}$ 。

当卷取机、开卷机分别都要经过减速时，并设 $i_开$ 和 $i_卷$ 分别为开卷机和卷取机的减速比，则 $i_开$ 和 $i_卷$ 就要分别计算。

（1）卷取机二级减速比的计算：

参照表 3-22 给出的数据。

表 3-22 卷取机、开卷机电机功率和减速比计算参考参数

项　目	卷取机		轧机本体		开卷机	
电机功率/kW	1700	1700	4000	4000	1000	1000
电机速度/r·min^{-1}	303	1200	380	1140	303	1200
电机扭矩/kN·m	53.5	13.5	100.5	33.5	31.5	7.9
转速 1/r·min^{-1}	88	347	175	525	56.3	222.8
转速 2/r·min^{-1}	291	1154	398	1194	203.8	807
减速比 1	3.461	1	2.17	4.62	1	
减速比 2	1.040	1	0.955	1.487	1	
轧制速度 1/m·min^{-1}	139	550	220	500（660）	104	412
轧制速度 2/m·min^{-1}	462	1830	500	1500	323	1280
轧制扭矩/kN·m			218	32		
张力 1/kN	178.0	8.1			158.4	7.2
张力 2/kN	54.5	2.5			49.8	2.25

减速比 1 为

$$i_1 = \frac{卷取机电机线速度}{所要求的卷取机线速度} = \frac{\pi \times 0.505 \times 1200}{轧制速度 \times 前滑率} = \frac{1903.8}{1500 \times 1.22} = 1.04 \quad (3-31)$$

减速比 2 为

$$i_2 = \frac{卷取机电机线速度}{所要求的二级卷取速度} = \frac{1903.8}{550} = 3.461 \quad (3-32)$$

（2）卷取机张力范围的计算：

在高挡运行时的最大张力 T_{max} 为

$T_{max} = 1700 \times 60/1830 = 55.7$（kN），$T_{min} = 5.57$（kN）（当调速范围 = 10/1 时）

在低挡运行时的最大张力 T'_{max} 为

$T'_{max} = 1700 \times 60/550 = 185.45$（kN），$T'_{min} = 18.5$（kN）（当调速范围 = 10/1 时）

上面的计算是根据本书简化计算式算出的，与表 3-18 中数据不一样。比较表中数据可以看到，误差不到 5%，再次证明，提供的计算式是可行的。

（3）开卷机二级减速比的计算：

减速比 1　$i_1 = \dfrac{开卷机电机线速度}{开卷机线速度} = \dfrac{\pi \times 0.505 \times 1200}{1280} = 1.487 \quad (3-33)$

减速比 2　$i_2 = \dfrac{开卷电机线速度}{开卷机二级开卷速度} = \dfrac{\pi \times 0.505 \times 1200}{412} = 4.618 \quad (3-34)$

（4）开卷张力范围的计算：

参照"卷取机张力范围的计算"，不再运算。

3.3.15 先进技术在冷轧机上的应用

（1）AGC 系统已经是带材轧机不可缺少的装备，加入"质量流"和支撑辊轧辊"偏心补偿"控制可以进一步提高带材厚差的精度。

（2）AFC 系统同样是高精度带材轧机不可缺少的装备。目标板形可以由操纵手用鼠标在屏幕上输入和修改。

（3）操作程序的自动化大大提高了工作效率，减少了辅助操作时间。

（4）从入口到出口，带材经过的导辊增设了辊刷，支撑辊的清辊器采用"八"字形、压力可调并均匀地和支撑辊接触，改善了带材的表面状况。

（5）轧机出口侧采用了精心安排的吹扫加真空抽吸系统，使带材上的表面残油降低到 25mg/m^2 以下。

（6）采用全油回收形式的轧制油油雾回收装置，大大减轻了油雾对环境的污染和提高了油雾回收能力。

参考文献

[1] 日本钢铁学会. 轧制理论及其应用［M］. 西安重型机械研究所译. 1975：70.

[2] 福井康司. 箔の组织と机械的性质［M］. 东洋アルミニウム（株）.

[3] SMG 热连轧技术规格书，2007.

[4] 与 ALCOA 技术交流，1994 年 4 月.

[5] Coos 公司简报 1992 年 7 月.

[6] 3C 铸轧机报价说明书. 1997.

[7] Seda Ertan Murat Dundar Yuccl Birol 铸轧参数对双辊轧制板带显微组织的影响［J］. 华铝技术，2001（1）：6 – 11. 林浩译自 Light Metals 2000：667 ~ 672.

[8] Паромов В В，等. Зависимость структуы алюминивых полос от условий бесслитковой прокатки［J］. Цветные металы. 1992（8）.

[9] Matsumoto Y，等. Shape Control of rolling mill with the VC roll. Sumitomo Metal Industries，Ltd.，JAPEN 1990 技术交流资料.

[10] 金兹伯格 V B. 姜东明，等译. 高精度板带材轧制理论与实践［M］. 北京：冶金工业出版社，2000：366.

[11] Sumitomo VC Roll System for Aluninum Rolling. SUMITOMO METAL INDUSTRIES，LTD. 1986. 技术交流资料.

[12] Collinson C D. Dynamic shape Roll Paper Presented. by BSC at Davy – Clecim Seminar in Charleston，South Carolina 7 ~ 8 May，1992.

[13] 张杰. CVC 轧机辊形及板形的研究［D］. 北京科技大学研究生学位论文，1990：28（未公开发表）.

[14] 娄燕雄. 轧制板形控制技术［M］. 长沙：中南工业大学出版社，1992：78.

[15] 金兹伯格 V B. 姜东明，等译. 高精度板带材轧制理论与实践［M］. 北京：冶金工业出版社，2000：422.

[16] 黄庆学，梁爱生. 高精度轧制技术［M］. 北京：冶金工业出版社，2004：56 ~ 58.

第4章 铝箔的退火

4.1 退火过程中的性能变化

经过冷加工的铝材，在不同温度下加热时，铝材性能会像图4-1那样发生变化：强度极限下降，伸长率升高。

4.2 退火种类

（1）除油退火。退火温度在图4-1中A段，保温一定时间，目的是除去带材表面上的残油而带材性能基本上不发生变化。

（2）稳定化退火。退火温度在图4-1中B段，保温一定时间，目的是使5×××系合金和部分3×××系合金用部分硬化的方法得到H1n状态，为了防止在长期存放或使用中力学性能下降。

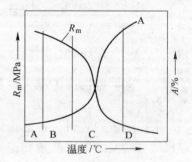

图4-1 冷加工铝的力学性能与退火温度的关系

（3）部分退火。退火温度在图4-1中C段，目的是使铝材得到H2n的性能，在空调器用铝箔中应用最多，从图4-1中可以看到，性能变化的斜率较大，温度控制应特别精确，保温时间因性能要求不同差别也很大。

（4）完全退火。退火温度在图4-1中D段，退火温度和保温时间依最终性能要求而定。最终性能不仅是强度极限和伸长率，还有制耳率、深冲性能、晶粒度等。

4.3 退火炉的种类

4.3.1 按炉体结构形式分

4.3.1.1 箱式

箱式炉体成箱形，加热器在两侧，炉顶设置风机，也可将加热器放在炉顶，风机放在侧壁（图4-2）。

20世纪90年代初，射流技术应用于退火炉。在普通的铝合金加热炉中，是通过对流换热加热铝材，一般是增加循环空气量提高加热速度，或者增加风机个数，或设计特殊的风机将这些要求付于实施，一般空炉风机速度为5~7m/s，在特定的退火炉风速可达10~15m/s。炉内气流的速度对铝材的传热系统起决定性作用，而常规的炉型再增加风速是不可能的。因为受到风机叶轮的限制。

采用射流技术加热，使用离心式风机，通过精确地引导气流以高速度垂直冲向被加热的区域，改变了气流方向，其速度可达35~70m/s，喷向铝材端面（图4-3），不仅缩短

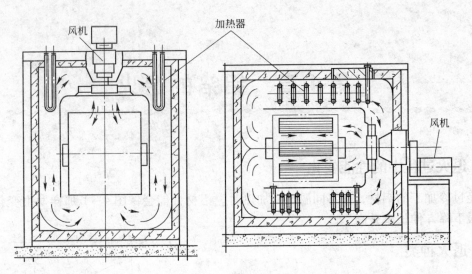

图4-2 电加热退火炉

了加热时间，也提高了退火材料的温度均匀性，改
善了材料性能的均匀性。

采用射流加热时，在退火炉试车阶段，通过对
退火材料的实际温度测量和退火时间的记录，利用
后面的公式（4-2）求出实际的传热系数，为制定
生产时期的退火制度奠定了基础。

4.3.1.2　气垫式

气垫式炉如图4-4所示。气垫式加热单元由上
下气垫和上下加热喷嘴组成，如图4-4b所示，通
过上下气垫的压力差将带材浮起，通过上下加热喷
嘴将带材加热。由气垫炉和后处理设备组成的气垫
炉生产线如图4-5所示。

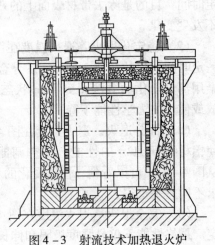

图4-3　射流技术加热退火炉

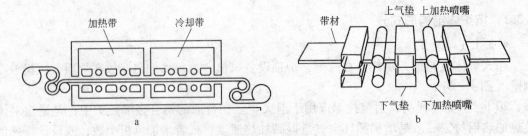

图4-4　气垫式加热炉和加热单元

4.3.2　按加热方式分

4.3.2.1　电加热

通过放置在炉壁或炉顶上的电加热器把炉内空气加热，并通过炉顶或侧壁的风机使热

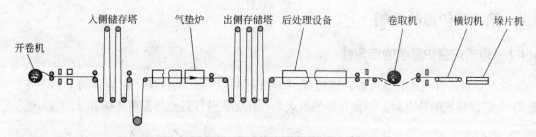

图4-5 气垫退火生产线

风循环加热铝卷或板片（图4-2）。

箱式电炉，设电加热退火炉的加热功率为 N，在预选退火炉时，则其预选功率 N 等于：

$$N = 49\sqrt[3]{V^2} \tag{4-1}$$

式中 N——炉的预选功率，kW；

V——炉的内腔空间，m^3（注意：是炉的内腔空间，不是有效空间）。

4.3.2.2 燃料加热

（1）通过辐射管加热。如图4-2所示，用装在炉壁或炉顶上的辐射管把炉内空气加热，并通过炉顶或炉壁的风机使热风循环加热铝卷或板片。辐射管用燃料加热。常用的燃料有天然气、液化气、煤油等。

（2）用燃料直接加热炉内空气，并通过炉顶或侧壁的风机使热风循环加热铝卷或板片。常用的燃料有天然气、液化气、煤油等。这种加热方式的成本虽然比电加热的低，但其严重的缺点是：燃烧过程所产生的 O_2，H_2O，CO_2，NO_x 会污染退火材料的表面，系统的维护工作量也比较大，所以，在退火炉上已很少使用。

4.3.3 按操作方式分

（1）气垫式（图4-4）。

（2）连续式圆片退火炉（图4-6）。

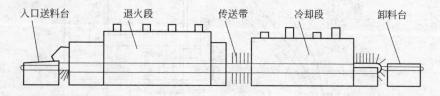

图4-6 连续式圆片退火炉

4.3.4 按炉内气氛分

（1）充入特殊气体，如：氩气、氮气、用天然气燃烧生成的保护气。

（2）不充入特殊气体，炉内气体为空气。

（3）真空炉，退火过程中排出空气使炉内呈负压状态。

4.4 箱式炉炉温的控制

4.4.1 箱式炉空炉温度的均匀性

对于一台具有三区的退火炉,应放置一个如图4-7所示的框架,在框架的1~23各点固定23个经过校核的热电对。一台合格的退火炉,在保温阶段各点的温度差应在±3℃以内。

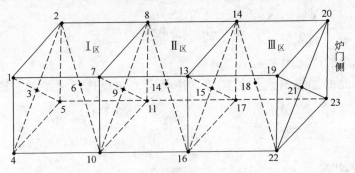

图4-7 空炉温度均匀性的检测

4.4.2 箱式炉炉料温度的均匀性

如图4-8所示,在经过一定的保温时间后,料卷上四点温度差小于±5℃是可以接受的,也是一般退火炉能够达到的。对于性能要求严格的产品,其温差应小于±3℃,保温时间应长。

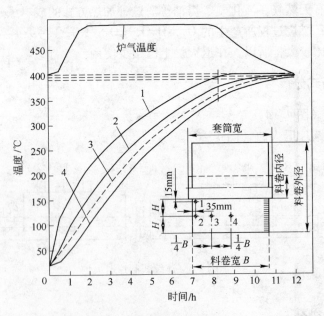

图4-8 炉料温度的均匀性

4.4.3 退火周期的确定

如图4-9所示,为确保良好的退火品质,退火周期通常分为五个阶段:吹扫—炉气升

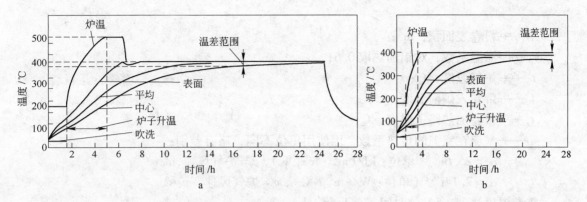

图 4 - 9 升温曲线

温—带卷升温—带卷保温—冷却。

(1)吹扫：炉温控制在 175℃，保温 1.5h，目的是控制炉内气氛，使炉内氧气含量达到最低。对于表面品质要求不高的，为提高生产效率，也可以不吹扫。

(2)炉气升温：炉温的定温要大于要加热的温度（图 4 - 9a），也可以等于带卷要加热的温度（图 4 - 9b），但两者加热时间相差较大（见式（4 - 2）），当采用较高的"热头"（炉温和材料最终温度的差）时（图 4 - 9a），金属表面温度达到退火要求的温度，定温要及时下调，防止表面过热。采用计算机控制的现代化退火炉，通过比例控制系统对运行中的温差加热状态下的料温实现自动跟踪。

(3)带卷升温：升温时卷表面和中心升温速度是不一样的，如图 4 - 9 所示，表面升温较快，而中心部位升温较慢，通过保温使内外温度接近一致。

(4)带卷保温：保温是使卷内外温度趋于一致的过程，温差范围在 ±5℃ 是可以接受的。能否以较短的时间使温差范围达到 ±3℃ 取决于退火炉的性能。

(5)冷却：在卷达到预定的保温效果后，带卷可以直接打开炉门出炉，在大气中冷却，然后装入新料开始另一个退火周期。

4.4.4 箱式炉加热时间的计算式

为了能很好地掌握材料的退火性能，节约能源，制订合理的退火制度，能够准确地计算退火加热时间是非常必要的。在热处理手册上可以找到多种加热时间的计算公式，但往往和实际情况有较大出入。根据我们对多台退火炉的测量和对国外多家退火炉厂商技术资料的统计，采用式（4 - 2）计算更接近实际情况。

4.4.4.1 加热时间的计算

根据笔者的经验，料卷升温最慢那一卷（通常是靠近炉门的）的表面（图 4 - 8 中的"2"点）加热到设定温度的时间可按下式计算：

$$T = \frac{Gc_r}{\alpha A \phi_m} \ln\left(\frac{t_q - t_s}{t_q - t_z}\right) \tag{4 - 2}$$

式中　T——加热到图 4 - 8 表面处"2"点时间，h；

　　　G——料卷质量，kg；

　　　c_r——料卷质量定压热容，$c_r = 0.966 \text{kJ}/(\text{kg} \cdot \text{℃})$；

A——料卷表面积，m^2；

ϕ_m——滞温系数，对铝加热取 0.6；

t_q——炉气温度，℃；

t_s——带卷入炉前温度，℃；

t_z——带卷加热终了温度，℃；

α——气流在室温的传热系数，因使用单位不同，略有差别：

$\alpha = 25.6v^{0.8}$（单位：$kJ/(m^2 \cdot h \cdot ℃)$，$v = $炉气风速，$m/s$)

$\alpha = 7.14v^{0.78}$（单位：$W/(m^2 \cdot ℃)$，$v = $炉气风速，$m/s$)

整卷温度达到 ±5℃ 的时间 $T' = 1.5T$，h；

整卷温度达到 ±3℃ 的时间 $T'' = T' + (2 \sim 4)$，h，取决于卷数。

采用式（4-2）计算式应注意，当带卷热容量单位用 $0.23kcal/(kg \cdot ℃)$ 时，气流在室温的传热系数单位应用 $kcal/(m^2 \cdot h \cdot ℃)$；当气流在室温的传热系数用 $W/(m^2 \cdot ℃)$ 时，带卷热容量单位用 $kJ/(kg \cdot ℃)$（$1W = 0.8598kcal/h$）。

4.4.4.2　炉气风速的计算

（1）当炉子采用轴流式风机时，

$$v = \frac{风机总流量}{炉膛长度 \times 炉膛宽度}$$

（2）当炉子采用离心式风机带有射流喷嘴时，

$$v = \frac{风机总流量 \times 2}{炉膛两立面上喷嘴面积总和}$$

为了计算更准确和实用，最好在退火炉验收时，能测定实际风速。

4.4.4.3　炉气风机功率的验算

炉气风机功率直接影响炉气的风量和风速，风速直接影响热传导系数，热传导系数直接影响炉料的加热时间，所以，从炉气风机功率大致可以判断炉的加热时间。验算时采用最简单的计算式即可：

$$N = \frac{QP}{102} \tag{4-3}$$

式中　N——炉气风机功率，kW；

　　　Q——风机风量，m^3/s；

　　　P——风机风压，mm 水柱（$1mm$ 水柱 $= 133.322Pa$）。

4.4.5　气垫炉炉温精度和厚差

（1）气垫炉炉气的温差：实测的统计资料表明，气垫炉内热喷嘴喷出的热风的温差可以达 ±(2~3)℃，该温差受炉温的"热头"影响，而"热头"大小直接受炉长的影响。炉太长，经济效益就会较差。通常，在完全退火时热头为 150℃，在部分退火时，可控制在 100℃。

（2）采用这样的热头操作时，在气垫退火过程中带材可能产生的厚度波动如图 4-10 所示。

（3）考虑到带材本身在轧制过程中的厚度波动，当宽度方向的厚度波动为 ±2%，长

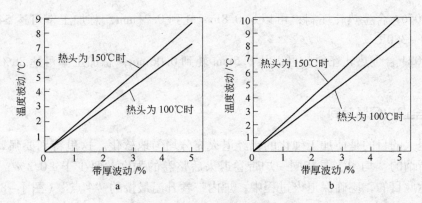

图4-10 气垫炉炉温精度和厚差
a—材料加热温度为350℃时；b—材料加热温度为450℃时

度方向的厚度波动为±5%时，气垫退火后带材厚度的波动如表4-1所示[1]。

表4-1 气垫退火后带材的厚度波动

退火状态	材料加热温度	热头	带卷本身厚差	
			±2%（横向）	±5%（纵向）
完全退火	450℃	150℃（炉温600℃）	±4.06	±10.14
部分退火	350℃	100℃（炉温450℃）	±2.92	±7.29

4.5 带坯的完全退火

4.5.1 软铝合金的退火温度

1×××系合金和8×××系合金带坯冷轧到0.5~0.7mm后，为恢复其塑性，需进行一次完全退火，完全退火的温度为330~350℃。

4.5.2 硬铝合金的退火温度

3×××系合金和5×××系合金，在冷轧过程中还要进行不止一次的中间退火，退火次数、退火温度，因合金不同而异。

（1）3003合金的热轧坯料，厚度为7mm，可以不经中间退火，直接轧到0.03mm，总加工率达99.6%，坯料退火的金属温度为440~480℃。

（2）3004合金铸轧料，经过组织均匀化处理，从6.3mm能轧到2.1mm，总加工率可达66.6%，进一步加工，每次总加工65%左右都要进行一次完全退火，退火温度为400~450℃。

（3）5052合金热轧坯料，可以从0.5mm轧到0.05mm，总加工率可达90%，退火温度为300~400℃。

（4）5056A合金热轧坯料，可以从0.8mm轧到0.21mm，总加工率可达54%，退火温度为350~380℃。

（5）2024合金热轧坯料，可以从0.5mm轧到0.06mm，总加工率可达88%，退火温度为400℃。

4.5.3　完全退火保温时间

完全退火的目的是使加工硬化的铝经退火充分均匀地软化。这里特别要强调"均匀"的软化。所谓的"均匀"是指同一炉带卷退火后整卷的强度差要少于±0.3%，晶粒细小均匀。为达此目的，应确保退火过程中，炉内带卷升温最慢的"4点"（图4-8）在退火温度下保持1h以上。

4.6　带卷的部分退火

（1）部分退火温度和时间。部分退火的材料性能因使用条件不同要求差异较大，另外，由于部分退火的温度都比较低，达到性能均匀所需要的时间都比较长，为此，对不同合金、不同状态都要先通过在马弗炉中的模拟试验初步确定温度和时间。

当在同一个温度下退火时，退火保温时间不同，退火后的性能差别较大，而部分退火往往是要求既要有较高的强度又要有较高的伸长率，为此要在较低的温度下保温较长的时间。因此，应首先确定温度，通过定时变温曲线，作出软化曲线，温度取200℃、225℃、250℃、275℃、300℃，因为在200℃以下，无论哪种铝合金（高纯铝除外）都不会软化，而在300℃以上都开始软化，没有必要考虑。在以上五个温度段上，分别用4h、8h、12h、16h、20h作出定时变温曲线。

通过定时变温曲线确定了退火温度与时间，再在马弗炉中重复验证一次，试验用的材料必须是和前两次在同一块试样上取得的。

（2）这种试验毕竟是模拟试验，由于马弗炉和工业用炉在几何条件和物理条件上并不完全相似，所以，在工业炉中进行大批量生产时并不一定完全吻合，通过工业炉生产还要对退火制度作微量的调整。当确认最终退火制度后，还要对退火性能进行跟踪考核，通过直方图的统计结果作最终修正。要特别强调指出的是，上述试验的基础必须是在稳定工艺条件下提供的材料，否则就会出现结果不能重现的现象。

4.7　特薄铝箔带坯的分阶段热处理

4.7.1　1×××合金的相组成

从合金相的种类而言，虽然在Al-Fe-Si系Al角平衡相图（图4-11）上，只有$\alpha(Al_{12}Fe_3Si)$、$\beta(Al_9Fe_2Si)$和Al_3Fe相三种平衡相，但是在实际铸造条件下，可能出现的金属间化合物多达十余种。$m(Fe)/m(Si)$比不同，结晶后的相组织也不同。对热轧坯料，当$m(Fe)/m(Si)$大于3.5时，相组织为$Al_3Fe+Al_6Fe+\alpha(FeSiAl)$，对铸轧坯料，当$m(Fe)/m(Si)$为2.6~3.5时，相组织是$Al_3Fe+\alpha$[2]，化合物$FeAl_3$呈针状，在随后的加工过程中不易破碎，易引起应力集中，对合金塑性危害很大。

Al_6Fe和Al_3Fe尺寸较小，而且在均匀化过程中发生溶解和球化，长短轴之比减小对合金轧制性能没有太大的不利影响。

关于 α（FeSiAl），随着 $m(Fe)/m(Si)$ 比的不同，结晶过程冷却速度的不同，又会形成结晶形态和晶格常数不同的相，如 α'、α''、α_1、α_2、α_V、α_T、q_1、q_2 等[3]。但在铝箔坯料常用的 $m(Fe)/m(Si) = 2.75 \sim 5$ 条件下，主要的相还是 α'[3]。透射电镜观察表明，α' 相呈球状。结晶过程中 α 通常形成一团球状 α' 相组成的盘状 α' 群，在轧制变形中，α' 相容易随着基体的流动变形

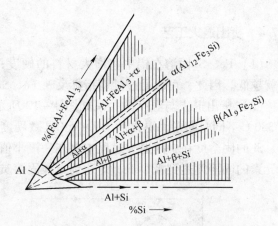

图 4-11　Al-Fe-Si 系 Al 角平衡相图[7]

而被轧碎、轧开，从而在基体中离散分布。单个 α' 相的尺寸均小于 $3\mu m$，多数为 $0.5 \sim 1.5\mu m$。由于 α' 相尺寸细小，而且呈等轴的球状，因此，要改善铝箔坯料的塑性，核心问题是如何处理好 Al_3Fe 相（Al_3Fe 是不规则的针状相）和过饱和的 Fe 和 Si 的析出。

通过合理的 $m(Fe)/m(Si)$，可以做到基本上不出现 β 相。

4.7.2　均匀化退火

为了改变组成物的形状，需在高温下（高于 500℃）给予压力加工并进行长期的均匀退火，目的是使这些组织破碎并局部地收缩成球形。球形组织能够改进合金的塑性，甚至含硅和铁较多时，也不致使塑性恶化。假如不经压力加工，只进行扩散退火，则只能使硅球状化，其余各相的形状仍保持不变[4]。这一论述，尽管发表在 20 世纪 50 年代，可是直到 20 世纪末才用于铝箔生产。即对于热轧料要经过组织均匀化再进行热轧。在冷轧中间进行退火。没有经过均匀化的铸锭，在热轧过程中会产生晶粒粗大易形成组织条纹。当 $m(Fe)/m(Si)$ 为 $2.6 \sim 3.5$ 时，铸轧料的相组成比较简单，所以铸轧料往往不进行均匀化处理。

4.7.3　Fe 和 Si 的析出

固溶在铝中的 Fe 和 Si 含量越高，将增大材料的硬度，粗大的第二相越容易形成针孔。经过分阶段热处理，使 Fe 和 Si 从固溶体中尽可能多地析出，获得的效果是最好的。对热轧带坯，在均匀化（$500 \sim 600\text{℃}$）阶段，控制固溶的 Fe 和 Si 含量是控制组织中粗大化合物相颗粒尺寸的重要手段。为了满足薄铝箔在轧制过程中少出现针孔，要控制 Fe 的固溶度小于 50×10^{-6}，使 Si 的析出最大。

要使 Fe 和 Si 的固溶含量低，就要求在均匀化阶段析出的第二相尽可能多。铸轧坯料先进行一次冷轧。进行 Fe 析出退火处理（$300 \sim 400\text{℃}$，$0.5 \sim 24h$）后，再进行 Si 的析出退火处理（$170 \sim 270\text{℃}$，$0.5 \sim 24h$），最后进行箔材轧制。

4.7.4 析出退火工艺

（1）Fe、Si 固溶在铝中将增大材料的硬度；相反，Fe、Si 的析出量越多，材料的硬度就越低。因此，可以通过硬度指标反映 Fe、Si 析出量或固溶度的变化趋势。

（2）析出退火与温度的关系如图 4 - 12 所示。图 4 - 12 是 0.6mm、1.0mm 铝箔带坯在 380℃ 不同时间中间退火后 HV - t（显微硬度 - 时间）曲线图。由图 4 - 12 可以看出，Fe、Si 的固溶度在中间退火过程中存在一极小值，在一定的退火保温时间下，基体中 Fe、Si 元素的固溶度达到极小值，即达到最佳固溶贫化点[5]。

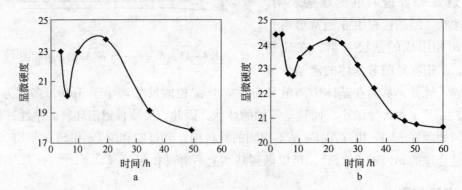

图 4 - 12 380℃ 不同时间中间退火后的 HV - t 曲线

a—0.6mm 厚铝箔带坯；b—1.0mm 厚铝箔带坯

（3）析出退火与冷加工率：

析出退火不仅与退火温度有关，其析出量还与退火前的加工量有关，如图 4 - 13 所示，而且铝的加工量不同，其最佳退火温度也不同[6]。

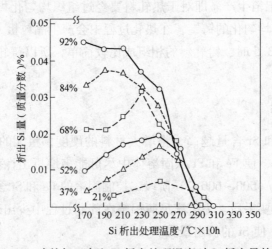

图 4 - 13 冷轧加工率和 Si 析出处理温度对 Si 析出量的影响

经过分阶段热处理的坯料，不论是热轧坯料还是铸制坯料，所轧成的特薄铝箔，最长边长在 6μm 以下的析出物占其总析出物的比例大于 98%，针孔数小于 80 个/m² （带坯品质应满足 4.2.3 节中所规定的其他条件）。

参考文献

[1] 苇瀬正行，势能孝雄. フローラインガシスラムによゐトリツプ连续热处理. 中外炉工业株式会社，1986.

[2] 小管张弓. 李小鸥，译. 工业用纯铝 [J]. 华铝技术特刊，1992（3）：12～14.

[3] 轻有色金属学 [M]. 北京：北京航空学院，1956 年 12 月.

[4] 潘复生，张静，等. 铝箔材料 [M]. 北京：化学工业出版社，2005：130.

[5] 小管张弓. 李小鸥，译. 工业用纯铝 [J]. 华铝技术特刊，1992（3）：12～14.

第 5 章　铝箔的生产

5.1　影响铝箔品质的因素

由图 5 – 1 可以看到，影响铝箔轧制的外部因素有设备和环境，人员，带坯；轧制本身的相关因素有轧辊，轧制系统，轧制油。它们之间又是相互影响的。用一句最简单的话来概括铝箔轧制，其核心就是如何控制好板形。

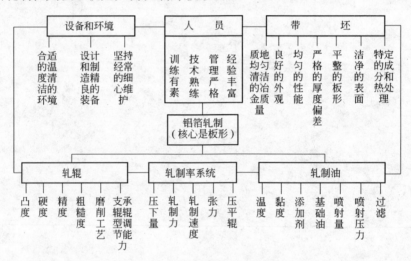

图 5 – 1　影响铝箔品质的因素

5.2　铝箔生产设备和环境

5.2.1　生产设备

从广义上说，铝箔生产设备包括了从熔铸、热轧或铸轧、冷轧、精整、热处理以及相关辅助设备。以上设备，从设计、制造、安装调试到日常维护、检修，每一个环节的质量都影响铝箔的品质。可喜的是，带材宽度小于等于 1859mm 的全部铝箔生产设备，中国不但可以自给还部分出口到国外，只是电气自动化部分和多条分切机与进口的还有较大差距，机械加工行业正在极力改进中，其成果必然会进一步提升中国铝箔加工行业的技术水平。

从狭义上说，铝箔生产设备是指从铝箔带坯开始到生产素箔所经过的设备。本节重点介绍这些设备对铝箔产量和品质的影响。

（1）箔轧机。目前辊身宽度大于等于 1200mm 的铝箔轧机全部是四辊不可逆式的。

根据轧制产品厚度不同，又可分为粗轧机、中轧机、精轧机，以及厚薄兼顾的万能轧机。不管轧机类型，都配有 AGC 系统和 AFC 系统。

1）万能轧机：适用于小批量铝箔生产，根据轧机速度不同及带卷重量和宽度的不同，生产能力为 1000~4000t/a。通常是一个单机架，多数带有双开卷和切边装置，在薄铝箔轧制中，边双合，边轧制。切刀应放在机架外，以减少轧制油被大量带走。入口厚度为 0.7~0.35mm。如果入口厚度大于等于 0.5mm，则 AGC 系统应具有恒辊缝功能。

2）粗中轧机、中精轧机两台：这种配置的生产能力为 5000~10000t/a。粗中轧机的轧制范围为 0.7~0.1mm，中精轧机的轧制范围为 0.1~0.01mm。从两台轧机的叫法就可以看到，两台轧机都可以作为中轧机使用。

3）粗轧机、中轧机、精轧机 3 台，生产能力为 10000t/a 以上。由于现代化铝箔轧机的实际轧制速度目前都可以达到 1500m/min 或更高些，而双合的精轧速度超过 600m/min 的还不多见，所以如果以生产 0.006mm 铝箔为主，配置两台精轧机更能充分发挥设备的效能。

4）由于铝箔轧制工艺和设备的进步，厚度大于 0.03mm 的带箔几乎不产生断带，生产能力更大的轧制线可以考虑用"三连轧"来代替单机架粗轧机。这样，由三连轧和两台中轧四台精轧所组成的生产线要比两台粗轧机，两台中轧机，四台精轧机所组成的生产线产量大得多，而成本要低得多。

（2）铝箔轧制工艺的进步和轧机国产化，使得特薄铝箔的轧制变得相对容易些，而高速度分卷、分切成为限制提高成品率的瓶颈。国产的高速分卷、分切设备的精度还有很大提高的空间。

5.2.2 生产环境

铝箔生产对环境的要求如下：

（1）铝箔生产的厂址应远离多风沙、大量释放尘埃、烟气和腐蚀性气体的工业区。

（2）生产铝箔的车间的建筑结构应密封。空气的清洁度应能达到 30000 级，即每升空气中大于等于 0.5μm 的尘粒数的平均值不超过 30000 粒[1]。在华北地区，只有通风而没有密封的某车间的空气清洁度在 40000~50000 级。所有车辆进出的门都应当是两层联锁的，通向室外的门打开时，通向室内门就要关闭。反之亦然。在车辆的入口前面要有车轮清洗设施，在车辆进入车间之前，洗去泥土。

（3）人员的进出的门也应当是两层联锁的，通向室外的门打开时，通向室内门就关闭，这时，对进来的人员进行空气吹扫，然后进入车间。在车间的进出口和必要的地方，放置灭虫灯，防止昆虫进入。

由于车间是密封的，通风就显得十分重要，既要考虑过滤除尘、除湿，还要考虑室内温度的控制。风量要稍大于轧机顶部的排风量，使车间保持微正压。

（4）车间的最低温度应在 10℃ 以上，这对保持稳定的辊形十分重要，最高温度应按电气要求确定，一般不超过 40℃。

（5）车间的地面要防油，防滑，不起尘土。

（6）车间地面要留有畅通的消防通道，除了轧机上的自动灭火设备外，电控室、电缆沟都要设有有效的灭火设施。国内几个较大的铝箔厂在这方面有深刻的教训。

（7）有条件的工厂，应配备立体高架仓库或智能平面仓库，对减少料卷的磕碰伤和在制料的计划管理十分有利。根据国内外不完全的统计，铝带在轧制过程中的磕碰伤损失约占废品总量的 1%。

5.3 生产管理与技术诀窍

正如本书开篇前言中所述，管理是一项内容庞大的系统工程，如何通过管理改善铝箔生产可参阅专门的论述。不过，如何才能使生产人员具备训练有素，技术熟练，严格管理，经验丰富，有三点值得提起的是：如何对待"技术诀窍"，生产伊始就要把全面质量管理体系（ISO 9000 系列）真正地建立起来，认真总结每一项成功的经验和失败的教训。

（1）"生产技术诀窍"或称"软件"，国外称之为"Know—How"，是相对于设备即硬件而言的。对铝箔生产来说，铝箔生产技术，就是如何使设备（硬件）发挥应有的最大作用和能力，以最低成本生产出品质最好的产品的手段和方法。"有了先进的现代化的设备，自然就可以生产出好产品，技术用不着买，时间长了自然会用的观念"值得商榷。国内 20 多年设备引进的实践表明：同样的设备，在不同的厂家，效果大不一样。同样是德国 ACHENBACH 的铝箔轧机，在有的厂家可以在较短的时间内生产出有国际竞争能力的铝箔，在另外的厂家，设备引进已经相当长的时间，生产出的铝箔在国内市场却很难打开销路。国内铝箔生产发展比较快的厂家，都是从不同渠道获得了有价值的技术诀窍，最明显的例子就是厦顺铝箔有限公司。用自己的经验总结发展起来的技术所花费的学费要比买技术所花费的学费多得多。

（2）关于全面质量管理体系的建立。全面质量管理体系能不能建立起来，能不能认真执行是衡量一个企业管理水平的尺度，有了全面质量管理体系，才能有发展的基础，才能有竞争实力。目前，企业管理水平高的企业，产品品质可以控制在 6 个 "σ"，也就是，一百万件产品的不良率只有两个，体现了产品品质的高度稳定。

（3）不管有没有技术诀窍，只有认真总结自己的技术，从成功中积累经验，从失败中吸取教训，才能创新，才能发展，才能提高。

5.4 铝箔带坯

5.4.1 冶金品质

（1）氢含量：$<0.12mg/(100gAl)$（对于特薄铝箔应 $<0.1mg/(10gAl)$）；

（2）非金属夹杂：其含量和大小直接影响薄铝箔的针孔数[2]；

1）一般要求：非金属夹杂含量的面积分数应小于 0.03%，最大颗粒尺寸不大于 20μm，6μm 铝箔的平均针孔数在 1000 个/m² 以下；

2）基本要求：非金属夹杂含量的面积分数应小于 0.01%，最大颗粒尺寸不大于 10μm，6μm 铝箔的平均针孔数在 100 个/m² 以下；

3）严格要求：非金属夹杂含量的面积分数应小于 0.003%，最大颗粒尺寸不大于 5μm，6μm 铝箔的平均针孔数少于 50 个/m²。

5.4.2 外观

这是验收坯料卷时的第一印象，也是最直接的感受，要求：

（1）整卷不能有断带，头、尾部不能超差；

（2）半硬状态交货的，不能有磕碰和腐蚀；

（3）层间窜动在 1.0mm 以内，整卷窜动在 3mm 以内；

（4）不允许有塔形（最里面的七层和最外面的三层除外）；

（5）卷取均匀，不得有松层和"燕窝"；

（6）表面条件：

1）允许有卷卷过程中产生的轻微擦伤，但在成品表面不得残留有可见痕迹；

2）不得有油斑、乳液痕；

3）不得有夹层、孔洞、条纹。

允许有不同程度的黏铝，根据用途不同，按标样确定。对于特薄铝箔和 PS 版板基，当黏铝标样分为 5 级时，黏铝等级不得低于二级。

5.4.3 性能均匀性

（1）抗张强度与平均值的差异应小于或等于 5%，如图 5 - 2 所示。

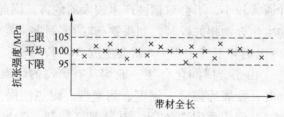

图 5 - 2 抗张强度与平均值的差异

（2）抗张强度偏差斜率应小于或等于 0.3%/m。

例如，带材某处一点的抗张强度是 100，那么，以该点为圆心，半径为 1m 的各处，可接受的最大值为 100.3MPa，可接受的最小值为 99.7MPa。

5.4.4 厚度偏差

（1）厚度与平均值的差异应小于或等于 ±5%，如图 5 - 3 所示，对于特薄铝箔，厚度与平均值的差异应小于或等于 ±3%。

（2）厚度斜度偏差要小于或等于 ±0.3%/m。例如，如果在 1000m 处厚度为 $100\mu m$，则在 1001m 处应为 $99.7 \sim 100.3\mu m$。

在带材某处的厚度是 $100\mu m$，那么，以该点为圆心，半径为 1m 处的厚度应为 $99.8 \sim 100.2\mu m$。

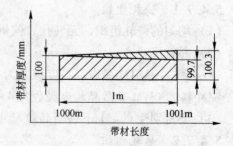

图 5 - 3 厚度斜度偏差

5.4.5 合适的板形

带箔的横断面应呈中凸的抛物线形，中凸度不大于 1%，对于特薄铝箔应小于 0.5%，不得为负值即不得为中凹，抛物线两边的厚差（一边薄，一边厚）不大于厚度的 1%，如

图 5 - 4 所示，对于特薄铝箔，应小于 0.5%。带箔的横断面不得出现 "M" 形或 "W" 形。

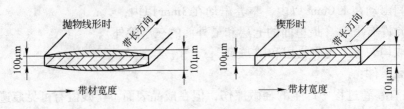

图 5 - 4 带箔的横断面

5.4.6 化学成分

关于铝箔的化学成分在 2.1 节中已作了基本描述。在这里特别强调：

(1) 为了生产特薄铝箔，对化学成分中的 $m(Fe)/m(Si)$ 比要严格控制。

从合金相的形成方式而言，铝箔毛料中的化合物可以分为初生结晶相颗粒和沉淀析出相粒子。析出相的尺寸通常较小，不会对塑性产生较大的危害。因此，铝箔毛料中合金相的控制重点是对粗大初生化合物相的控制。如果铁/硅的比例大，就可生成 Al - Fe 二元系合金，而 $m(Fe)/m(Si)$ 比例等于或小于 1，就会生成 Al - Fe - Si 三元金属间化合物，并且还可以产生游离硅[3]。由于金属间化合物一般均具有更高的熔点、硬度和脆性，当合金中出现金属间化合物时，金属的强度、硬度、耐磨性、耐热性提高，塑性、韧性降低。为便于特薄铝箔的轧制，对纯铝系列铁/硅比，热轧带坯控制在 3.5 ~ 5，铸轧带坯控制在 2.6 ~ 3.5[4]。

(2) 限制增大轧制硬化的元素 Cu、Mg、Mn 的含量，以减少它们在基体中的固溶量。以上三个元素的单一含量不超过 0.01%，三个元素的总含量不超过 0.05%。

(3) 对 Na 及 Li 的含量有明确限制，质量分数：Na < 0.0004%，Li < 0.0002%。

5.4.7 组织

5.4.7.1 铸轧组织

(1) 均匀的铸轧组织，无气孔、偏析。

(2) 晶粒尺寸[5]：

箔材毛料，ASTM 显微晶粒度级数为 2 ~ 3（晶粒数 138 ~ 391 个/mm³）；

深冲料，ASTM 显微晶粒度级数为 4 ~ 6（晶粒数 1105 ~ 8842 个/mm³）。

(3) 要特别注意：上下表面晶粒尺寸应相同，不能一面大，一面小。

5.4.7.2 热轧组织[6]

热轧完了的带坯应为均匀的符合技术标准的热轧组织。并经完全退火（O 状态）的，按 ASTM 标准 6 级，平均名义直径 0.045mm[6]。厚度为 0.5 ~ 0.7mm 的冷轧卷，经完全退火（O 状态），按 ASTM 标准 5 级，晶粒名义平均直径为 65μm[6]。这一尺寸和进口的优质铝箔坯料的组织分析结果是一致的。

晶粒粗大会增加轧制过程断带的机会，晶粒过细会增大变形抗力。控制铸轧、热轧组织的目的是为了确保铝箔带坯具有 5.4.7.2 的晶粒组织。

5.5　轧辊

5.5.1　轧辊结构

轧辊通常包括四个部分：辊身、辊颈、接头和顶尖孔（图5-5）。

5.5.1.1　辊身

为平衡轧制过程中轧辊的弹性变形，对于冷轧轧辊，辊身常磨成凸形，对于 CVC 轧机，工作辊磨成特殊的瓶形曲线，HC 轧机的工作辊和中间辊磨成几何圆柱形。

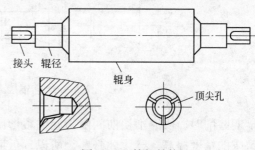

图5-5　轧辊结构

轧辊结构虽然简单，但是近年来也发生了变化。为了增大弯辊效果，辊身和辊径之间的过渡带明显增大（图5-6）。

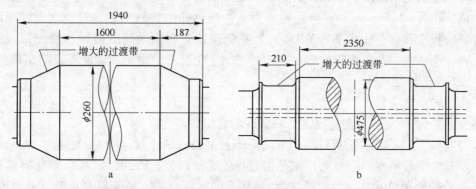

图5-6　过渡带增大的轧辊

支撑辊常常磨成圆柱形。把支撑辊磨成微凸形，稍微减小工作辊凸度和把支撑辊常常磨成圆柱形把工作辊凸度磨的稍大，两者效果是相同的。有的企业把工作辊磨成圆柱形，凸度磨在支撑辊上，适合于单一规格大批量生产。

5.5.1.2　辊颈

辊颈用于安装轴承并作为轧辊磨削的支承面。在辊身和辊颈的过渡部分有较大的斜角，为了安装轴承，这里常常增加一个止推环，在装有 IGC（Ingap Gauge Control，Krupp/VFW 公司开发）的控制系统，这个止推环又是辊缝检测的基准，当使用四列滚柱轴承时，辊颈又是轴承的内滚道，因此。对辊颈的正圆度、同心度和偏差都有严格的要求，特别是支撑辊辊径的精度直接影响产品厚差精度。

5.5.1.3　接头

接头用于与主传动接手相连接。接头的形状虽然简单，但它的形状和快速换辊密切相关。

图5-7a 形接头用的最普遍，但换辊时往往不易对正和插入，改为图5-7b 形或图5-7c 形就方便得多并降低了换辊时间。

在大多数轧辊上，接头对称地分布在辊身两端。因此两个轧辊可以颠倒配对，补偿轧

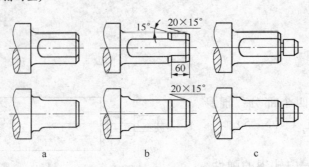

图 5 - 7   轧辊接头的几种形状

辊在早期磨削时，因磨削换向间隙引起的辊形微不对称和轧辊两端的直径差。由于现代化轧辊磨床的精度提高，已无此必要，所以，近期生产的轧机的轧辊一般制成一端带有接头的形式。

5.5.1.4 顶针孔

顶针孔是找正的基准，必须保证正圆和准确的锥角。对于采用顶针孔直接磨削的轻形轧辊，顶针孔为 60°角，对于重型轧辊，为减少顶针孔的接触压力，避免润滑油膜断开，或回转时爬行，顶针孔作成 70°或 75°。为避免顶针孔和顶尖两点接触和易于形成油膜，顶针孔有三条油沟。在接受新轧辊时，不要忽略了顶针孔的锥角和端面垂直的正确性。

5.5.1.5 轧辊尺寸

工作辊辊身宽度和辊身直径通常代表一台轧机的公称尺寸。例如 $\phi310 \times 2200mm$ 轧机代表辊身直径为 310mm 辊身宽度为 2200mm 的轧机。

辊身宽度反映了能够轧制材料的宽度。不过，要特别注意，"辊身宽度"在不同轧机制造厂家其含义并不相同。有的厂家是指辊身的轮廓尺寸，有的厂家是指辊身的"有效"尺寸（辊身的轮廓尺寸减掉两边的抹斜），还有的厂家是指支撑辊辊身长度。要想准确掌握可能的轧制宽度，必须掌握轧辊的加工图纸。

铝箔轧机能够可靠轧制的最大宽度是轧辊轮廓尺寸辊身宽度的 80% ~ 85%，超过这个界限，带材很难轧平，同时也影响轧辊的使用寿命。因为，铝箔轧制大多数是在无辊缝状态下进行的，像支撑辊一样，轧辊两端受到较大的应力集中，产生较大的疲劳应力，容易造成轧辊边缘剥落，所以在轧辊辊身两端都要磨成一定长度的抹斜或倒成圆弧状。

轧辊边缘形状和应力集中的关系如图 5 - 8 所示。从图 5 - 8 可以看到，并不是斜角越大应力集中系数越小，轧辊边缘以半径为 1m 的圆弧所形成的应力集中最小。但要注意观察，在轧制状态，支撑辊的边缘不能和工作辊压靠，因为，轧辊压靠所产生的单位长度上的接触应力如图 5 - 9 所示，在辊身最边缘处最大。轧制条件：辊身宽 1900mm、铝箔宽 1280mm、轧制力 3920kN、工作辊直径 280mm、入口厚度 $2 \times 0.0145mm$、出口厚度 $2 \times 0.007mm$。

每次直径修磨量也会影响轧辊的使用寿命（图 5 - 8b），当每次直径修磨量为 1mm 时，疲劳损伤系数已大于 1，极易产生疲劳损伤；当每次直径修磨量为 3mm 时，则过于保守，会缩短使用寿命（右图圆圈中的数字是修磨次数）。比较可靠的检查方法是，在磨削过程中当轧辊硬度达到轧辊使用前的硬度时（轧辊在使用中随着疲劳程度的增加表面硬度会提高），再磨去 0.05mm。

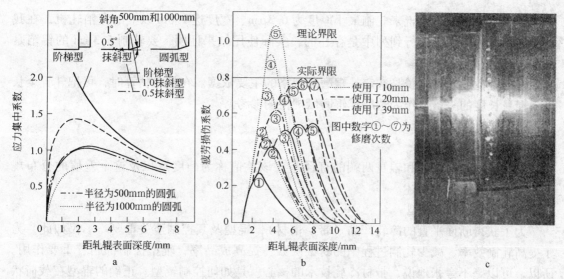

图 5-8　轧辊边缘形状对应力集中的影响及边缘剥落实例

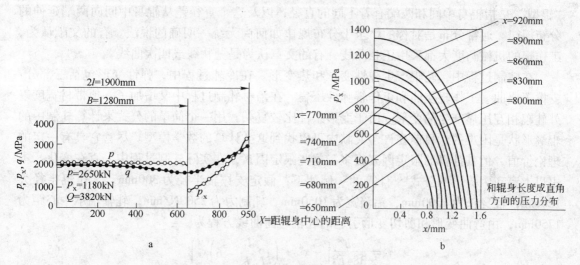

图 5-9　轧辊压靠时接触压力的分布

p—单位宽度轧制力；q—工作辊和支撑辊间接触压力；p_x—压靠的接触压力

　　辊身直径和最小可轧厚度有密切关系。尽管有许多计算最小可轧厚度的公式，但要准确计算辊径和最小可轧厚度是不可能的。因为影响最小可轧厚度的因素并不只是轧辊直径一项。

　　在当前技术水平条件下，以轧制 6μm 为最小厚度的铝箔轧机，工作辊辊身直径与辊身宽度存在表 5-1 的统计关系。

表 5-1　工作辊辊身直径和辊身宽度的关系

辊身宽/mm	工作辊直径/mm	支撑辊直径/mm	备　注
1000	180	—	
1200 ~ 1400	230	550	
1500	250	—	粗轧，中轧，精轧采用相同尺寸的轧辊
1600	260	700	
>1700	280	875 ~ 1000	

用 φ310mm 的工作辊来轧制最小厚度为 6.3μm、宽度达 1.6m 以上的宽箔轧机，在我国引进的现代化轧机的行到列中是存在的，实际使用结果证明，要轧制 6.3μm 的铝箔是非常困难的。

辊身直径和轧辊全长是选定轧辊磨床规格的主要依据。在粗略估算时，可把轧辊全长取为辊身长度的一倍，作为选取轧辊磨床规格的参考。

5.5.2 辊型

辊型是指辊身中部和辊身两端的直径差（该差值称为凸度）以及这个差值的分布规律。其分布规律如下所述。

5.5.2.1 原始辊型

为了获得断面平直的冷轧产品（带、箔材），辊型及其控制至关重要。不仅如此，为了提高轧制效率、减少轧制过程中的断带次数，提高成品率，辊型控制都起着重要作用。所以，可以毫不夸张地说，带材冷轧技术的核心就是如何控制辊型。正确的辊型在载荷状态下，工作辊之间应保持平衡的间隙，否则，在轧制过程中将引起波浪或断带。所谓"辊型"是指辊身中间和两端有着不同的直径，以及这个直径差从辊身中间向两端延伸的分布规律。通常分布是对称的。至于分布规律如何尚无统一明确的说法。有的文献认为，工作辊的机械凸度大都采用正弦曲线，有的文章认为是抛物线或四次曲线。

在轧制过程中，轧辊产生弹性变形和热变形。在冷轧过程中，弹性变形包括三部分：支撑辊挠曲、工作辊挠曲和工作辊弹性压扁。在箔材轧制过程中又增加了一项带材宽度以外轧辊相互压靠产生的变形。由于变形条件比较复杂，用一个简单的公式来计算轧制中的辊缝形状是困难的。目前在许多文献中可以找到这类计算的数学模型。尽管它具有一定的理论价值，但其计算的限定因素很多，这些限定因素，在实际轧制过程中一直在变化。本书以上妻正大提出的公式[7]计算的一例如下：假定支撑辊半径为 300mm，工作辊半径为 120mm，辊身长为 1300mm，铝箔宽为 1050mm，轧制力为 2500N/mm，轧辊轴承中心距为 1750mm，由弯曲变形和剪切变形引起的轧辊弯曲曲线方程为[7]：

$$y = \frac{wb^4}{384EI}\left[-x^4 + \left(12\frac{l_1}{b} - 6\right)x^2 \right] \tag{5-1}$$

式中　y——变形量；
　　　w——轧制箔材的单位宽度轧制力，N/mm；
　　　b——轧制件宽度，mm；
　　　l——辊身宽度，mm；
　　　l_1——轧辊轧制力作用点中心到板材边缘的距离，mm；
　　　L——辊身边缘距轧制力中心的距离，mm；
　　　L_1——辊身端部到轧制力作用点距离，mm；
　　　I——轧辊断面惯性矩，mm^4；
　　　x——辊身中心到轧辊任意点距离，mm；
　　　E——轧辊的弹性模量，MPa。

理论计算的辊型与抛物线的比较见表 5-2。

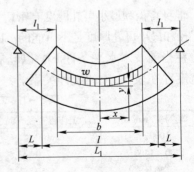

图 5-10　轧辊的弹性变形

表5-2　理论计算的辊型与抛物线的比较

x	1	0.8	0.6	0.4	0.2	0
y	0.088	0.0582	0.032	0.015	0.0038	0
$y = kx^2$	0.088	0.056	0.032	0.014	0.0035	0
Δy	0	0.022	0	0.001	0.003	0
%	0	+3.8	0	7	8.5	0

　　计算表明，理论上的辊型和抛物线之间的误差最大为8.5%，采用凸轮机构磨制的65/1000凸度的原始辊型见表5-3。采用正弦曲线的成型机构，当轧辊凸度为0.025mm，成型曲线展角为72°时，正弦曲线和抛物线的最大绝对误差为0.9μm，相对误差为3.6%（见《正弦函数辊形曲线方程的推导》）[9]，因此可以认为，轧辊的原始辊型为抛物线。

表5-3　65/1000凸度磨得的辊型和抛物线辊型的比较

x	7	6	5	4	3	2	1	0	1	2	3	4	5	6	7
热辊型/μm	95	66	45	28	15	6	1.5	0	1.5	8	16	28	45	68	94
抛物线/μm	95	89.8	48.4	31	17.4	7.75	1.93	0	1.93	7.75	17.4	31	48.4	69.8	95
热辊型和抛物线绝对误差/μm	0	3.3	3.4	3	2.4	1.75	0.43	0	0.43	0.2	14	3	3.4	1.8	1
相对误差/%	0	5	3	10	13	22	22	0	22	3	3	10	6	2.5	1

5.5.2.2　热辊型

在稳定轧制条件下，当辊身两端的温度差为0℃时的热辊型见表5-4。

表5-4　辊身两端温度差为0℃时的热辊型（实测值）

x	7	6	5	4	3	2	1	0	1	2	3	4	5	6	7
热辊型/μm	95	66	45	28	15	6	1.5	0	1.5	8	16	28	45	68	94
抛物线/μm	95	89.8	48.4	31	17.4	7.75	1.93	0	1.93	7.75	17.4	31	48.4	69.8	95
热辊型和抛物线绝对误差/μm	0	3.3	3.4	3	2.4	1.75	0.43	0	0.43	0.2	14	3	3.4	1.8	1
相对误差/%	0	5	3	10	13	22	22	0	22	3	3	10	6	2.5	1

　　表5-4说明，当辊身两端温度差为0℃，即整个辊身温度均匀一致时，在辊身长为1600mm，15个检测点的平均相对误差和理论的抛物线相比较，不大于10%，而辊身中间为±200mm的区域内，误差稍大，完全可以通过轧制油喷淋量调节（绝对误差不到0.5μm，即：当辊身直径为260mm，热膨胀系数为$11.9 \times 10^{-6}/℃$时，温差为±0.3℃）。因此说，铝箔轧制时，尽管有单位轧制力分布不均和带材宽度外轧辊压靠的影响，理论上的热辊型还是抛物线形。实际检测也证明，轧制缺陷明显时即波浪大时，正是热辊型偏离抛物线误差较大之时。也可以说辊型控制过程正是控制辊型非抛物线部分，使辊型向抛物线靠近的过程。

5.5.2.3　辊型曲线

　　如上所述，辊型曲线呈抛物线形。要取得抛物线形辊型，应在专用的轧辊磨床上磨削。轧辊磨床上的成型结构，有直线形靠模板、抛物线形靠模板、偏心圆凸轮、伺服成型机构等。

由伺服成型机构磨成的辊型曲线是正弦曲线的一部分[9]，随着展开角的不同，与抛物线的差值也不同（图5-11），展开角为72°时和抛物线的差最小（图5-12）。

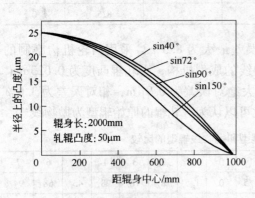

图5-11　展开角不同的辊型曲线　　　　　图5-12　展开角为72°时的辊型曲线与抛物线的差值

5.5.2.4　辊型曲线的磨削

辊型曲线是辊身的一部分，而非全部（图5-13）。

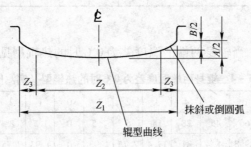

图5-13　辊身曲线和辊身长

Z_1—辊身长；Z_2—辊型曲线长；Z_3—抹斜或倒圆弧长；

A—辊型凸度；B—抹斜或倒圆弧高度

参照图5-13，Z_3段的圆弧半径取为1000mm，应力集中系数最小。也可以把Z_3段磨成抛物线的一部分，Z_3值和凸度设置参考图5-14和表5-5选取。

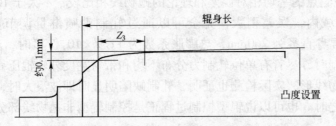

图5-14　辊型曲线和两端倒圆

表 5 – 5 辊身两端倒圆长度、高度的选取

辊身长度/mm	尺度"Z_3"	凸度设置值	辊身长度/mm	尺度"Z_3"	凸度设置值
400	80	0.312	1850	125	0.792
500	85	0.356	1900	125	0.812
600	90	0.394	1950	125	0.832
700	95	0.430	2000	125	0.852
800	100	0.452	2050	125	0.872
900	105	0.488	2100	125	0.892
1000	110	0.510	2150	125	0.912
1100	115	0.536	2200	125	0.932
1200	120	0.556	2250	125	0.952
1300	125	0.576	2300	125	0.972
1400	125	0.612	2350	125	0.997
1500	125	0.652	2400	125	1.012
1600	125	0.692	2500	125	1.052
1700	125	0.732	2600	150	1.092
1800	125	0.772	2700	150	1.132

当辊身两端磨削成直线倒圆时，可参考图 5 – 15 选取。

5.5.2.5 辊型的检测

现代化的轧辊磨床都普遍装有辊型自动测量系统。不仅可以在线测量辊型，还可以测量磨削完了的轧辊的几何精度。图 5 – 16 是用国产险峰轧辊磨床有限公司磨床磨出的中凸辊型，从图中可以看到辊型误差为 ±0.001mm。

当轧辊磨床没有自动测量装置或需要离线测量辊型时，可使用离线辊型测量装置检测。

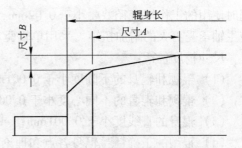

图 5 – 15 辊身两端磨削成直线倒圆

	工作辊	支撑辊
尺寸 A	辊身长的 5%	辊身长的 5%
尺寸 B	0.1mm	0.25mm

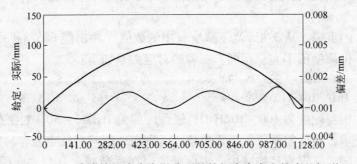

图 5 – 16 险峰轧辊磨床有限公司的轧辊磨床磨出的中凸辊形

5.5.3 轧辊凸度

轧辊凸度可以利用式（5-1）计算。也可以参考规格相同的轧机的凸度来试用，然后通过对所轧出来的板形参考表5-6进行修正。轧制力的计算参见式（3-21）。

表 5-6 轧辊凸度修正参考

凸度过大时的表现	凸度过小时的表现
在给定压力下出口端带材中间松，两边紧	在给定压力下出口端带材两边松
需使用更大的轧制力，否则边部紧	轧制力加不上去，增大轧制力会使边部松
增大轧制力，箔材厚度比规定的薄	轧不到预期的厚度
希望提高速，但是加大轧制速度铝箔就过薄	必须开高速，否则厚度达不到目标值
负弯辊用得比较大，进一步增大轧制力可减小负弯辊	正弯辊用得较大
辊身中部轧制油的喷射量需加大。总的喷射量也偏大	须减小辊身中部轧制油的喷射量，甚至要把支持辊的喷油嘴关闭

5.5.4 轧辊尺寸精度

轧辊尺寸精度要求是微米级的，对于影响加工精度的因素要特别留心，即或是使用CNC轧辊磨床，要确保加工精度还要求磨工有熟练的操作技巧和丰富的实践经验。两根同时使用的工作辊直径差要小于0.02mm，更大的直径差会因主传动所形成的封闭力矩会使主轴承受更大的附加扭矩。采用单辊驱动时，可不受此限制。

尺寸精度包括：

（1）辊颈和辊身的不圆度小于0.001mm；

（2）辊颈和辊身的不同心度小于0.0015mm；

（3）辊身的直线度小于0.001mm；

（4）辊型的正确性：辊身各点和理论曲线的对应值之差不大于10%。

5.5.5 辊身硬度

铝箔轧辊硬度常用肖氏硬度表示，肖氏硬度又有 HsC 和 HsD 之分。

HsC 是 1/12 盎司的重锤从 10in 高下落所打出的数值（冲击能 600gf·mm）（1 盎司 = 28.35g）。

HsD 是 36g 的重锤，从 3/4in 高下落所打出的数值（冲击能 685.8gf·mm）尽管两者的撞击力相近，但硬度值不完全相同。二者的对应关系如下：

HsC　102　　99　95　90　86.4　83　79　76　72　67.5　64

HsD　104　103　99　94　90　　　86　78　74　68　62.5　55.5

新工作辊，辊身硬度为 100~102HsD，辊颈硬度为 HsD45~50。对工作辊辊身硬度的均匀性有严格要求，硬度差不得大于 3 单位，否则在轧制时在软点处容易引起局部变形不均而造成断带，随着轧辊直径的减少，表面硬度也在逐渐减少。当表面硬度低于 90 单位时，轧制薄的铝箔就变得困难。由于肖氏硬度测量条件比较严格，使用起来也不方便，在现场正在用新式的里氏硬度计代替肖氏硬度计。

5.5.6　辊身表面粗糙度

（1）轧辊的表面粗糙度有三种表示方法，即最大值（R_{max}）法，10 点平均值法（R_z），均方根值法（R_a）。在轧辊磨削中应用最普遍的是均方根值法（也称中心线平均值）。

（2）对铝箔轧制来说，和机械加工行业的 R_a 的含义有很大的不同，R_a 不仅仅是一个物理量值，它还包含着一种用特定的加工工艺所加工出来的表面状态。例如，对一个 R_a 为 0.1μm 的轧辊来说，用不同的砂轮、不同的工艺磨出来其使用效果会完全不一样（图 5-21）。轧辊表面粗糙度和轧制工艺密切相关。轧制工艺不同，粗轧、中轧、精轧所用轧辊的粗糙度也不一样。

在铝箔轧制过程中，一旦轧制变得很困难，又找不到明确的其他原因，这时有 70% 的可能性，都可以通过调节粗糙度获得解决。

（3）不同轧机和工艺所要求的表面粗糙度允许误差如表 5-7 所示。

表 5-7　表面粗糙度允许误差

轧辊种类	允许的 R_a 误差/μm			可供参考的凸度 /μm
	与设定值之差	一对辊之间	一根辊身各点之间	
冷轧工作辊	±0.03	0.03	0.03	0.05~0.1
铝箔粗轧工作辊	±0.02	0.02	0.02	0.05~0.08
铝箔中轧工作辊	±0.02	0.02	0.02	0.03~0.08
铝箔精轧工作辊	±0.01	0.01	0.01	0.02~0.05
支撑辊	±0.05	0.05	0.05	0.05~0.1
铸轧辊	±0.05	0.05	0.05	1.0~1.7

（4）轧辊表面的粗糙度必须是均匀的。衡量是否均匀的指标是：在轧辊圆周上取四条相隔 90° 的母线，每条母线上至少取 5 点，每点测 5 次，测得的粗糙度值要有 68.2% = 平均值（即 1σ）。实践表明，该值是近似正态分布的。

例如，某厂辊号为 7574 的轧辊，粗糙度目标值为 0.1μm，15 个点的测量结果如图 5-17 所示。

轧辊表面不应有可见的走刀痕迹。不得有磨削烧伤，疲劳层要充分磨掉（参照图 5-9b）。

5.5.7　轧辊表面粗糙度和反光性能[8]

当轧辊的表面粗糙度相同时，所轧出的铝箔表面的反光率却不同。这和轧辊的表面状态有关。由图 5-18 可见，当其 Ra 值相同时，由于外形轮廓不同，其反光性能却不同。

铝箔表面的反光率是轧辊表面状态的反映，可以用来判断轧辊表面状态的均匀性。一根轧辊的不同部位和两个轧辊相互间的反光率差越小，所轧出的铝箔的反光率差也越小，越有利于轧制的进行。

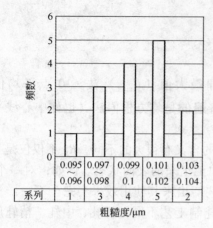

图 5 - 17　轧辊表面粗糙度分布

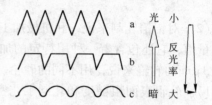

图 5 - 18　轧辊表面粗糙度相同时
表面状态和反光率的关系

5.5.8　轧辊使用寿命

在不出现事故的条件下轧辊的使用寿命取决于多长时间磨一次和每一次磨多少。当然，这种不出事故的正常磨削又和出现事故的修磨有着密切的联系。能够坚持正常的磨削，才能减少事故磨削。所谓正常磨削就是指即使轧辊表面不出现影响使用的缺陷也要进行的磨削。

5.5.8.1　支撑辊

日本关东特殊钢公司建议的磨削制度见表 5 - 8。

表 5 - 8　日本关东特殊钢公司建议的磨削制度

轧制力/kN	1		2		4	
轧制速度 /m · min⁻¹	使用期	磨削量 /mm	使用期	磨削量 /mm	使用期	磨削量 /mm
200	3 月	0.5	2 月	0.8	1 月	1.5
500	1.5 月	0.5	1 月	0.8	15 天	1.5
1000	20 天	0.5	15 天	0.8	7 天	1.5

笔者通过计算表明，影响正常轧辊磨削间隔时间的主要因素是轧制速度，而与使用的轧制力大小关系不大。例如，当工作辊直径不同时的最大单位宽度轧制力见表 5 - 9。

表 5 - 9　不同直径工作辊的接触应力

工作辊直径/mm	φ230	φ260	φ280	φ310	φ360
$P/N · mm^{-1}$	1400	2000	3000	3000	4000
ρ/mm	81	94.8	105.6	114.5	132.4
σ/MPa	777	734	739	746	762

注：P—单位宽度轧制力；ρ—当量半径；σ—接触应力。

既然接触压力相近，那么影响疲劳应力的主要因素是循环次数，即在相同时间内的轧制速度和支撑辊直径。鉴于上述计算，在不同轧制速度的条件下，当每班工作 8h，每天三班，实际工作效率为 60% 时，支撑辊的正常磨削周期不应超过表 5 - 10 所列的天数。

表 5 – 10 根据接触应力算出的轧辊磨削周期

$\phi_工$		230	260	310	360	380
$\phi_支$		550	700	875	1000	860
轧制速度 /m·min^{-1}	400	50	64	79	91	78
	800	33	42	53	60	52
	800	25	32	40	45	39
	1000	20	25	32	36	31
	1200	—	21	26	30	28
	1500	—	—	21	24	21
	1700	—	—	—	21	18

检查辊身硬度是比较可靠的检查方法,当轧辊使用一定时间后,辊身硬度会比刚刚磨削完了的有所提高,当硬度提高 3 肖氏单位后,应当进行重磨。

5.5.8.2 工作辊

工作辊的工作条件比支撑辊的更为恶劣,由于轧制中经常断带会引起热冲击以及产品品质对于表面的要求,往往工作不到疲劳程度,就必须换辊。现场每轧完一道次都要检查铝箔的表面状态,发现有轧辊表面引起的缺陷就要立刻换辊。即或没有缺陷,也常常根据工作辊通过的铝箔轧制量或轧制速度的变化来确定换辊周期。轧过一定数量的轧辊的表面粗糙度值会下降。

5.5.8.3 轧辊使用寿命的计算

$$有效使用期 = \frac{残存有效直径}{平均磨削用量/(根·年)} \qquad (5-2)$$

轧辊的平均磨削量见表 5 – 11。

表 5 – 11 平均磨削量 （mm）

一次平均磨削量 （直径方向）	工作辊			支撑辊 80 号砂轮
	80 号砂轮	220 号砂轮	500 号砂轮	
	0.1	0.07	0.05	1.0

每年研磨根数:

支撑辊:每年更换次数×轧机台数×每台装有根数 = 每年参与磨削根数

　　　　每根每年研磨次数 = 每年参与磨削根数÷轧机拥有的支撑辊根数

例如三台铝箔轧机,有备用支撑辊六根,每三个月更换一次,每次磨削量 1mm,残存有效直径 = 1000mm – 940mm = 60mm。

每根每年磨削次数 = 24÷12 = 2

每根每年磨削量 = 每次磨削量×每年磨削次数 = 1mm×2 = 2mm

5.5.8.4 轧辊的备用数量

有效使用期 $= \dfrac{60mm}{2mm/a} = 30a$,若每 20d 磨一次,则有效使用期为 8a。

工作辊的最少储备量应不少于三对每台轧机,即一对工作,一对磨好备用,一对在准备削磨。对于万能轧机,为保证设备的运转率,则最少应各有五对,除一对工作外,应各有粗、中、精各道次的轧辊一对,另有一对待磨。支撑辊则应每台轧机各有二对,一对工作，一对磨好备换。

5.5.9 磨削工艺

正如 5.5.6 节所述，Ra 不仅仅是一个物理量值，它还包含着一种用特定的加工工艺所加工的表面状态。另外，轧辊的磨削精度、辊形、使用寿命也都和磨削工艺有关。因此，为了轧出优质铝箔，必须对磨削工艺有深入的了解。

5.5.9.1 磨削制度

国内外的铝箔轧辊的磨削制度可参考表 5 – 12。

表 5 – 12　国内外的铝箔轧辊的磨削制度

厂别	轧辊种类	表面粗糙度要求 Ra	粗磨				中磨				精磨			
			v	n	T	t	v	n	T	t	v	n	T	t
			m/s	r/min	m/min	mm	m/s	r/min	m/min	mm	m/s	r/min	m/min	mm
日本某厂	FW	0.02 ~ 0.025	15 14	30	1000 ×6	0.005	—	—	—	—	—	—	—	—
			—	—	—	—	17 ~ 14	25 ~ 40	600 – 400 ×2	0.004	—	—	—	—
	IW		—	—	—	—	—	—	×3	—	18 ~ 14	30 ~ 60	600 ~ 300 ×3	0.004
	RW	0.09 ~ 0.12	15	20	1000	0.01	17 ~ 14	30	600 – 400 ×3	0.005	18 ~ 14	40/ 50	800 ~ 300 ×3	0.004
日本某厂	RW	0.3 ~ 0.35	15	20	1000	0.01	17 14	30	600 ~ 500	0.005	—	—	—	—
	IW	0.24 ~ 0.26	15	20	1000	0.01	15	30	900 ~ 800	0.005	—	—	—	—
	FW	0.14 ~ 0.16	15	20	1000	0.01	20	30	800 ~ 500	0.005	17 ~ 15	30 – 40	—	—
	BR	0.03 ~ 0.04	15	20	1000	0.01	20 ~ 15	30	600 ~ 300	0.005	17 ~ 15	50 ~ 60	400 ~ 200	0.003
中国某厂	RW	0.3 ~ 0.35	13	20 ~ 25	1000 ~ 600 ×4	0.02	20 ~ 15	—	—	—	—	—	—	—
	IW	0.12 ~ 0.3	—	—	—	—	12 ~ 15	25 – 35	1000 ~ 400 ×4	0.01 ~ 0.006	—	—	—	—
	FW	0.02 - 0.12	—	—	—	—	—	—	—	—	16 ~ 18	40 ~ 50	1000 ~ 300 ×4	0.003 ~ 0.005

注：1. RW—粗轧工作辊，IW—中轧工作辊，FW—精轧工作辊，BR—支撑辊；

　　2. v—砂轮速度，n—轧辊转数，T—轧辊走刀速度，t—砂轮进给量；

　　3. 轧辊走刀速度 1000 ~ 300 代表从 1000m/min 逐步降低到 300m/min；

　　4. 在轧辊走刀速度后面的“×”代表在最小轧辊走刀速度条件下轧辊的往返次数。

5.5.9.2　磨削参数间的相互关系[10]

磨削参数，即表 5-12 中的 v、T、n、t 它们之间的相互关系：

（1）在四个磨削工艺参数中，砂轮的进给量"t"对轧辊表面粗糙度的影响最大。在粗轧辊磨削中，它可以是粗糙度的一种调节手段，t 值增大，Ra 值则提高。但过大的砂轮进给量会造成辊身表面粗糙度不均匀。对于 80 号砂轮它的调节范围为 $0.2 \sim 0.35 \mu m$。

（2）利用 180 号砂轮虽然也可以磨出同 80 号砂轮所磨出的相同表面粗糙度（Ra 值），但其表面粗糙度轮廓是不一样的，轧制效果也不相同。

（3）纵向进给量 T 的选择应根据轧制工艺的要求，既不是越小越好，也不是越大越差。纵向进给量的影响主要表现在粗糙度的均匀性上。所选择的纵向进给量应能满足轧制工艺要求，而且应使轧辊表面粗糙度差值小为最好，这一速度为 $400 \sim 600 mm/min$。

（4）砂轮转数对粗糙度的影响在使用 80 号砂轮时表现较为明显。对于 180 号或更细的砂轮则无明显影响。所以，对中轧机、精轧机的轧辊磨削必须选用特定的砂轮以保证必要的粗糙度。

（5）轧辊磨削时采用支撑架支撑。由于轧辊本身比较重，提高轧辊转数不利于长期稳定运行。所以在轧辊磨削时多数时间采用低转数。

5.5.9.3　砂轮修整参数对 Ra 的影响

砂轮修整时，Ra 值随着修整时"T"值的增加而提高，砂轮粒度越大越明显，因此修整砂轮时，T 不应大于 $10 mm/min$。另外，用表面锋利和表面钝的金刚石所修整的砂轮，磨削后效果有很大差别，为此金刚石表面应保持敏锐的修整条件。

5.5.9.4　轧辊磨削用的砂轮

砂轮代号的识别，如图 5-19 所示。

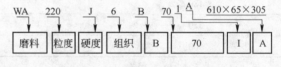

图 5-19　砂轮代号的识别

磨料：常用的有"WA"白刚玉，"GC"绿色碳化硅。

粒度：代表砂粒的大小，可分为粗、中、细、极细四类，粒度号和颗粒大小的关系见表 5-13。砂轮粒度和轧辊表面粗糙度的关系见表 5-14。

硬度：硬度表征砂轮在磨削过程中砂粒脱落的难易程度，即表征结合剂保持粒度的牢固程度。砂粒易脱落，则砂轮的硬度低。反之则砂轮硬度高。影响砂轮硬度的主要因素是接合剂性能、用量、成型密度、烧成（硬化，硫化）温度等；它与磨料本身软硬无关。硬度大小用大写英文字母，自 E 开始到 Z，越来越硬，分为：极软（E，F，G），软（H、I、J），中（L、M、N、O），硬（P、Q、R、S），极硬（T、U、V、W、X、Y、Z），铝箔轧辊磨削砂轮的硬度大多数为 H、I、J 级。

组织：组织是指砂轮中砂粒所占砂轮体积的百分比。砂粒占砂轮体积大的砂轮中的气孔就较小，组织紧密，反之组织疏松。气孔主要是用来容置磨削下来的金属屑和冷却液，而在离心力的作用下被甩掉，这样可以防止砂轮表面堵塞，影响磨削效果。砂轮的组织等级的划分是以 62% 的砂粒体积百分数为"0"号组织，砂轮中砂粒体积每减少 2%，其组织增加一级，依此类推，共分 15 个等级，号数越大，组织越松（表 5-15）。铝箔轧辊常用的组织等级为 7 级。

表5-13 粒度号和颗粒大小的关系

程度	粒度/目	平均直径/μm	程度	粒度/目	平均直径/μm	程度	粒度/目	平均直径/μm
粗	8	2.830~2.000					240	87.5~73.5
	10	2.380~1.680					280	73.5~62
	12	2.000~1.410					320	62~52.5
	14	1.680~1.190	细	70	250~149		360	52.5~44
	16	1.410~1.000		80	210~125		400	44~37
	20	1.190~710		90	177~105		500	37~31
	24	840~500		100	149~74	极细	600	31~26
				120	125~62		700	26~22
中	30	710~420		150	105~533		800	22~18
	36	590~350		180	88~		1000	18~14.5
	46	420~250		220	74~		1200	14.5~11.5
	54	350~210					1500	11.5~8.9
	60	297~117					2000	8.9~7.1
							2500	7.1~5.9
							3000	5.9~4.7

表5-14 砂轮粒度和轧辊表面粗糙度的关系

砂轮粒度/目	轧辊表面粗糙度 Ra/μm
54	0.75~1.0
60	0.5~0.75
80	0.25~0.5
180	0.08~0.25
320	0.04~0.08
500	0.01~0.04

表5-15 砂轮的组织等级

组织	0	1	2	3	4	5	6	7	8	9	10	11	12	13	14
砂粒/%	62	60	58	56	54	52	50	48	46	44	42	40	38	36	34

砂轮组织有关代号意义如下：

"B"：该位置符号代表的是接合剂的种类。常用的有：V—陶瓷，B—树脂，R—橡胶。

"70"：该位置符号代表的是砂轮制造厂内部对接合剂的细分标记。

"1A"：该位置符号代表的是砂轮形状代号，轧辊磨削用的是1A。

"610×65×305"：砂轮外径、宽度和孔径。

5.5.9.5 关于砂轮的动平衡

砂轮在制造过程中，会因砂粒分布不均而存在不平衡，在新砂轮外圆上能使砂轮平衡的重量，称为砂轮的原始不平衡度。砂轮的原始不平衡度是评价砂轮品质的指标之一，它和使用条件有关（表5-16）。

表5-16　砂轮的原始不平衡度和使用条件

不平衡度	最高使用速度/m·min^{-1}		备　注
	陶瓷结合剂	树脂结合剂	
$7W^{2/3}$	2000	2000	
$6W^{2/3}$	2700	3000	
$5W^{2/3}$	3600	3600	W为新砂轮质量，kg
$4W^{2/3}$	4800	4800	
$3W^{2/3}$	8000	6000	

砂轮在使用中要经常修磨，每次修磨后都会产生新的不平衡，砂轮不平衡会使主轴产生微米级振动，形成细微的振动条纹，为此砂轮在使用前还要进行静平衡。在现代化的轧辊磨床上都装有自动砂轮动平衡装置，进行砂轮的自动平衡时应在说明书上指定的转数下进行。

自动动平衡能力是有限的。所以就是装有砂轮自动平衡的磨床，砂轮也要经过静平衡才能使用。经过这样平衡处理的砂轮，在磨削过程中所产生的振幅小于1μm。振幅大于1μm会给磨削带来有害的影响。

5.5.9.6　磨削液对粗糙度的影响

（1）当前使用最多的磨削冷却润滑液是合成型水溶性无油切削液。

（2）当使用水溶性无油切削液或苏打水作为磨削冷却剂时，v、T、n、t与Ra值的相关性基本规律和使用乳化液时是相似的，但Ra值却大不一样。用同一块砂轮磨削时，由于所选用磨削冷却剂性质不同，砂轮所表现的硬度也是不一样的。因此在更换磨削冷却剂牌号时要特别注意。

（3）对磨削液的管理也是保证磨削品质不可忽视的环节。应用软水配制磨削液。应每天检测pH值和浓度。检测磨削液浓度的工具如图5-20所示。pH值应保持在8~9。

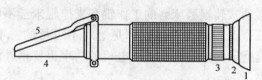

图5-20　磨削液浓度检测折光镜

1—目视镜；2—目镜；3—调节螺母；4—棱镜；5—棱镜盖

5.5.9.7　轧辊的表面探伤

轧辊在使用过程中一旦发生紧急停车，就会发生辊缝塞料，工作辊和支撑辊之间产生打滑，较大的异物压入或磨削时吃刀量过大造成"啃刀"，在这种情况下应对相应部位进行表面探伤，避免因轻度的表面裂纹造成更大的损伤。

表面探伤大多数采用涡流探伤仪，可以装在磨床上在线测量，也可以单独设置离线测量。不过现场用得比较多的还是腐蚀法。采用腐蚀法的程序是：

（1）彻底清除轧辊表面油污；

（2）用30%硝酸+70%酒精涂擦检验部位，可显示有无相变（退火）；

（3）再用40% ~50% 的盐酸 +50% ~60% 的酒精涂擦检验部位，可显示裂纹。

5.5.9.8 轧辊保存

轧辊是贵重的消耗性工具，保管使用不当极易损坏或提前报废。因此在保存过程中要特别注意以下的要求：

（1）在运输过程中必须保证不碰撞、坠落。由于轧辊表面经淬火处理有较大的残余应力，碰撞会引起裂纹。由于轧辊本身质量较大，坠地会引起察觉不到的变形；

（2）新进厂的轧辊，不论包装情况如何，都要尽快开箱检查。轧辊必须有制造厂的合格证。对轧辊尺寸、表面状态、几何精度、硬度的检查结果应记录，建档保存；

（3）每根轧辊的端头要打上编号与重量；

（4）报废的轧辊应当注明：报废原因，报废尺寸，辊身硬度，硬度变化曲线，轧材通过数量；

（5）正常使用的轧辊磨削后，甩干磨削液，辊身用普通稀油防护，包上牛皮纸，保存期5~7d。超过7d至三个月要用防锈油涂抹辊身和辊颈。存放时要支撑辊身，不能支撑辊颈，因为一旦在支撑处产生腐蚀，辊颈处理起来很麻烦。保存时间超过三个月要使用溶剂型防腐油；

（6）保存地点要干燥，不得有水滴、蒸汽、腐蚀性气体。温度不能有剧烈变化，冬季也不能低于10℃；

（7）存放超过6个月后要重新处理。

5.5.10 轧辊磨床的选用

一台现代化的轧辊磨床是确保高品质轧辊的基础。有关轧辊磨床的详细论述见设备篇。这里只强调在选型上常常遇到的一个非常普遍的问题，即采用一台轧辊移动式轧辊磨床共同磨削铝箔轧机的工作辊和支撑辊的可行性。

对于一个产能要求不高，轧制铝箔厚度又不太薄（大于7μm），限于资金又不太充裕的工厂，采用一台轧辊移动式轧辊磨床磨削工作辊和支撑辊未尝不可；当然对于以薄铝箔为主大规模现代化铝箔厂，又以薄箔为主，那是绝对不可行的。不仅如此，就是分开选用，对专用的工作辊轧辊磨床的床身结构和主电机的功率也要格外注意，选择不当都会影响轧辊的磨削品质和效率。

5.6 轧制油

使用轧制油的目的就是改善轧制区的摩擦状态。轧制区是一个复杂的摩擦系统，影响所及如图 5 – 21[11] 所示。随着轧制速度的由慢到快和石化工业的快速发展，轧制油的作用和组成也发生了很大变化。在低速轧制时（$v < 100\text{m/min}$），轧制油的主要作用就是润滑，在高速轧制条件下，其冷却作用已举足轻重。有关高速轧制过程中轧制油的问题讨论如下。

5.6.1 轧制油的作用及对它的要求

（1）轧制油的作用：

1）改善轧制区的摩擦状态，减小摩擦系数，降低变形抗力，从而降低轧制力、轧制

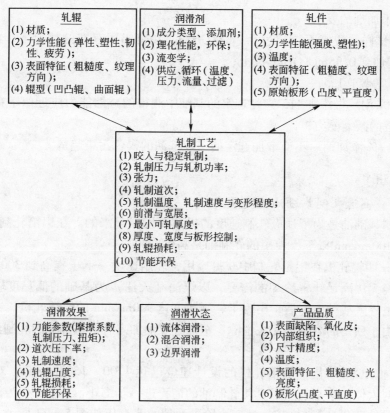

图 5 - 21 轧件、轧辊、轧制油组成的摩擦系统

力矩和主电机、卷取机功率;

2）改善轧制区的热状态，带走轧辊和带材上的热量，从而降低轧制油的黏温系数;

3）通过改变轧制油流量在辊身上的分布，更好地控制板形与提高轧制速度;

4）通过带有一定压力的轧制油的喷射，清扫轧辊和带材表面;

5）通过改变添加剂的种类和添加量以改善带材表面品质。

轧制油通常由基础油和添加剂组成。

（2）对基础油的要求:

1）良好的润滑性能，即有足够的减缩能力，在加入适当的添加剂后道次压下量可大于50%;

2）有良好的冷却性能;

3）在实际应用的条件下，闪点越低越好，但必须保证安全;

4）有良好的挥发性能，馏程不得超过30℃;

5）溴值应小于1，最好小于0.6;

6）总的硫含量要小于0.05%;

7）新制试样的酸度可以忽略，在有铝屑存在的条件下，在110℃老化24h后酸值不得增加到0.025mgKOH/g以上;

8）对人体无害，芳烃含量不大于1%;

9）在350℃的罐内试验不应有明显的褐色污染。

（3）对添加剂的要求：

1）新制试样的酸值不得超过 0.2mgKOH/g。在有铝屑存在的情况下，在 110℃ 老化 24h 后不得增加到 0.35mgKOH/g 以上；

2）溴值应小于 1.5；

3）如果采用醇做添加剂，它在选定的基油中测得的减缩能力应近似于在同一基油中具有相同纯醇的减缩能力；

4）添加 7% 添加剂后不应增加选定的工业基油的褐色污染趋势。

5.6.2　基础油

5.6.2.1　高速轧制基础油的发展

高速轧制基础油是为了适应轧制速度的提高而发展起来的。在铝箔轧制的初始阶段，轧制速度在 100m/min 以下，使用的轧制油是高黏度的。

1933 年，四辊轧机在铝箔轧制中获得应用，轧制速度一下子提高到 300m/min，高黏度轧制油已经无法满足轧辊冷却的需要，以煤油（火油）为基础的低黏度轧制油应运而生。第二次世界大战结束以后，出现了轧制速度达 900m/min 的铝箔轧机。在此阶段也试用过乳液，由于残留的溶液痕无法消除，窄馏分煤油加入有机添加剂的轧制油适应了当时的工艺要求。

进入 20 世纪 80 年代，铝箔轧机的设计速度已达 1200 ~ 1500m/min，对轧制油的挥发、安全和对人体健康都有要求，使轧制油的馏程进一步缩小。以 ESSO 为代表的轧制油发展三个阶段的变化见表 5 - 17，这三个阶段油品的蒸汽压如图 5 - 22 所示，分馏百分比如图 5 - 23 所示。

表 5 - 17　不同年代轧制油的比较[12]

物理特性		第一代	第二代			第三代	
		Kerosene（煤油）	Somentor			Somentor	
			31	34	43	32	37
运动黏度（40℃）/cSt		1.4	1.8	2.4	4.4	1.8	2.4
闪点/℃		55	80	100	125	94	115
馏程/℃	IBP	160	205	228	270	220	240
	FBP	260	260	276	320	325	260
馏程差 Δt/℃		100	55	48	50	15	20
芳烃		10	0.5	<1	4	0.1	0.5
倾点/℃		-50	-35	-35	-18	-35	-35
特点		芳烃含量高，气味大，损耗大	芳烃含量低，气味小，损耗不大，适于较高速度轧制			芳烃含量更低，气味更小，损耗小，更适合高速轧制	

运行中的经验表明，馏分越窄，黏度变化越小，轧制油的性能也越稳定。

5.6.2.2　我国高速轧制基础油的发展

我国高速轧制基础油的发展是随着高速铝箔轧机的引进起步的。1980 年中国第一台现代化高速铝箔轧机投入运行，使用的轧制油是进口的 SOMENTOR 系列。为了使轧制油国产化，由当时的北京石油科学研究总院和东北轻合金加工厂协力研制，由定县化工厂小批量生产了环烷系基础油。

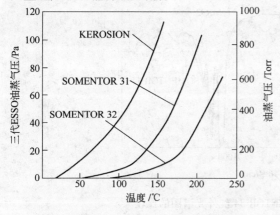

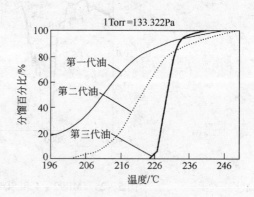

图 5 - 22　三代 ESSO 油蒸气压的变化　　　　　图 5 - 23　分馏百分比

1983 年初，设计速度为 1200m/min 的铝箔轧机在华北铝加工厂投入运行。为满足轧制油的需要，由华北铝加工厂和沧州石油化工厂联合研制开发的沧州 1 号和沧州 2 号，1986 年经日本毛必鲁（モ－ビル）石油公司化验分析确认，和 GENREX 55，GENREX 56 具有相同性能。所开发的轧制油和添加剂收入中国科学技术研究成果公报 1990 第三期。

1993 年，设计速度为 2000m/min 的铝箔轧机在渤海铝业有限公司投入运行。由渤海铝业公司和石油化工科学研究院开发经金陵石化公司烷基苯厂和秦城化工厂研制的 MR92 - 1、MR92 - 4 通过现场使用和分析化验，取得了和 SOMENTOR 31 以及 SOMEN-TOR 34 相同的结果，并且获得美国 RENOLDSGS 验证。MR92 - 1、MR92 - 4 和 SOMEN-TOR 31、SOMENTOR 34 红外光谱图的比较如图 5 - 24 和图 5 - 25 所示。

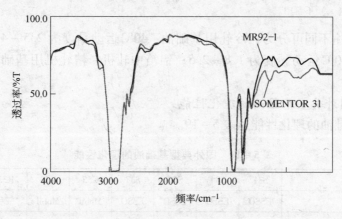

图 5 - 24　MR92 - 1 和 SOMENTOR 31 红外光谱图的比较

5.6.2.3　基础油的分类

目前普遍应用的基础油是窄馏分煤油。

（1）根据族组成及分子结构的不同又可分为石蜡系和环烷系。两者性能上的差别见表 5 - 18。

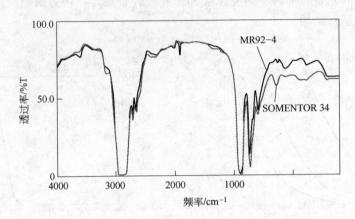

图 5 - 25 MR92 - 4 和 SOMENTOR 34 红外光谱图的比较

表 5 - 18 石蜡系和环烷系基础油的性能

指 标	石蜡系	环烷系	指 标	石蜡系	环烷系
密度（黏度相同时）	小	大	闪点（黏度相同时）	高（○）	低（×）
黏度系数	高（○）	低（×）	相对分子质量	大	小
质量热容	大（○）	小（×）	对橡胶膨大的影响	小（○）	大（×）
残碳	质硬（○）；量多（×）	质软（○）；量少（○）	苯胺点	高（○）	低（×）
			油膜强度	低（○）	高（×）
润湿性	良	差	摩擦系数	低	高
附着系数	小	大			

注：（○）希望，（×）不希望。

（2）根据用途不同可分为：冷轧用基础油：40℃运动黏度为 2.5 ~ 4.5；铝箔粗、中轧机用基础油：40℃运动黏度为 1.8 ~ 2.5；铝箔中轧机、精轧机用基础油：40℃运动黏度为 1.6 ~ 2.0。

5.6.2.4 国外典型基础油的理化性能

国外典型基础油的理化性能见表 5 - 19。

表 5 - 19 国外典型基础油的理化性能

基础油	S31	S34	S32	S37	G55	G56	R32	R34	AL30
生产厂	ESSO	ESSO	ESSO	ESSO	Mobil	Mobil	三和	三和	出光
黏度/cSt（40℃）	1.7	2.6	1.8	2.4	1.71	2.44	1.8	2.2	1.62
石蜡族/%	62.4	61.2	—	—	—	—	75	75	60
环烷族/%	37.4	38.3	—	—	—	—	25	25	40
芳烃/%	0.2	0.5	—	—	18.5	21	0	0	0
IBP	200	228	220	240	214	241	220	225	211
10%	207	—	—	—	220	246	223	231	—

基础油	S31	S34	S32	S37	G55	G56	R32	R34	AL30
50%	214	—	—	—	226	254	228	237	215
90%	—	—	—	—	235	262	238	249	—
95%	234	—	—	—	239	265	241	253	222
FBP	255	276	235	260	249	272	246	258	226
Δt	55	48	13	20	35	31	26	33	15
闪点	79	106	94	115	96	118	92	98	—
硫分/%	<0.01	<0.01	<0.01	<0.01	<0.01	<0.01	—	—	—

注: 基础油中的 S: Somentor; G: Genlex; R: Roll。

5.6.2.5 中国的基础油

和 GENREX 55 相当的有沧州 1 号; 和 Genrex 56 相当的有沧州 2 号; 和 Somentor 31 相当的有 MR92 - 1; 和 Somentor 34 相当的有 MR92 - 4。

5.6.2.6 基础油的最新进展

从表 5 - 17 和表 5 - 19 以及使用要求可以看到,基础油正在向低黏度、高闪点、窄馏程、低硫、低芳烃方面发展。进入 21 世纪,线性石蜡(NORPAR)正在越来越多的应用于高速铝箔轧制。线性石蜡的理化性能见表 5 - 20,线性石蜡是从 180 ~ 330℃ 煤油馏分进一步分馏出来的正构烷烃[12]。与普通轧制油相比,其优点:更低的挥发能力,降低了轧制油消耗,更窄的馏程和抗氧化性能,降低了退火温度和时间,更低的芳烃含量,有利于健康,特别适合铝箔的高速轧制。特别是,随着生物降解洗涤剂工业的发展,通过生产脂环基汽油来生产洗涤剂作为副产品所得到的标准石蜡,更是避开了紧缺的石油资源,而且性能更佳(表 5 - 21 中的 NORPAR 13)。线性石蜡又有标准线性石蜡和异构线性石蜡之分。两者在黏度/压力变化上有较大的差别(表 5 - 21)。

表 5 - 20　线性石蜡的理化性能

理 化 性 能		NORPAR 12	NORPAR 13	NORPAR 15	NORPAR 14
黏度/cSt (40℃)		1.421	1.428	1.429	2.2(稳定 7.8℃)
标准石蜡含量/%		99.1	99.4	99	99
芳烃(质量分数)/%		0.6	0.2	0.01	1
馏程/℃	IBP	188	226	252	—
	10%	192	227	258	—
	50%	200	231	261	—
	90%	207	237	267	—
	DP	217	242	272	—
	FBP	219	243	277	—
馏程差 Δt/℃		31	17	25	1
闪点/℃		69	93	118	110
硫分/%		—	<1	<1	0
密度(15.6℃)/g·cm^{-3}		0.751	0.764	0.771	0.768
苯氨/℃		82	87	92	88

表 5 – 21　标准线性石蜡和异构线性石蜡的黏度/压力变化　　　（kgf/mm²）

理 化 性 能	初始压	6.76	14.85	31.03	63.39	79.57	87.66
煤油	0.67	1.01	1.5	3.21	13.2	22.3	31.1
ISOPAR M	0.77	1.27	2.3	6.69	53.4	150.0	212.0
NORPAR 13	0.75	1.13	1.72	3.72	10.0	15.4	18.7

注：1kgf = 10N。

5.6.2.7　油膜厚度和铝箔表面震痕及油坑

　　轧制过程油膜厚度和轧制条件的关系如图 5 – 26 所示。

　　油膜厚度的计算公式见式（5 – 3）[21]：

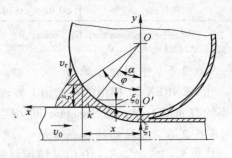

$$\xi_0 = \frac{3\theta\eta_0(v_r + v_0)}{\alpha[1 - e^{-\theta(\kappa - \sigma_0)}]} \qquad (5-3)$$

式中　ξ_0——轧辊和铝箔之间的油膜厚度，μm；

　　　　θ——黏度压缩系数，10Pa；

　　　　η_0——在大气压力下的动力黏度，cP；

　　　　v_r——轧辊圆周速度，m/s；

　　　　v_0——铝箔入口速度，m/s；

　　　　α——咬入角，Rad；

　　　　κ——强迫屈服极限，kgf·m²。

图 5 – 26　轧制过程中油膜厚度与轧制条件的关系

从式（5 – 3）可以看到：随着轧制速度的提高油膜厚度增加；随着轧制油黏度的增加油膜厚度增加；通过计算还表明，随着轧制力的增大，油膜厚度变薄。式（5 – 3）表明的是轧制区入口的油膜厚度。油膜厚度在整个轧制区长度上是不一致的。不仅如此，在变形区内，平均单位轧制力、摩擦力、温度、轧制油的黏度都在变化。如图 5 – 27，由于轧制

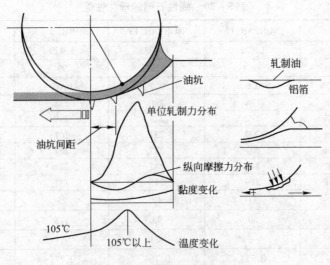

图 5 – 27　轧制区内油坑的形成

温度的变化,在轧制力峰值附近,由于温度的升高,轧制油黏度明显下降,由于铝箔轧制的压下量比较大,单位轧制力呈尖锋状态(峰值比平均值高得多),而油的黏度处于最不利状态,随着轧制速度的升高,带入辊缝中的量增多,形成油坑或震痕。震痕的间距近似咬入弧长。为改善这一状况,在高速轧制时,应适当增加基础油的黏度或添加适当的添加剂,见5.6.2.8。

5.6.2.8 基础油的选用

表5-18中的石蜡系和环烷系基础油性能的比较只是两者相对而言,不存在质的差别,在有的使用条件下,希望值和不希望值可能正相反。习惯上,当实际轧制速度小于600m/min时,采用环烷系基础油的较多,当实际轧制速度在600~1000m/min时,采用石蜡系的较多,当实际轧制速度超过1000m/min时,采用NORPAR的越来越多,最新的进展表明,由于轧制速度的提高,辊缝中带入的轧制油增多,不利铝箔表面品质,所以基础油采用75%石蜡系+25%环烷系,而且石蜡系中又采用标准线性石蜡和异构线性石蜡各50%的配比,以免高速轧制出现油坑或震痕(见图5-28)。

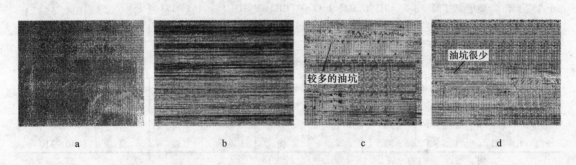

图5-28 油坑的图像

a—震痕的表象(明暗相间的横向条文);b—正常铝箔表面(100倍);
c—震痕发暗部分,油坑较多(100倍);d—震痕发亮部分,油坑很少(100倍)

5.6.3 添加剂

5.6.3.1 常用的添加剂

常用的添加剂见表5-22。

5.6.3.2 添加剂对轧制油性能的影响。

添加剂对轧制油性能的影响见表5-23。

5.6.3.3 添加剂选用的基本原则

(1)添加剂的碳链长,减缩能力强;

(2)饱和和未饱和的添加剂相比,饱和的酸或醇比未饱和的酸和醇减缩能力强;

(3)对于同类型添加剂,碳链较短的需要较大的浓度才能达到与碳链较长的添加剂同样的润滑效果;

表 5 - 22 常用的添加剂

别 名	名 称	结 构 式	性 能		
	脂肪酸		酸值	熔点/℃	纯度/%
十二酸	马桂酸	CH3 (CH2) 10COOH	277 ~ 283	40 ~ 44	C12, 95 以上
十四酸	蔻酸	CH3 (CH2) 12COOH	240 ~ 250	50 ~ 58	C14, 93 以上
十六酸	棕榈酸	CH3 (CH2) 14COOH	215 ~ 221	59 ~ 64	C16, 93 以上
十八酸	硬脂酸	CH3 (CH2) 18COOH	194 ~ 200	65 ~ 70	C18, 90 以上
—	油菠醪	CH3 (CH2) 7CH=CH (CH2) 7COOH	—	—	—
			羟值	熔点/℃	纯度%
十二醇	月桂醇	CH3 (CH2) 10CH2OH	295 ~ 305	23 ~ 27	C12, 95 以上
十四醪	蔻酸醇	CH3 (CH2) 13CH2H	240 ~ 260	37 ~ 43	C14, 95 以上
十六醇	鲸蜡醇	CH3 (CH2) 14CH2H	210 ~ 230	48 ~ 54	C16, 80 以上
十八醇	硬脂酸醇酯	CH3 (CH2) 18CH2OH	200 ~ 210	58 ~ 63	C18, 95 以上
			皂化值		纯度/%
十二酸甲酯	月桂酸甲酯	CH3 (CH2) 10COOCH3	256 ~ 260		C12, 48 以上
十四酸甲酯	蔻酸甲酯	CH3 (CH2) 16COOCH3	235 ~ 240		C14, 90 以上
十六酸甲酯	棕榈酸甲酯	CH3 (CH2) 14COOCH3	220 ~ 226		C16, 90 以上
十八酸丁酯	硬脂酸丁酯	CH3 (CH2) 16COO (CH2) 3CH3	165 ~ 173		C18, 55 以上
—	油酸甲酯	CH3 (CH2) 7=CH (CH2) 7COOCH3	185 ~ 196		C18, 66 以上

表 5 - 23　添加剂对轧制油性能的影响

种 类	添加量/%	油膜厚度	油膜强度	润湿性	热安定性	光泽	抗油斑	适用温度/℃
脂肪酸（R - COOH）	<1	薄	强	良	差	优	差	80 ~ 100
酯（R - COOR）	0.5 ~ 4	厚	强	差	良	可	可	200
醇（R - OH）	0.5 ~ 3	薄	弱	优	可	良	良	40 ~ 110

（4）对于典型的铝材轧制添加剂酸、醇和酯，相同碳链长时，达到同样的润滑效果，酯要求的浓度最高、醇的次之；

（5）当两种以上添加剂复合使用时，油膜强度高于组成的任一种添加剂单独使用时的强度；

（6）添加剂的碳链长和基础油的碳链长及结构相近时，有更好的润滑性能和表面光泽；

（7）醇和酸不同时使用。

5.6.3.4　常用的添加剂组成

常用添加剂的组成见表 5 - 24。

表 5 - 24　常用添加剂的组成

常用添加剂	Wyrol 12	Wyrol 10
醇（主要是 C14 醇）/%	80	—
酯/%	10	50
基础油/%	10	50

Wyrol 10 和 Wyrol 12 的红外光谱图如图 5 - 29 和图 5 - 30 所示。

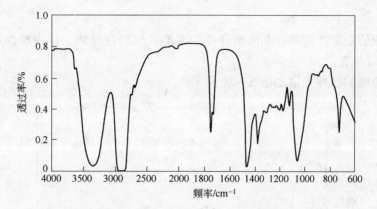

图 5-29 Wyrol 12 的红外光谱图

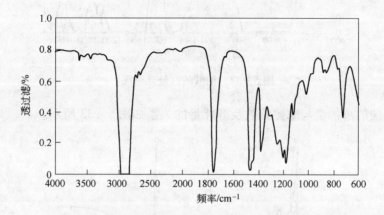

图 5-30 Wyrol 10 的红外光谱图

5.6.3.5 常用添加剂含量和摩擦特性

（1）脂肪酸的添加量与摩擦系数的关系如图 5-31 所示。

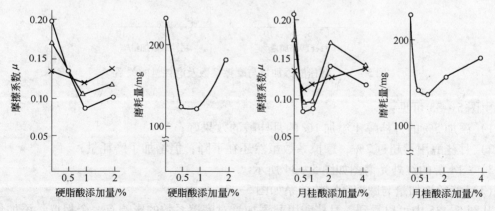

图 5-31 脂肪酸的添加量与摩擦特性的关系

从图 5-31 可见：

1）摩擦系数曲线和磨耗量曲线走势是一致的。

2）脂肪酸的添加量通常为 0.10% ~ 0.2%，不宜超过 0.5%，过多不但无益反而有害。

3）脂肪酸的安定性较差，和醇结合可生成酯，故消耗较快，作为添加剂使用，必须每天化验并及时补充。

4）常用油酸的红外光谱如图 5 – 32 所示。

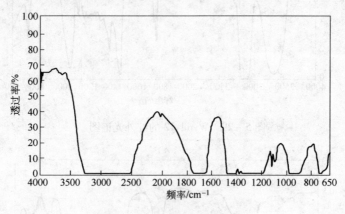

图 5 – 32　油酸的红外光谱图

（2）月桂酸的添加量与摩擦系数及磨耗量的关系如图 5 – 33 所示。

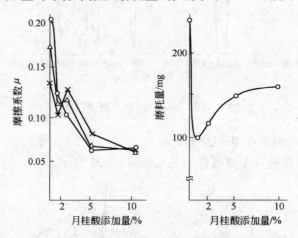

图 5 – 33　月桂酸添加量与摩擦系数及磨耗量的关系

由图 5 – 33 可见：

1）添加 5% 的月桂醇比添加 1% 的月桂酸的效果好；

2）月桂醇用量超过 2%，摩擦系数虽然还在下降，但增加了磨耗量；

3）C14 醇的红外光谱图如图 5 – 34 所示。

（3）酯的添加量与摩擦系数的关系如图 5 – 35 所示。

从图 5 – 35 中可以看到，月桂酸甲酯添加量对摩擦系数的影响有一个拐点，添加量不宜超过 2%。

5.6.3.6　用红外光谱检测添加剂的含量

用化学分析法检测添加剂的含量比较准确，但较麻烦，费时。用红外光谱检测，要有标定曲线。图 5 – 36 是用红外光谱法检测的一例。

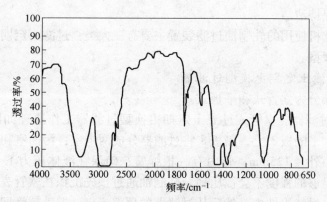

图 5 - 34　C14 醇的红外光谱图

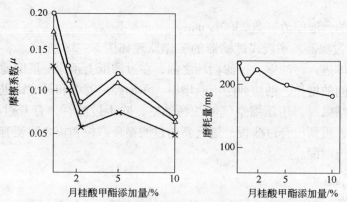

图 5 - 35　月桂酸甲酯添加量与摩擦系数以及磨耗量的关系

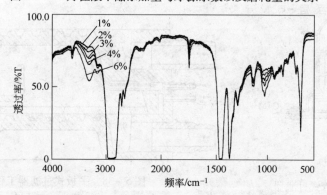

图 5 - 36　用红外光谱法检测添加剂含量

5.6.3.7　使用经验总结

（1）两种以上添加剂复合使用，其油膜强度高于单体使用；

（2）用浓度小的轧制油生产时铝箔表面更光亮。

5.6.4　轧制油的过滤

随着轧制速度的提高，特别是用铸轧毛料轧制铝箔时，轧制油的污染更加严重。在轧制过程中由于轧辊和箔的摩擦产生大量铝粉，使轧制油变黑，铝粉颗粒直径大部分在 $5\mu m$ 以下，很难用一般的方法除掉。为此需要全流过滤，使轧制油每一个使用循环都要经过过滤而始终保持清洁。

现代化铝箔轧机使用的轧制油过滤装置主要有三大类：过滤土定期更换型、静电分离型、固体颗粒凝聚型。

5.6.4.1　过滤土定期更换型过滤器

这类过滤器又分为立管式和平板式。

（1）立管式过滤器。立管式过滤土定期更换型过滤器工作原理如图 5 - 37 所示。过滤组件 4 固定在水平隔板 3 上，隔板 8 将过滤器分成两个室：污油室和净油室。所有软管都是金属编织的，外径 125mm，管内有一根弹簧，确保在液体压力下金属丝有足够的压力。过滤组件有足够的强度不会被压扁。轧制油通过预先沉积在软管表面上的很薄的粉末层过滤。净油进入过滤组件内。然后从过滤器的顶部流出，振动软管即可除掉过滤组件外部污染的粉末层。

管式过滤器的过滤能力可达 2300L/min。

（2）平板式过滤器。平板式过滤器的工作原理如图 5 - 38 所示。来自搅拌箱的污油和硅藻土的混合体进入污油室。过滤循环之前，在过滤纸上预涂一层助滤剂，在工作循环中，随着工作时间的增长，助滤剂层不断增厚。污油经过滤纸和过滤饼进入净油室流回净油箱。过滤循环结束时，用压缩空气吹洗污油室，吹干过滤饼，打开过滤板，移动过滤纸，排出过滤饼，重新压合过滤板，进行新的过滤循环。板和板之间还有由油流形成的真空槽沟，防止油流泄漏。

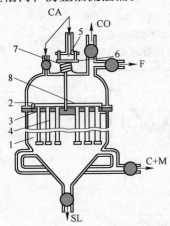

图 5 - 37　立管式过滤器

1—污油室；2—净油室；3—水平隔板；
4—过滤组件；5—胶囊；6—钢筋支架；
7—弹簧；8—隔板；CA—压缩空气；
CO—净油；F—形成沉积层的过滤液；
C＋M—沉积层悬浮液的供给和过渡时
污油的供给；SL—残渣

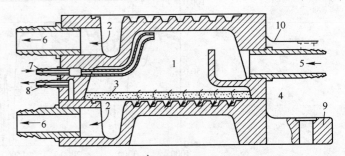

图 5 - 38　平板式过滤器工作原理

1—污油；2—净油；3—过滤介质；4—过滤纸；
5—污油入口；6—净油出口；7—吹扫空气；
8—真空吸管；9—下滤板；10—上滤板

5.6.4.2　静电分离型

静电分离型过滤器分离器由两个相互平行连接的直径为 200mm 的圆筒构成（图 5 - 39）。每个圆筒内装有一个高压电极，筒内有高电阻率的陶瓷或玻璃球。污油流经圆筒时，在静电场的作用下，杂质被玻璃球吸附并凝聚在球表面上。定期断电用从筒底流入的逆流清洗玻璃球，清洗用油返回单独的清洗油箱，用高速离心机除掉固体杂质。

5.6.4.3 固体颗粒凝聚型过滤器

这种过滤器是使污油流经一个强力搅拌器，在搅拌的同时加入约 0.1% 的浓缩碳酸钠溶液。固体颗粒与凝聚液发生反应，然后进入离心式倾注分离机使固体颗粒分离并清除掉。

在现代化的铝箔轧机上使用最普遍的是平板式过滤器。后两种使用较少。

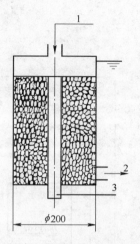

图 5-39 静电分离型过滤器
1—污油入口；2—净油出口；
3—直流电极

5.6.5 平板过滤器

5.6.5.1 最新结构的平板过滤器

最新结构的平板过滤器如图 5-40 所示。

它的最大特点是在确保更高的过滤效果的同时，运行条件更为环保。例如，过滤土不是人工倒入搅拌器而是真空吸入。过滤完了的过滤纸和过滤土是分开的，不再混在一起，运行中，用过的过滤纸和过滤土是在封闭空间，将前者卷成卷经过反复冲洗还可以重新使用，既改善了环境又降低了成本（见图 5-40 中右侧，白色的卷帘门打开一半）。过滤板组的打开和关闭改用液压驱动，封闭压力可调，再加上高品质的管路组件，断绝了轧制油泄露。

图 5-40 最新结构的平板过滤器

5.6.5.2 平板过滤器工作原理

平板过滤器工作原理，如图 5-41 所示。

在过滤器中串好过滤纸之后，过滤器的一个循环包括：过滤板闭合，预涂层，涂层过滤，吹干过滤土，打开过滤板，更换过滤纸。

过滤过程，污油输出泵把污油经 CV_2 送到平板组，有一少部分油经喷射器 E_1 不断地返回污油输出泵的吸入侧。装进搅拌器中的油和过滤介质混合物通过喷嘴 E_1 的抽吸效应送进小循环和污油输出泵的吸入侧，在 CV_9 打开后过滤介质就供到平板过滤器并分布在过滤纸上。在过滤循环（一次涂层）第一步过程中 CV_5 是打开的而 CV_4 以及 CV_3 是关闭的。因此在这一过程中油被打回油箱的污油格。在一次涂层有了厚约 1mm 的过滤介质层之后，系统自动转换到二次涂层过滤，这样 CV_5 关闭 CV_4 打开。这时经过过滤的油流通

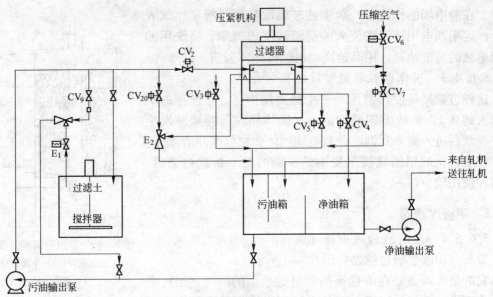

图5-41 平板过滤器系统工作原理示意图

过 CV_4 进入主油箱的净油箱。当过滤器内部压力指示达到 $4.0 \times 10^5 Pa$ 时，过滤器100%污染，在整个过滤过程中，滤饼不断增厚但保持一定的空隙率，凭借助滤剂的不可压缩性所形成的弯曲通道和无数微孔滤掉轧制油中的固体颗粒、极细微粒和氧化物形成的胶质。过滤过程终了，压缩空气对过滤饼进行吹干，打开过滤板，更换过滤纸，进入下一个循环。整个过程是全自动的。

5.6.5.3 过滤能力

过滤能力取决于板数，每块过滤板的面积约 $1m^2$。总过滤能力为 $800 \sim 1400 L/min$。

5.6.5.4 过滤精度

过滤后的效果取决过滤器的品质、过滤纸材质、硅藻土与漂白土的粒度和配比以及运行管理。现场实测的过滤后净油最好的在 NAS 3-4 级（杂质颗粒直径大于 $5\mu m$ 的数量在 $2000 \sim 4000/(100mL)$），净油中杂质含量可小于 $35mg/L$（NAS 美国航天标准）。

5.6.5.5 过滤介质喷射量的调控

根据轧制油的清洁程度和轧制负荷的大小，过滤介质的喷射量是可以调控的。喷射阀 CV_9 是间歇工作的。调节控制 CV_9 的时间继电器的百分比可以调控搅拌器中混合物从混合箱中输出的量。假定：从搅拌器箱中输出的量能使 1000L 的时间继电器运行30s，假设 30s = 100%，喷射器 E_1 每 1min 供应7L混合物。标准过滤器的适应周期为24h，则：

全滤层，全过滤周期（24h）	10%
全滤层，半过滤周期（12h）	20%
部分滤层（75%），全过滤周期	7.5%
部分滤层（50%），全过滤周期	5%
部分滤层（75%），半过滤周期	15%
部分滤层（50%），半过滤周期	10%

其他值：

F_t——过滤器适用周期，h；

P_t——百分比时间继电器调整值,%;

T_m——过滤器的部分滤层（散布量，L）。

（1）采用全滤层的部分过滤周期：（在不到24h 的时间内喷射1000L）

$$P_t = \frac{1000 \times 100 \times 24}{7 \times 1440 \times F_t}, \text{ 即近似 } P_t = \frac{240}{F_t}$$

（2）采用部分滤层周期：（在不到24h 的时间，喷射量小于1000L）

$$P_t = \frac{1000 \times 100 \times 24 \times T_m}{7 \times 1440 \times F_t \times 100}, \text{ 即近似 } P_t = \frac{24 \times T_m}{F_t \times 100}$$

（3）采用部分滤层的全过滤周期：（在24h 的时间喷射量小于1000L）

$$P_t = \frac{1000 \times 100 \times T_m}{7 \times 1440 \times 1000}, \text{ 即近似 } P_t = \frac{24 \times T_m}{100}$$

当采用全滤层与全过滤周期运行时，在使用合适的助滤剂的情况下，运行一个周期过滤饼的厚度为8～10mm。当过滤饼的厚度超过10mm 时，由于过滤饼的增厚使过滤速度变得很低，再继续进行就不经济了，过滤效果也会变差，已失去过滤作用，这时应停止过滤，进行吹扫、干燥、排渣后开始新的过滤循环。

5.6.6 过滤介质

平板过滤器使用的过滤介质有：硅藻土、漂白土和过滤纸。由硅藻土、漂白土和轧制油混合组成助滤剂。

5.6.6.1 硅藻土的作用

硅藻土是一种古代单细胞硅藻微生物的残骸沉积物，其主要化学组成是 SiO_2 占80%以上，由于本身的多孔性（图5-42 和图5-43），它能吸收本身重量的1～4 倍的液体。在过滤过程中，作为一种辅助物质加入滤浆中，可改变滤浆中固体颗粒的分布和滤饼的性能，促进物料的过滤。但是要特别注意的是，硅藻土只能机械地过滤掉直径大于 $1\mu m$ 的固体颗粒[13]。

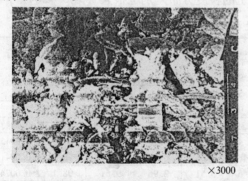
×3000

图5-42 我国某厂的标流硅藻土

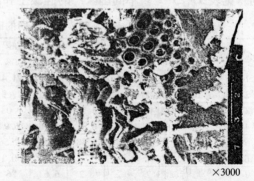
×3000

图5-43 日本某厂的标流硅藻土

5.6.6.2 硅藻土的化学成分

$SiO_2 > 90\%$，$Al_2O_3 < 3.5\%$，$Fe_2O_3 < 1.5\%$。

5.6.6.3 漂白土

存在于自然界中的一种有极性的黏土，也是可以经酸性活化的膨润土，不是多孔的。

由于本身的极性或经过酸性活化处理，具有一定的表面活性，是典型的酸性催化剂，借助表面酸性促使油品中的带色集团发生化学变化，主要是裂解而转变成无色集团物，同时也可以促使油品中的带色胶粒（极细的胶状固体颗粒，粒径小于 $1\mu m$）聚合成大颗粒便于滤除。所以，仅仅使用硅藻土不使用漂白土或使用漂白土的量太少，粒径小于 $1\mu m$ 的杂质就无法除掉，但是由于漂白土有明显的极性，加量过多就会带走轧制油中的添加剂，影响润滑效果。另外由于漂白土是非压缩性颗粒，可以减少滤饼的压缩率，增加空隙率，有利于过滤。其主要化学成分与硅藻土的类似：

$SiO_2 > 80\%$，$Al_2O_3 < 12\%$，$Fe_2O_3 < 0.5\%$，游离酸 $< 2mgKOH/g$，pH 值 $4 \sim 8$，水分 $< 5\%$

5.6.6.4　助滤剂

硅藻土和漂白土在搅拌箱中混合搅拌与轧制油一起形成助滤剂，助滤剂改变了硅藻土和漂白土的粒度分布，这种分布不是简单的平均综合，而是适合所用工艺的重新组合，如图 5 - 43 所示。这种组合使过滤饼具备了能够满足过滤周期又能够满足净化的过滤性能，促进了过滤作用。

从图 5 - 44 可以看到：

（1）单组分的硅藻土、漂白土的粒径都接近正态分布；

（2）混合后的助滤剂的粒径也接近正态分布；

（3）标流硅藻土的粒径分布虽然和三者"1:1:1"混合后的粒径分布很接近，但其性能却完全不同，见表 5 - 25。

5.6.6.5　硅藻土和漂白土的粒度

硅藻土和漂白土的粒度不同，过滤性能不同，见表 5 - 25[14]。不同国家产的硅藻土和漂白土的粒度分布差别也很大（表 5 - 26）。

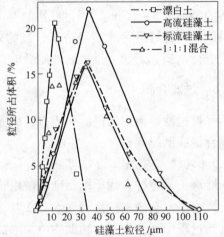

图 5 - 44　硅藻土和漂白土混合后的粒径分布

表 5 - 25　粒度不同的硅藻土和漂白土的过滤性能

序号	组　分	粒度/μm				堆密度 /g·cm⁻³	k 达西	pH 值	透光率 /%	灰分
		平均	10%	50%	90%					
1	100% 中国标流	7.49	5.6	21.4	49.9	0.67	2.19	—	—	—
2	100% 中国高流	8.74	7.13	27.9	53.5	0.43	3.1	—	—	—
3	100% 漂白土	5.54	3.17	9.08	22.9	1.05	0.015	—	98.9	0.0043
4	标:高:白 1:1:1	6.81	4.76	16.94	41.39	0.71	0.93	7.25	98.9	0.0043
5	2:1:1	6.88	4.85	17.56	44.4	0.69	0.92	7.20	99.1	0.0045
6	1:2:1	7.2	5.19	30.0	44	0.63	0.95	7.17	98.9	0.0041
7	标:高 1:2	8.2	6.63	26	49.6	0.51	2.96	9.61	98.1	0.0074
8	2:1	7.8	5.95	23.52	47.8	0.59	2.65	9.68	98.5	0.0068
9	标:高:白 1:1:1	7.77	8.22	24.16	47.99	0.54	2.89	9.64	98.8	0.0059

　　注：1. "标:高:白"代表标流硅藻土、高流硅藻土、漂白土的质量比。

　　　　2. k—渗透率，单位为 Darcy，其含义是：在压差为 1 大气压滤饼厚度为 1cm 的条件下，每秒钟内通过 1cm² 过滤面积黏度为 1cm·Pa 流体的流量（mL）。

　　　　3. 透光率：在"721"型分光光度计上，在 500nm 波长处，以纯净水作为参比，用 1cm 厚比色皿进行透光率的比较。

透光率的检测表明，影响透光率的主要因素是轧制油中铝粉的含量。杂油的混入和添加剂的含量对透光率均无影响。

表5-25表明：

（1）单一组分的硅藻土的渗透率高，满足不了过滤的要求。为了满足过滤要求，过滤土常以两种或两种以上组合形式应用。

（2）不加漂白土的过滤土，渗透率仍然偏高，而且过滤后的轧制油 pH 值偏高，透光率平均高 0.5%，灰分也高。

不同国家硅藻土和漂白土的粒度分布见表5-26。

表5-26　不同国家的硅藻土和漂白土的粒度分布　　（%）

来源＼粒度/目	>40	40~20	20~10	10~6	6~2	<2
英国	9	15.6	27.5	25	19.7	3
美国	2.1	0.7	10.7	22	50.3	14.2
德国	0.86	7.4	47.3	30.5	10.6	3.34
日本标流	3	6	25	42	18	6
日本高流	8	18	31	34	8	1
现行Ⅰ标流	22.67	40.07	19.32	11.21	6.39	0.36
现行Ⅰ高流	31.56	42.08	14.6	7.43	4.3	0.21
现行Ⅱ	4.7	28.4	47.4	14.2	2.9	2.4
日本漂白土	27	20.2	26.3	—	26.5	—
中国漂白土	—	24.94	31.09	26.76	16.23	0.98
中国津石厂	24.57	44.63	17.9	8.7	3.91	0.3

对来自不同国家的硅藻土和漂白土的粒度分布和国产的统计表明，通常也是呈"正态分布"，如图5-45和图5-46所示。

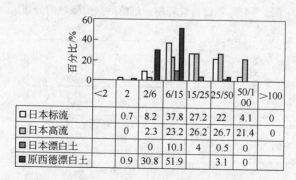

	<2	2	2/6	6/15	15/25	25/50	50/100	>100
日本标流		0.7	8.2	37.8	27.2	22	4.1	0
日本高流		0	2.3	23.2	26.2	26.7	21.4	0
日本漂白土			0	10.1	4	0.5	0	
原西德漂白土		0.9	30.8	51.9		3.1	0	

图5-45　国外过滤土的颗粒分布

为提高过滤效果，常采用两种以上粗细不同的助滤剂混合物以提高过滤效率。

5.6.6.6　污油中的杂质（铝粉）颗粒和分布

根据过滤理论中颗粒尺寸分布相近原理，正态分布的微粒用呈正态分布的助滤剂清除最为有效。由于轧辊表面的粗糙度不同，轧制工艺不同，被磨下来的铝粉的颗粒大小也不一样，颗粒大小分布是不同的。由于轧辊表面粗糙度的分布近似呈正态分布（图5-47），从图5-47中可以看到，磨下来的磨屑也呈近似的"正态分布"（图5-48），采用 UCC

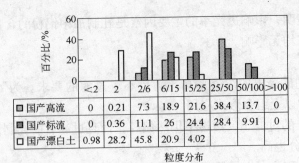

图 5 - 46 国产过滤土的颗粒分布

公司 CM20 便携式激光油液污染检测仪，测出的是 $>2\mu m$ 的颗粒，而 $<2\mu m$ 的颗粒没有测出来，按国外文献报道[15]颗粒直径小于 $1\mu m$ 的约占 0.01%，我们把小于 $2\mu m$ 的颗粒算作 0.1%。小于 $2\mu m$ 的杂质颗粒，经过 $0.2\mu m$ 过滤纸反复过滤后，其杂质颗粒的分布见图 5 - 48。

当轧制油中添加剂不同和轧制合金不同时，所产生的杂质颗粒的数量也是不同的，参见图 5 - 49 和图 5 - 50。

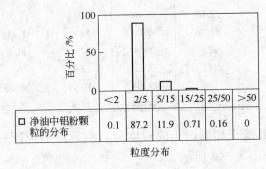

图 5 - 47 铝带冷轧轧制油过滤后杂质颗粒的分布

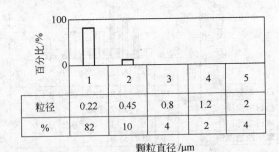

图 5 - 48 粒径小于 $2\mu m$ 杂质颗粒的分布

5.6.6.7 轧制中产生的铝粉量

轧制时，在咬入弧内铝箔表面和轧辊表面受到高强度的剪应力作用会产生大量铝粉，所产生的铝粉的量 ϕ （L/h 或 g/h），据日本学者上妻正大介绍，可按下式计算[16]：

$$\phi = 2 \times (0.6 \sim 1.0)bL' \qquad (5 - 4)$$

式中　b——料卷宽，m；

L'——接触弧长，mm；

L——单位时间内轧制的总长度。

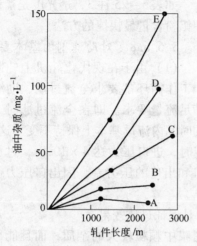

图 5 - 49 用不同添加剂轧制时产生的杂质颗粒的含量

A—脂肪酸丁基酯；B—脂肪酸辛基酯；C—脂肪酸甲基酯；

D—醇；E—脂肪酸

材料：5052；规格：0.87mm×100mm；

压下量：30%；轧制速度：20m/min

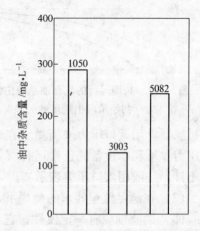

图 5 - 50 轧制合金不同时杂质的含量

材料规格：1.2×100；

压下量：30%；速度：20m/min；长度100mm

不难看出上式的含义表示：在整卷的轧制过程中，在咬入弧上，料卷的上下面各磨下厚度相当 0.6～1.0μm 那么厚的一层铝粉，铝粉的堆密度为 1.0g/cm³。

一天沉积在轧制油中的铝粉量 C：

$$C = \frac{\eta^\tau + q}{Q}$$

式中　C——系统内全部铝粉量，kg；

η——过滤效率；

τ——过滤处理量，kg/d；

Q——时间，d。

系统内，长时间铝粉的积累量为

$$\delta = \frac{\varphi}{\eta^\tau + q}$$

上式表明，长期运行的轧制油系统中铝粉含量与初始阶段铝粉含量无关，见图 5 - 51。

在实际运行中还要考虑的是：

（1）轧制铸轧料比轧制热轧料产生的铝粉多。

（2）粗轧轧辊表面粗糙度大，铝粉产生的多，但铝粉尺寸大，过滤效果好。

（3）精轧轧辊表面粗糙度小，铝粉产生的相对较少，但铝粉颗粒尺寸小，过滤效果差。

（4）中轧轧制速度高，单位时间产生的铝粉多。

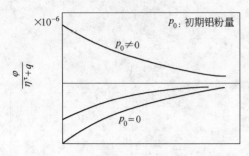

图 5 – 51 长期运行的轧制油系统中铝粉量和
初始阶段铝粉量的关系

（5）轧制温度低，油膜强度高，磨损小，产生的铝粉少。

如表 5 – 25 注 3，透光度是衡量轧制油中铝粉含量最快捷的方法。

5.6.6.8 对助滤剂的基本要求

（1）由于在现代化轧机上轧制油每一个工作循环都要求全流过滤，助滤剂必需满足流量要求。即在全流过滤时，在规定的时间内流量基本上保持不变。这一特性，在过滤器上用入口压力来衡量。在 24h 连续运转时，进口压力达 $4 \times 10^5 Pa$，过早达到规定压力，不利于设备的正常运行（严格讲是入口和出口的压力差，因出口压力很小可忽略不计，一般用入口压力表示）。

（2）在满足流量要求的前提下，当然重要的是保证过滤效果。

（3）助滤剂应有一定极性，它不但能截留滤浆中颗粒较大的杂质，而且能靠极性作用吸附颗粒较小的胶质。

（4）过滤后的净油应清澈。当污油透光率不低于 80% 时，净油透光率不应低于 90%。

（5）污油过滤后灰分不应增加，经 24h 沉淀不应有可见的沉淀物。

（6）在过滤过程中，助滤剂不能截留轧制油中的添加剂。

（7）不含有害健康的成分。

（8）不能含有影响运行的杂质。

（9）品质均一。

（10）颗粒分布应接近正态分布，分布范围窄。

5.6.6.9 过滤纸

过滤纸的作用有两个：

（1）过滤轧制油。

其材质不同，也会影响过滤效果，如图 5 – 52 所示[17]。

（2）支撑过滤介质。

规格：厚度：0.2 ~ 0.35mm；抗拉强度：$19.6 ~ 39.2 \times 10^{12} Pa$；破裂强度：$26.46 ~ 34.3 \times 10^4 Pa$。

5.6.6.10 过滤效果的检测

（1）重量法：取 100mL 轧制油，经过滤能力 <1μm 的过滤后，干燥称重（<35mg/L）；

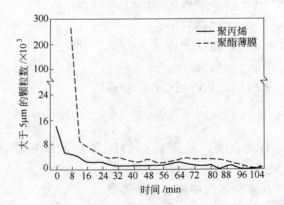

图 5 – 52 不同过滤纸的过滤效果

（2）使用激光油液污染检测仪检测颗粒数量和分布。

（3）用透光率评价：见 5.6.6.7。

5.6.7 轧制油的管理

5.6.7.1 等效轧制油的更换

在准备采用新的品牌轧制油更换在用轧制油时，仅仅根据轧制油的化验指标相近是不够的，必须通过现场工艺参数的仔细对比才能作出准确的判断。现场工艺参数的对比应包括以下项目：

(1) 给定工艺条件下的压下量和最大压下量（主机功率和轧制力的对比）；

(2) 表面品质；

(3) 板形的"I"单位统计值或断面厚度的横向分布；

(4) 双合轧制的暗面品质；

(5) 给定工艺条件下的轧制速度和最高轧制速度；

(6) 在相同轧制速度条件下的铝箔厚度；

(7) 后张力；

(8) 辊形控制能力（达到相同控制效果的轧制油的总流量）；

(9) 前滑值；

(10) 气味；

(11) 油斑和油粘。

将以上 11 个指标的统计结果，分成三个级别，进行综合评定（A：符合对基础油的要求，效果比较理想；B：符合对基础油的一般要求，可以满足生产；C：与基础油的一般要求相比效果较差，应予改进），依"A"多的为选用对象。基础油和添加剂应分别进行，也就是说，基础油和添加剂不要同时更换。

5.6.7.2 轧制油的管理标准

轧制油的管理标准见表 5−27。

表 5−27 轧制油的管理标准

管理项目	目 的	频 度
黏度(40℃)/cSt	黏度上升表明有其他黏油混入，会引起轧制速度下降，退火时脱脂不良，引起油斑	1 次/周
酸值(KOH)/mg·(g)$^{-1}$	代表油中所含酸量	1 次/周
皂化值/mg·(gKOH)$^{-1}$	了解油中酯的含量	1 次/周
羟值/mg·(gKOH)$^{-1}$	了解油中醇的含量	1 次/周
灰分/%	代表油中磨耗粉的含量	1 次/周
馏程/℃	终馏点上升，表明有其他黏油混入，油质劣化	1 次/周
残油/mL	杂油混入增多，脱脂不良机率增大	1 次/周
水分/×10^{-6}	超标会引起铝箔表面腐蚀和白色油粘（Zhan）	1 次/周
透光率/%	对过滤效果的评定。也是对过滤器使用的监督。过净容易引起火灾，过脏影响铝箔表面品质	1 次/天

注：对酸值、皂化值、羟值的分析是为了了解添加剂的含量，能够单独分析每种添加剂的含量最好。

5.6.7.3　轧制油的报废标准

轧制油使用到什么程度需全部更换？可以参考以下指标：

（1）黏度：比规定值大 0.3；

（2）馏程：比使用开始的馏程差大于 10℃；

（3）残油：大于 8mL；

（4）油盒污染试验：大于 3 级；

（5）水分：大于 200×10^{-6}。

轧制油达到上述指标，或轧制品质明显下降，经加入油箱实际油量的 20% 新油，情况没有改善，说明轧制油须全部更换。

5.6.8　油雾回收

5.6.8.1　油雾浓度

（1）在带材轧制的轧机周围产生大量油雾。对冷轧使用 SOMENTOR 35 轧制油所产生的油雾的颗粒大小的测定结果如下[15]：

粒径大小/μm	质量分数/%
>5.4	1.2
5.4～3.6	6.5
3.6～2.4	10.4
2.4～1.6	4.4
1.6～0.8	33.2
0.8～0.48	14.8
0.48～0.32	11.1
<0.32	18.3

（2）油雾浓度：0.03～0.2 g/m³（标态）。

（3）由不锈钢丝和纤维板组成的过滤网的捕捉能力如下：

捕捉粒径/μm	可收集能力/%
>2	95
1～2	75
<1	20

5.6.8.2　AIRPURE 油雾回收装置

AIRPURE 油雾回收装置的工作原理如图 5-53 所示。

由排烟罩收集的油雾经过筛网 3 过滤后排入大气，排出前先经过清洗液反清洗和真空蒸馏处理，因而排出的气体就不会污染大气，回收的油可重新使用。

AIRPURE 油雾回收装置由德国 AHENBACH 公司首创，于 1975 年在阿卢诺夫铝业公司（ALUNORF）投入使用，当排烟风机能力为 120000m³/h 时的工作效果见表 5-28 和表 5-29。

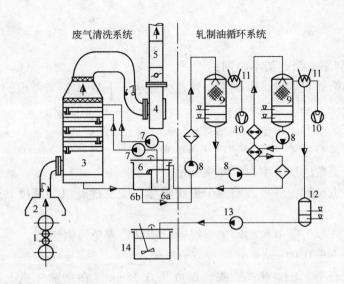

图 5 - 53　AIRPURE 油雾回收装置的工作原理

1—轧机；2—排烟罩；3—筛网过滤；4—风机；5—排烟道；6—清洗溶液箱；7，8—供给泵；
9—真空蒸馏；10—真空泵；11—冷凝器；12—轧制油油箱；13—轧制油泵；14—搅拌器

表 5 - 28　油雾浓度（油滴和油雾含碳合计）

项　目	清洗前(标态)/mg C · (m³ 烟) $^{-1}$	清洗后(标态)/mg C · (m³ 烟) $^{-1}$
平均值	497.2	45
最大值	555.9	48.7
最小值	422.4	39.8

表 5 - 29　轧制油（油滴）

项　目	清洗前(标态)/mg 油 · (m³ 油) $^{-1}$	清洗后/mg 油 · (m³ 油) $^{-1}$
平均值	32.5	3.0
最大值	39.3	3.9
最小值	29.1	2.3
效率	90.8	
轧制油回收率/L · (工作 h) $^{-1}$	约80	

　　AIRPURE 油雾回收装置造价较高，我国采用的比较晚。进入 21 世纪，对环保和节能要求越来越高，我国自行设计和制造的同类装置已成功用于生产。

5.7　轧制率系统

　　轧制率系统的字面含义就是指把铝箔坯料用几个道次轧到成品厚度。不过，要轧出厚差小、表面光亮、板形平直、成品率高的铝箔，轧制率系统就和影响铝箔品质的相关因素关系框图中的每一个因素相关。上面已经论述了相关的外部因素，下面将论述直接影响轧制率系统的内部因素。

5.7.1 压下量

（1）编制轧制率系统的基本原则：

1）现代化铝箔轧机的设计基础都是按最大道次压下量 60% 来考虑的（有关规定要查阅设备规格书）；

2）先按每道次相对压下率 50% 考虑；

3）如果来料是 O 状态，第一道次压下率可达 60%；

4）最后一个道次的压下率以 50% 为好；

5）最后一个道次的前一个或前两个道次要尽可能发挥轧机的速度，通常其压下量都大于 50%；

6）尽可能使轧制力随道次的增加呈线性，特别要避免呈锯齿形；

7）最终厚度小于 0.01mm 的产品要双合轧制。

（2）1×××合金，H14 状态，来料厚度为 0.35mm，在高速轧机上轧制产品的厚度为 0.006mm，可供参考的压下量系统：

道　　次	1	2	3	4	5
绝对压下量/mm:	0.35	0.175 – 0.078	– 0.034 –	0.014 – 0.006	
相对压下量/%:		50	55.4	56.0	58.8	57.1

（3）1×××合金，O 状态，来料厚度 0.7mm，在轧制速度低于 1000m/min 的轧机上轧制的产品厚度为 0.006mm，可供参考的压下量系统为：

道　　次	1	2	3	4	5	6
绝对压下量/mm:	0.7	– 0.29 –	0.13 – 0.060	– 0.028 – 0.012	– 0.006	
相对压下量/%:		58.5	55	53.8	53.3	57.1	50

5.7.2 轧制力

轧制力是轧制工艺中的重要参数。为了编制合理的轧制系统，确定和修正轧辊凸度，都需要正确的轧制力为依据。轧制力的计算方法，在很多参考书中都有介绍。但计算结果往往偏差较大。因为计算公式中的很多系数很难和实际吻合。

铝箔轧制在大多数情况下是在无辊缝条件下进行的，要确切地测得材料变形阻力和摩擦系数非常困难。计算冷轧常用的轧制力计算方法如福里尔 – 布莱诺尔（Forel and BI-anol）、特林克斯（Trinks）图表和斯通（Stone）公式的计算结果与箔材轧制时的实际压力分布相差很大，但是缺乏理论依据的埃克伦德（Ekelund）经验公式与实际情况更为接近，所以只列出埃克伦德计算式。

5.7.2.1 埃克伦德计算式

$$\frac{P}{S - \sigma_0} = 1 + \frac{1.6\mu L - 1.2\Delta h}{h_1 + h_2} \tag{5 - 5}$$

式中　P——平均轧制力，MPa；

　　　S——真实变形阻力，MPa；

　　　σ_0——前后张力的平均值，MPa；

　　　h_1——入口厚度，mm；

h_2——出口厚度，mm；

L——接触弧长度 $= \sqrt{R\Delta h}$，mm；

R——工作辊半径，mm；

Δh——$h_1 - h_2$，mm；

μ——摩擦系数。

在式（5-5）的计算中，σ_0（前后张力的平均值），对不同的操纵手、不同道次差别很大。

μ（摩擦系数）对不同道次、不同的轧辊表面粗糙度差别也很大，计算结果和实际出入也比较大。

5.7.2.2 笔者的经验公式

笔者建议采用下面的公式计算铝箔轧制过程的轧制力：

$$P = K \cdot \sigma \cdot W \cdot \sqrt{R\Delta h} \qquad (5-6)$$

式中 σ——材料的屈服极限，N/mm^2；

W——材料的宽度，mm；

R——工作辊的半径，mm；

K——自己的"轧机特性系数"。

轧机特性系数是考虑到在轧制过程中，在所采用的轧机上：温度、摩擦系数、前后张力、真实变形阻力在变形区内的变化、轧辊压扁、轧制速度、轧机刚度等所有影响变数所统计的系数。

由于在现代化轧机上，轧制力是可以精确显示出来的，在试生产阶段，经过认真仔细的统计，利用式（5-6）就可以求出系数 K 值。在计算新的轧制系统时，其计算结果就非常接近实际情况。（注意：在统计和计算时，P 是一个压上缸的轧制力）。

那么，当开始生产没有自己的轧机系数时怎么办？这时可以利用图3-43～图3-60选取。

实践表明，轧制力不是一个定数，按式（5-6）算得的轧制力是一个平均值，其波动范围在 ±25% 以内，是可以接受的。

5.7.2.3 轧制力的作用

在有辊缝轧制中，当轧辊凸度合适，压下量合适，正确的轧制力可以保持变形平直，厚度在所要求的偏差范围之内。在此基础上，增大轧制力会使厚度减薄，带两边更薄，甚至出现波浪。反之，减小轧制力会使带变厚，带两边更厚，带中间出现波浪。

在无辊缝轧制中，当已经取得预期的出口厚度，进一步增大轧制力会增大带宽度以外部分的接触压力并影响辊身的压力分布，从而影响板形。

5.7.2.4 轧制力对辊缝形状的影响

轧制条件：工作辊直径 310mm，支撑辊直径 845mm，辊身长 1930mm，入口厚 0.25mm，出口厚 0.12mm，铝箔宽度 1050mm。

图5-54 是轧制力对辊缝形状影响的一例，轧制力在 1338～1622kN 变化时，辊缝形状的变化（模拟计算结果）[18]。

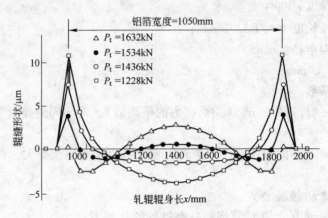

图 5-54 轧制力对辊缝形状的影响

对于铝箔宽度为 1300mm，从 0.35mm 轧至 0.007mm 经过六个道次，轧制力对板形影响的离线实测结果如图 4-55 所示（纵坐标是 $\Delta\varepsilon 10^{-5}$，带长方向的相对变形，即"I"单位，横坐标，以辊身中心"C"对称的宽度，每个小图当中的左侧是操作侧，右侧是驱动侧，轧制力和弯辊力为每侧的数值）。

从图 5-55 中可以看到：粗轧时，轧制力对缓解边紧还有明显作用；精轧时，轧制力对板形几乎没有影响；中轧时，轧制力不适当，会使板形变坏。

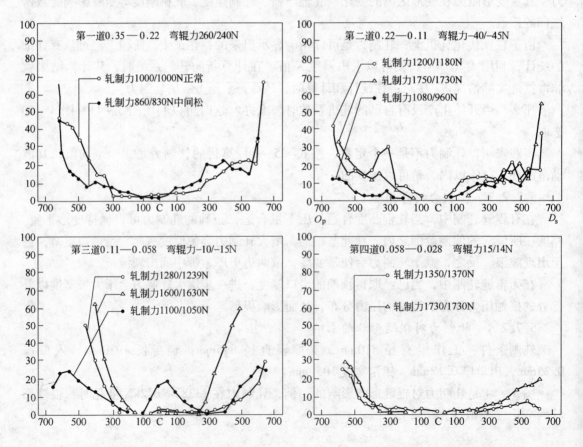

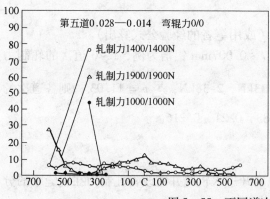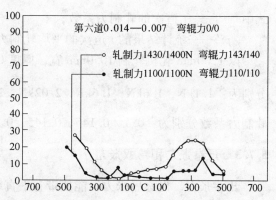

图 5 - 55　不同道次轧制力对板形的影响

5.7.2.5　轧制力对断带次数的影响

大量的统计表明，轧制力对断带次数有明显影响。图 5 - 56 是有代表性的一例。道次轧制力变化较大的轧制过程断带次数较多，轧制力接近粗黑线时，断带次数较少。

对精轧道次也有一个比较合适的轧制力范围，过低，会引起中浪，过高会引起翘边，造成卷取后中间松出现"鼓肚"。精轧轧制力和断带次数的关系如图 5 - 57 所示。

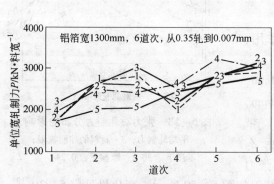

图 5 - 56　轧制力对断带次数的影响
（曲线断带次数/次·t⁻¹）

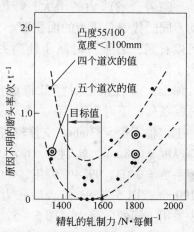

图 5 - 57　精轧道次的轧制力

以上的统计和计算表明，铝箔轧制的轧制力不是一个定值，它是一个范围，在固定的道次和轧辊的凸度条件下，为取得期望的出口厚度，轧制力取中间偏上为好。在取得道次最佳化的结果之后，道次轧制力不要有大的变化。

5.7.2.6　轧制力的最佳化

从图 5 - 56 可以看到，轧制道次和轧制力呈线性关系，随着轧制道次的增加，轧制力有升高的趋势。根据统计，两者的相关系数在 0.75 左右，即两者的相关性还比较密切，因此有必要通过线性回归求出更好的轧制力计算模型。当以轧制力为目的函数时，下式成立：

$$P_i = \dfrac{pi'}{\sum\limits_{i=1}^{i=n} pi} \tag{5-7}$$

式中　P_i——i 道次的轧制力系数;

　　　pi'——统计结果的 i 道次的平均轧制力(或用笔者的经验公式算出)。

以 1200mm 轧机轧制 1050mm 宽,厚度 $0.7 \sim 0.007$mm 铝箔为例,$1 \sim 6$ 道次的轧制力分别为:1.1kN,1.6kN,1.6kN,2.02kN,2.33kN,2.38kN,$\sum_1^6 p = 11.03$,则各道次的轧制力系数分别为:0.1,0.145,0.145,0.183,0.21,0.216。

5.7.3　开卷张力和卷取张力

开卷张力,也称后张力,能使带卷平直地展开进入辊缝并能改善轧制力在辊缝中的分布,从而降低变形抗力。

卷取张力,也称前张力,能使带卷平直地卷在卷取机上,确保轧制顺利。虽然也能改善轧制力在辊缝中的分布,但降低轧制力的作用很有限。

5.7.3.1　开卷张力和卷取张力对轧制力的影响(图 5-58)

在图 5-58 中,图形下面的面积代表轧制力,轧制力合力的位置总是向张力相反的方向移动,随着开卷张力的增大,峰值向出口方向移动,同时代表总压力的面积缩小,从图 5-58 还可以看到,后张力对减小轧制力的作用明显的大于前张力。

那么,前后张力对降低带厚能起的作用,在轧制条件如下时为:

工作辊直径 $=83$mm,支撑辊直径 $=230$mm,入口厚度 $=0.8$mm,轧制力 $=6 \times 10^4$ N/100mm,摩擦系数 $=0.03$,99.4% 纯铝,"O" 状态,带宽 100mm,图 5-59a 代表后张力不变,用 Z_2 代表采用不同的前张力,图 5-59b 代表前张力不变,用 Z_1 代表采用不同的后张力,试验结果如图 5-59 所示,变化量见表 5-30[19]。

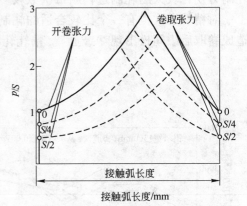

图 5-58　张力对轧制力分布的影响

p—平均轧制力;S—材料的屈服极限;

压下量 30%;摩擦系数 0.244

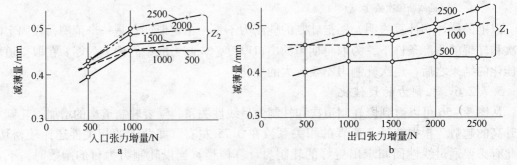

图 5-59　张力对减薄带材厚度的影响

虽然上面的试验轧制条件和现代化轧制差别较大,但其基本趋势还是明显的,当入口张力为 2000N,张力增量为 2000N 时,单位张力已达 50MPa,而使带厚度减薄是张力开始增大的初始阶段。

表5-30 增大张力的厚度变化量

入口张力恒定/N	Z_1 变化/N	出口张力恒定/N	Z_2 变化/N	减薄 Δh/mm
1000	—	—	500~2000	0.03
	500~200	1000	—	0.05
2000	—	—	500~2000	0.04
	500~2000	2000	—	0.06

5.7.3.2 张力在带断面上的分布[20]

理论解析和试验表明，前后张力在带横断面上的分布并不均匀（图5-60和图5-62）。

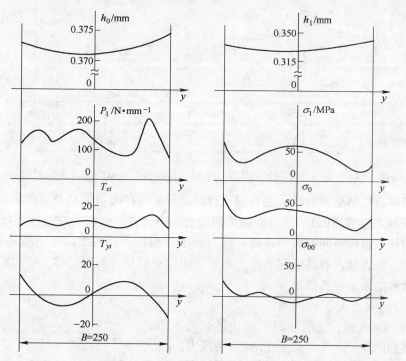

图5-60 当带材中间紧两边松时带材厚度及各力参数横向分布实测结果

h_0—入口厚度，mm；h_1—出口厚度，mm；P_1—单位宽度轧制力，N/mm；σ_1—前张力，MPa；σ_0—后张力，MPa；

T_{xi}—咬入弧上的纵向摩擦力；T_{yi}—咬入弧上的横向摩擦力；σ_{00}—来料纵向残余应力，MPa

试验表明：

（1）受轧制力和弯辊力等影响，两向摩擦力的分布是不均匀的，因此造成前后张力的分布也是不均匀的。

（2）横向单位摩擦力的横向分布规律是：边浪时，在中部大部分的区域内向外，说明金属向内流动，在边部向内，说明金属向外流动且迅速增大；中浪时，沿整个带宽均向内，说明金属向外流动（图5-61）。

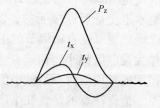

图5-61 轧制力及摩擦力
的分布（实测图形）

以上试验稍感不够完美的地方是，试验材料的板形是中凹形，是带材轧制中最不希望的板形，不过，由于出口板形也是中凹，从几何相似的角度考虑，结论的可靠性还是成立的，现场轧制也证明这一点。

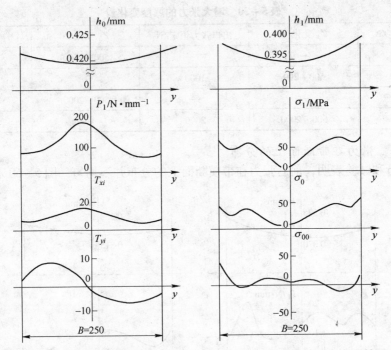

图 5 – 62　当带材中间松两边紧时带材厚度及各力参数横向分布实测结果

在现场双合轧制薄铝箔时,能看到很有趣的现象:在出口带材上有密集分布的纵向条纹(在现场称之为张力线),当轧制的带两边松,中间紧,这些条纹连续不断地从两边均匀地向中间移,跑到中间消失,这时,轧制处于理想状态;反之,张力线从中间向外移,说明中间松,两边紧,容易引起断带。若张力线向一侧移,向哪边移,哪边紧,这一现象和上面的试验结果是一致的。

5.7.3.3　张力大小的选用

对于 99.5% 纯铝,文献 [21] 给出的张力大小的选用参考值如图 5 – 63 所示。图中 σ_0 为后张力,σ_1 为前张力,并建议张力的最大值不超过屈服极限和比例极限的平均算术值。笔者的经验认为,屈服极限和比例极限的值很难测定和查找,用强度极限的二分之一代替屈服极限和比例极限的平均算术值作为张力上限的设定值是可行的也是方便的。其次,各道次后张力,基本不变是可以接受的,但在现代化轧机上,后张力已经成为厚度自动调节的手段之一,操纵手很少干预,作为设定值偏小,而前张力,图中给出的值恰恰是生产中的常用值而不是最小值。

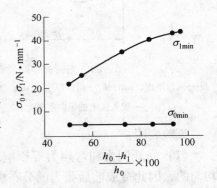

图 5 – 63　铝箔轧制中的张力

值得注意的是,在生产中,操纵手往往偏重于使用较大的前张力,习惯于认为,使用较大张力可以轧得更平,实际是较大的前张力掩盖了不平,使轧制后的卷材更加不平。

正确的操作过程应当是,卷取、升速、调整好板形使轧制进入稳定状态,这时,慢慢地微调减小前张力,当看到板形出现波浪,马上增大一点前张力,看不到波浪时,即是正合适的。如果这时的张力值超过图 5 – 63 中前张力值的 20%,说明其他工艺参数不合适,应对它们加以调整，不能以增大前张力来拉平，铝箔轧制过程中经常使用的前、后张力为 $20 \sim 40 \mathrm{N/mm^2}$。

5.7.4 轧制速度

轧制速度高低直接影响箔材的生产能力。轧制速度越高，生产能力越大。但轧制速度高低又受到其他工艺条件的制约。

5.7.4.1 轧制速度和卷重的关系

采用高速轧制必须有相适应的大直径带卷。因为铝箔轧制的加减速时间会影响带头尾厚度超差。假如加减速时间各为 30s，而加减速造成的厚度超差的部分不超过卷重的 5%，那么速度和卷重存在下列关系：

$$v < \frac{G}{3.24bh} \tag{5-8}$$

式中　G——卷重，kg；

　　　b——带卷宽，mm；

　　　h——出口侧带材厚度，mm；

　　　v——轧制速度，m/s。

按式（5-8）算出的不同宽度、厚度的粗轧第一道次的最高轧制速度如下：

卷重/kg	料宽/mm	出口厚/mm	最高轧速/m·min^{-1}
6000	1200	0.2	462
10000	1600	0.3	382
20000	2000	0.3	617

要提高轧制速度就要缩短加减速时间或改善加减速时的厚度自动调节功能。否则超差废品就会增加。

5.7.4.2 速度与平整度的关系

轧制速度越高，轧制区产生的热量越大，辊型变化越快，板形控制就越困难。熟练操纵手所能控制的速度范围为 $600 \sim 900 \mathrm{m/min}$，轧制速度超过 $1000 \mathrm{m/min}$ 时，为了控制板形，就要采用板形自动控制系统。自动控制可使铝箔的在线平整度达到 10I，手动控制的最高水平为 $80 \sim 100 \mathrm{I}$。

5.7.4.3 轧制速度和表面光亮度的关系

在其他工艺条件相同时，轧制速度高，箔材表面光亮度就差。当铝箔表面光亮度要求高时，双合轧制速度一般不超过 $600 \mathrm{m/min}$。

5.7.4.4 轧制速度和主机功率

轧制速度高，要有足够的主机功率，在轧制厚度范围比较大的所谓万能轧机上，为了充分发挥主机功率，使较薄的轧制道次达到高速度，在较厚的粗轧道次要达到高速度就受到限制。校核主机功率粗略的计算式（作为工业计算其精度是足够的）如下：

$$N = \frac{\pi M n}{30} \tag{5-9}$$

式中，N 为主机功率，kW；n 为主机转数；M 为轧制力矩，$M = PL$，其中 $L = \sqrt{R \Delta h}$，L 为咬入弧长，R 为工作辊半径，Δh 为道次绝对压下量，P 为轧制力（用经验公式算出的）。

5.7.4.5 轧制速度和来料厚度均匀性的关系

当来料厚度有周期性波动时，如果波动频率过大，就会影响出口厚度偏差的大小。例如，铸轧坯料有时会出现在轧辊一个周长上出现四个超差峰值的现象，如图 5-64 所示。

此时，波动峰距为 0.75m，若轧制速度为 1000m/min，相当于轧制每米需要 0.045s，其干扰频率为 22.2Hz，远远超过轧机液压系统的调解能力（一般为 10Hz）。

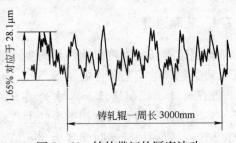

图 5-64 铸轧带坯的厚度波动

为确保轧机的厚度调解能力，每个道次的轧制速度都要适当调解。

5.7.4.6 轧制速度与厚度的关系

当前、后张力和轧制力保持不变时。随着轧制速度的提高，铝箔会变薄。反之亦然。这就是人们所熟知的速度效应。

笔者在 260/700×1600mm 四辊不可逆轧机上试验时，证明速度效应存在以下的关系[22]：

（1）用 $t=f(v)$ 表示速度效应，其中 t 为箔材厚度（μm），v 为轧制速度（m/min），设 $dt/dv=K$，称 K 为速度效应系数，则 K 值较大的区域为速度效应敏感区。

（2）出口厚度不同，速度效应也不同。不同出口厚度的速度效应敏感区和 K 值的关系见表 5-31。

表 5-31 不同速度区域的平均 K 值

出口厚度/μm	速度区/m·min⁻¹										
	100~200	200~300	300~400	400~500	500~600	600~700	700~800	800~900	900~1000	1000~1100	1100~1200
200	8~16	8~16	8~16	8~16	8~16	8~16	8~16	8~16	8~16	8~16	8~16
100	7~10	7~10	7~10	7~10	7~10	7~10	5~6	约4	约4	约3	约2
50	5~8	5~8	5~8	5~8	5~8	约4	约4	约2	约2	约2	约2
30	约6	约5	约5	约5	约2.5	约2	约1	约1	—	—	
15	约3	约3	约3	约2.5	约2	约2.5	约1	约0.5	约0.5	—	—

（3）粗轧时 $t=f(v)$ 近似直线。直线斜率与轧制力有关，轧制力大，斜率也大。粗轧轧辊表面粗糙度影响直线截距，表面粗糙度大截距也大。

（4）出口厚度在 50μm 时的速度效应和粗轧时的相似。

（5）出口厚度为 15~30μm 时，轧制力对速度效应的直线段几乎消失。但轧辊表面粗糙度对速度效应仍有明显影响。

（6）不同出口厚度和不同速度区域的平均速度效应系数见表 5-32。

表 5-32 不同出口厚度的速度敏感区和 K 值

出口厚度/μm	200	100	50	30	15
速度效应敏感区 v/m·min⁻¹	1~1200	1~800	1~600	1~500	1~400
$K=\dfrac{dt}{dv}\left(\dfrac{\mu m/100}{m/min}\right)$	8~6	7~10	5~8	约5	约3

注：见图 5-65c，试验条件中的 C 未计入。

目标厚度为 200μm、100μm、50μm、30μm、15μm 的速度效应图例如图 5-65 所示。

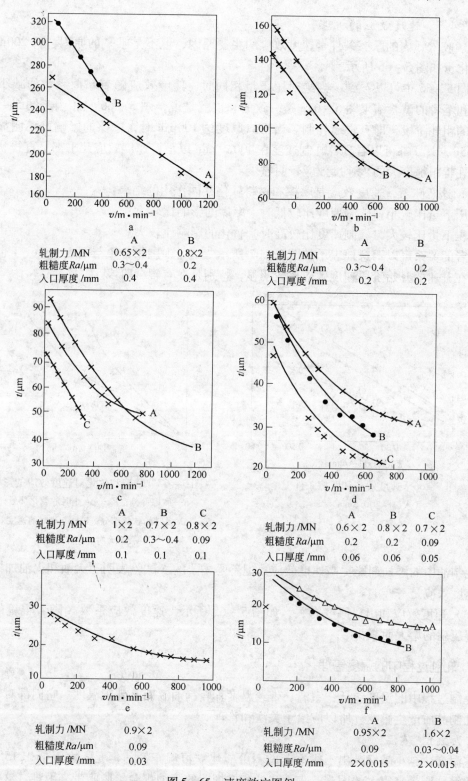

图 5-65 速度效应图例

a—目标厚度 200μm；b—目标厚度 100μm；c—目标厚度 50μm；
d—目标厚度 30μm；e—目标厚度 15μm；f—目标厚度 15μm 双合轧制

5.7.4.7 速度效应的机理

（1）咬入弧内的摩擦条件是速度效应的主要原因，但不是唯一的原因，每 200mm 的厚度变化量如图 5 - 66 所示[28]。

从图 5 - 66 中可以看到，当绝对压下量相同时，速度效应随着摩擦系数的减小而增大，这和笔者的试验结果图 5 - 65a 是一致的。也就是说，图 5 - 66 只相当于图 5 - 65 铝箔轧制的粗轧阶段，即有辊缝轧制。当出口厚度达 100μm 时，摩擦的影响已不明显。从图 5 - 65c、d、f 都可以看到，轧制速度在 400m/min 以下，速度效应几乎都呈直线状，而曲线段轧辊粗糙度大的，速度效应较明显。

（2）这意味着，速度效应是摩擦和材料软化共同作用的结果：

当压下量比较小，轧制速度比较低时，摩擦的影响比较大；

当压下量比较大，轧制速度比较高时，软化的影响比较大。

两者的关系可以示意地表示如图 5 - 67 所示[19]。图中曲线 R 与图 5 - 65e、f 也是一致的，在升速的开始阶段速度效应比较明显，特别是在有辊缝阶段。

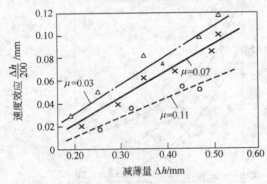

图 5 - 66　速度效应和摩擦条件

（入口厚度 0.8mm）

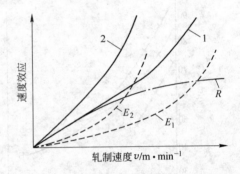

图 5 - 67　摩擦和软化对速度效应的影响

R—摩擦部分；E_1—Δh 小时的软化部分；

E_2—Δh 大时的软化部分；1—Δh 小时的速度效应；

2—Δh 大时的速度效应

轧制油中的添加剂能提高速度效应，但不是主要的。试验表明，火油和火油加椰油两者的速度效应是一样的。

（3）速度效应和出口厚度有关，如图 5 - 65 所示，速度效应系数 K 随着辊缝的减小和轧辊压扁的增大而减小。

5.7.5 轧制过程中的温度管理

轧制过程中的温度包括：室温、带卷温度、轧制油温度、轧辊温度。它们都对轧制工艺或轧制品质产生影响，所以应给予关注和管理。

5.7.5.1 室温

室温变化越小越好。出于成本考虑不可能建立恒温车间，但是，室温低于 15℃ 不但会给铝箔轧制带来很大的困难，表面残油和排烟罩的滴油都会给脱脂带来困难。这些不正常的附着油还会对测厚带来误差。这一点在设计和建筑阶段应给予充分考虑。

在轧机上装上 VC 辊是一项值得的投资，可以大大缓解温度变化对板形的影响。

5.7.5.2　带材温度对板形控制的影响

带材温度对板形的控制影响很大。

（1）来自热轧或铸轧的热卷一定要均匀地降至室温才能轧制；

（2）刚刚粗轧完了的料卷也不能连续轧制；

（3）采用高架仓库存放料卷要考虑料卷的温度管理；

（4）在冬季，低温料卷在轧制前要放在特制的保温箱中预热；

（5）在冬季，薄箔卷材在轧完倒数第二道之后要立即进行产品轧制，尽量避免把倒数第二道轧完的料卷剩在假日存放。

5.7.5.3　轧制油的温度

（1）轧制油温度与黏度的关系。

以最常用的 40℃时黏度为 1.7cSt 的轧制油为例，其温度和黏度的关系如图 5-68 所示。当辊缝温度达 100℃时（高速轧制中能经常达到）黏度几乎下降 50%。由于黏度的下降，必然会使油膜的强度下降以及油的附着系数下降，使摩擦力增大。

（2）不同轧制油温度和油的附着系数的关系。

图 5-69 显示，环烷系油比石蜡系油的附着系数高。

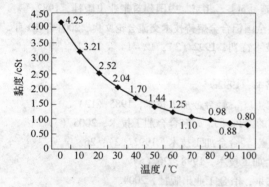

图 5-68　轧制油温度与黏度的关系

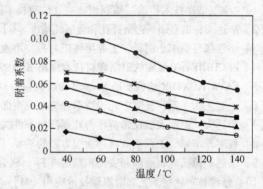

图 5-69　不同轧制油温度与油的附着系数的关系

◆—烯烃；○—石蜡系油；▲—环烷系 A 型；

■—环烷系 B 型；＊—烷基汽油；●—黏附油

圆筒试验打滑率：5%；表面速度：4.1m/s；

最大赫兹交变应力：1.0N/m²

（3）随着温度的升高，添加剂的油膜强度也明显下降，如图 5-70 所示。

从以上的油温特性中可以看到，随着温度的增高，油膜变薄，铝箔和轧辊之间的摩擦增大。轧制速度增大，发热量增大，容易产生中间波浪，迫使加大轧制力，使铝箔变薄。这种情况常发生在粗轧。反之，通过降低轧制油温度，减小轧制力提高轧制速度有利于消除中间波浪。

5.7.5.4　轧辊温度

关于轧辊温度的控制见第 7 章。

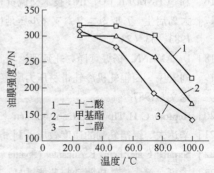

图 5-70　添加剂的油膜强度与
温度的关系[23]

5.7.6 铝箔轧制过程中的单辊驱动[24]

（1）无论二辊、四辊或六辊轧机，通常都是由两个轧辊驱动，或者是上下两个工作辊，或者上下支撑辊，或上下中间辊。这样的驱动方式，对上下驱动辊的辊径差必须提出更高的要求，如铝箔精轧机，要求其辊径差一般应小于 0.02mm。因上下辊径的不等，将使两工作辊的圆周速度不等，这样，对于相互压靠的工作辊，辊面会产生相对滑动，即在辊面间除了滚动摩擦外，还产生滑动摩擦。更主要的是，辊径差的存在，当使用分齿箱传动时，将导致整个驱动系统的正常传动关系的破坏。严重恶化轧辊及中间轴等主要零件的受载情况。

（2）采用单驱动可以获得降低能耗、提高轧制稳定性、减少断带、提高成品率等的综合经济效益。在铝箔轧制中，单辊驱动主要应用于精轧道次。

参考文献

[1] "空气洁净技术措施"编制组. 空气洁净技术措施 [M]. 北京：中国建筑工业出版社，1982.

[2] 辛达夫，王春娟. 铝箔针孔和金属纯洁度 [C]. 全国铝合金熔铸技术交流会论文集，2004 年 10 月.

[3] 小管张弓. 李小鸥译. 工业用纯铝 [J]. 华铝技术特刊，1992（3）：12～14.

[4] PECHINEY 给厦顺的铝箔坯料技术规格书. 1992.

[5] FATA HUNTER 给俄罗斯 Sayanal 冷轧机报价规格书，1992.

[6] 上妻正大. 箔材轧制中轧辊变形和磨削成型曲线 [J]. 轻合金加工技术，1985（12）.

[7] 辛达夫. 铝箔表面反光特性与轧制润滑条件关系的探讨 [J]. 轻合金加工技术，2005（3）.

[8] 程刚，辛越. 正弦函数辊形曲线方程的推导 [J]. 轻合金加工技术，1992（2）：26.

[9] 辛越. 铝箔轧辊磨削和表面粗糙度 [J]. 轻合金加工技术，1998，26（5）.

[10] 孙建林. 轧制工艺润滑原理技术应用 [M]. 北京：冶金工业出版社，2004.

[11] 埃索石油样本. 1995.

[12] 钟顺和. 吸附型硅藻土助滤剂的特性 [M]. 天津大学，新型硅藻土鉴定会文件，1996，石家庄.

[13] 辛达夫. 新型硅藻土助滤剂 [J]. 轻合金加工技术，1995（9）：13.

[14] Khromykh V K. 高效过滤净化轧制润滑冷却液的装置 [J]. Light Metal Age，1976（5）：11～14.

[15] 上妻正大. 箔压延とそれに关连した理论と计算特集：最近のアルミ箔 [J]. Alある. 1981（7～8）.

[16] 和 SCHNEDER CO，INC 技术交流资料. 1997.

[17] 大岛启生. アルミニウムフィル压延にぉける形状制御シミョレーション [J]. 神户制钢科技报，1983，33（2）.

[18] Dr. AMANN. 杨振寰译. 轧延理论与实用 [M]. 台北：前程出版社，1963：178～185.

[19] 刘宏民. 四辊轧机冷轧带材压力摩擦力张力横向分布的理论和试验研究 [D]. 东北重机学院博士论文，1987.

[20] Черняк С Н. Произволтво Фолъги [M]. 1957：106.

[21] 辛达夫. 铝箔轧制的速度效应 [J]. 轻合金加工技术，1984（9）.

[22] Serna P F and Louis E. Alicante（Spain）. Linear paraffin－based cokd roliing lubrication [J]. ALUMINIUM.

[23] 古可，等. 论轧机驱动与节能 [M]. 长沙：中南工业大学出版社，1986.

第6章　铝箔轧制过程中的厚差控制

铝箔的厚度偏差是评价铝箔品质的重要指标，而影响铝箔厚差的因素从熔炼开始就不知不觉地埋下了。因此，仅靠铝箔轧机上的 AGC 系统不能保证铝箔严格的厚度偏差。严格地说，AGC 系统只能使来料的厚差不变坏，要把来料厚差的铝箔变得更小是十分有限的。

6.1　产生厚差的根源

（1）机架刚度的影响。在轧制过程中，当给定辊缝为 h_0，作用在材料上的轧制力使材料在通过辊缝后的厚度减薄成 h_1。如果，轧机的刚度无限大，那么，$h_0 = h_1$。但这样的机架是不存在的。在轧制力反作用力的作用下，机架必然要伸长一点点。这样，轧的材料厚度就比所期望的厚度大了一点点。大多少？轧制力越大，大的越多；轧机越硬，增大的部分就越小，假设出口的实际厚度为 h，写成数学表达式，即所谓的弹跳方程：

$$h = h_0 + \Delta h = h_0 + P/M \tag{6-1}$$

式中　P——轧制力；

　　　M——刚性（机架产生单位变形所需的轧制力）。

从控制厚度的角度来看，当以轧制力来控制带厚时，轧机的刚性大效果好；通过张力来控制带厚时，刚性小控制效果好。

（2）辊系偏心的影响。由于轧辊和轧辊轴承形状的不规则造成轧辊偏心都会使被轧制的材料产生厚度的周期变化。

（3）前后张力的影响。由于前后张力卷筒的不圆度，以及前后张力卷筒安装的水平度和轧辊的平行度，也会引起张力的变化，从而引起厚度变化。

（4）AGC 系统的控制误差。AGC 系统本来是用来减少厚度误差的，但由于系统精度不合适，效果可能会适得其反，如测厚仪的精度、系统响应频率的精度、伺服阀与伺服阀放大器的精度都会影响带材的厚差。

（5）材料性能的不均匀，厚差的另一个来源就是材料本身。从熔炼开始，成分、温度、铸造或铸轧工艺，热轧前的加热温度，热轧过程中整个卷材上的温度分布、冷轧过程中的中间退火温度的均匀性，都会造成带坯性能的不均匀分布，导致变形抗力的不均匀分布，最终影响厚差。

（6）上面的每一个因素也都会影响带坯在每一个工序中厚度的不均匀分布。

6.2　厚差的控制

6.2.1　厚度变化的图解：$P-h$ 图

弹跳方程表示（假定：轧机刚度、塑性变形曲线和轧制力成直线关系，不考虑各干扰项对轧制力的影响)。在轧制过程中，铝箔减薄和机架伸长是同时发生的。把这两个变形都简化成直线，两条直线的交点对应的厚度就是带厚，绘成和轧制力相关的图线如图6-1所示，即$P-h$图。

图中直线A是考虑轧机变形的初始阶段为非直线时的情况。

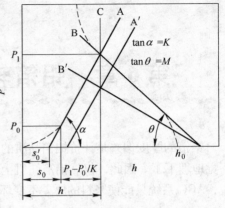

图6-1 $P-h$图

6.2.2 厚差来源

把厚差来源也表示成图线则如图6-2所示[1]。

变化原因	金属变形抗力变化 $\Delta\sigma_s$	带坯原始厚度变化 Δh_0	轧件与轧辊间摩擦系数变化 Δf	轧制时张力变化 Δq	轧辊原始辊缝变化 ΔS_0
变化特性	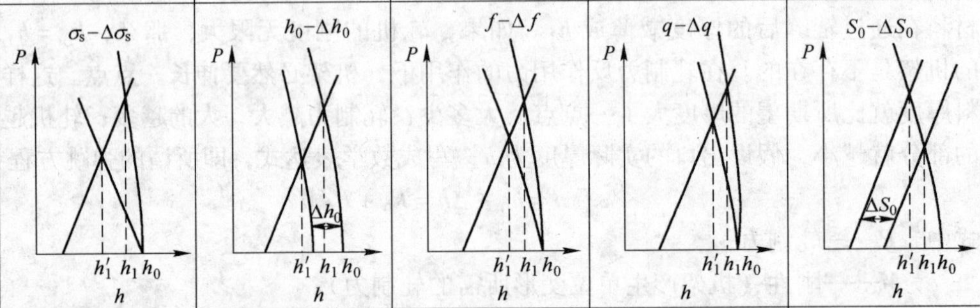 $\sigma_s-\Delta\sigma_s$	$h_0-\Delta h_0$	$f-\Delta f$	$q-\Delta q$	$S_0-\Delta S_0$
轧出厚度变化	金属变形抗力σ_s减小时带厚变薄	带坯原始厚度h_0减小时带厚变薄	摩擦系数f减小时带厚变薄	张力q增加时带厚变薄	原始辊缝t_0减小时带厚变薄

图6-2 用$P-h$图表示对带厚差的影响因素

6.2.3 轧机刚度可调的控制——"BISRA" AGC

这一方法是由英国钢铁研究协会（BISRA）和戴维（Dawy）公司联合开发的，故也称 BISRA AGC。

通过弹跳方程可以看到，轧机刚度若能达到无限大，则厚差就可以为零。实际是做不到的，当然自然刚度是越大越好。但是通过图6-3我们还可以找到另外一条途径，使图6-1上的A和B的交点始终保持在直线C上，厚差也就可以保持不变，也就相当于刚度无限大。如何实现？如图6-3所示。

从图6-1可以看到，辊缝变化和轧制力变化成正比。在现代化轧机上都采用了液压压上控制。液压缸上的位置传感器可以测出辊缝的变化，而位于上下轧辊之间的压力传感器（有时称为厚度计）所取得的压力信号，通过控制器的调解，使机架的伸长（P/M）与位置传感器所测得的辊缝偏差保持一个特定的值，使

$$\Delta x = -C\frac{\Delta P}{M} \tag{6-2}$$

式中 Δx——轧制力增大产生的机架伸长；

ΔP——使带厚度不产生变化需要增加的轧制力；

C——调解量。

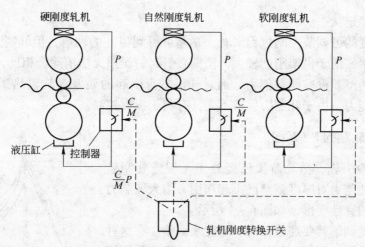

图 6 – 3 刚度可调原理[2]

"–"说明，若使 Δx 减小，ΔP 就得增大。

电气回路和液压系统在设计上使 $\left(\dfrac{\Delta x}{P}\right) \cdot M$ 维持一个常数，或者说，只要信号 $P\dfrac{C}{M}$ 和 Δx 不同，通过调整 C 值，使 $\Delta h = 0$，如图 6 – 3 中的硬刚度轧机，产品的厚差已消失。这就是轧机刚度的可调节控制。

通过轧机转换开关的调解，可以使轧机的刚度保持自然状态，如图 6 – 3 中的自然刚度轧机。

通过控制器的调解使轧制力为常数，使轧制力对厚差不干预，即恒压轧制，如图 6 – 3 中的软刚度轧机。

换一种方式来理解图 6 – 3。在弹跳方程中，P/M 代表机架的增量，而 $1/M$ 代表机架的单位增量，把两者同时乘以一个系数 α，那么，由于轧制力变化而引起的厚度变化量为：

$$\Delta x_P = \alpha \frac{\Delta P}{M_p} \qquad (6-3)$$

式中　M_p——自然刚度。

则

$$h = h_0 + \frac{\Delta P}{M_p} - \alpha \frac{\Delta P}{M_p} \qquad (6-4)$$

式（6 – 4）表示，在没有厚度控制时，弹跳方程是前两项，有了厚度控制，弹跳方程要减掉后一项。式（6 – 4）可以转换成

$$h = h_0 + (1-\alpha)\frac{\Delta P}{M_p} = h_0 + \frac{\Delta P}{M_\alpha} \qquad (6-5)$$

式中，$M_\alpha = \dfrac{M_p}{1-\alpha}$，把 M_α 称为等效刚度模数。

$\alpha = 1$　　　　$M_\alpha = \infty$　　　（硬刚度轧机，恒辊缝轧制）

$\alpha = 0$　　　　$M_\alpha = M_p$　　　（自然刚度轧机，不加控制）

$\alpha = -\infty$　　$M_\alpha = 0$　　　（软刚度轧机，恒压轧制）

式（6 – 2）表示，从物理意义上说，机架的刚度是不可变的，从数学意义上看是可调解的；而 α 值，从数学意义上可以等于 1，但从物理意义上，又不可能达到 1，否则，

系统将处于不稳定状态。

从轧机刚度的可调节控制过程来看，厚差可得到很好的调解，但轧制力在不断变化，不利于板形控制，由于机架刚度较大，使偏心引起的误差无法消除。相反，在恒压状态下轧制，对来料的厚差没有调解能力，而对轧机本身引起的误差（轧辊热膨胀或偏心）却有一定的减小能力。由于轧制力保持不变，有利于板形控制。

6.2.4 无辊缝轧制的 $P-h$ 图

铝箔轧制的中轧、精轧阶段已经处于无辊缝轧制阶段，这时增加轧制力对厚度调解已不起作用，增大轧制力只能增大轧机的弹性变形，如图6-4所示。

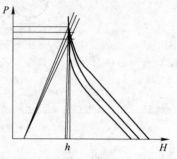

图6-4 无辊缝轧制的 $P-h$ 图

这时的厚度调解就要通过张力和速度来调整。在这种轧制条件下，如果采用恒辊缝轧制将会造成错调。采用恒压系统轧制时，若轧辊发生热膨胀，则压力增加，为了使 $\Delta P = 0$，系统的负反馈作用将会消除 ΔP，使 $\Delta P = 0$，保持系统压力不变，从而不会使厚差变坏。所以在轧制的成品道次应采用恒压力轧制。

6.3 减少厚差影响的因素

（1）熔炼料成分配比波动尽可能小，制订严格的内控标准。

（2）熔炼、静止、铸造温度保持在下限，波动尽可能小，尽可能采用电磁搅拌或炉底惰性气体搅拌。

（3）铸造工艺参数保持稳定，尽可能采用计算机自动控制。

（4）铸锭或铸轧卷的强度（硬度）保持在平均值的 2σ 以内。

（5）铸轧工艺参数要保持稳定，尽可能采用计算机自动控制。

（6）铸锭组织均匀化、加热、热轧的温度保持均匀，批次之间波动小，热轧过程尽可能实现厚度、温度、平直度的自动控制。

（7）有稳定的冷轧工艺和中间退火工艺。

（8）冷轧开始的每一个道次从头至尾都要使用 AGC 系统。

（9）冷轧机的 AGC 系统采用带有激光测厚、前后反馈的质量流控制。

6.4 来料厚差的影响

6.4.1 弹跳方程

在弹跳方程式（6-1）中，P 是一个隐函数，

$$P = f(H,\ h,\ M,\ K,\ T,\ R, \cdots) \tag{6-6}$$

式中　h——轧件出口厚度，mm；

　　　H——轧件入口厚度，mm；

　　　P——轧制力，kN；

　　　M——轧机刚度系数；

　　　K——变形抗力，MPa；

　　T——张力，MPa；

　　R——轧辊半径，mm；

　　S——辊缝，mm。

　　假设干扰量只有入口厚度厚差 ΔH，把式（6-1）和式（6-6）用台劳级数展开，并且视其他因素为常数时（计算过程略）则有：

$$\Delta h = \Delta H \left(\frac{K_c}{K_m + K_c} \right) = \Delta H K \qquad (6-7)$$

式中　Δh——出口厚度变化，μm；

　　　　ΔH——入口厚度变化，μm；

　　　　K_c——轧机刚度；

　　　　K_m——塑性曲线斜率；

　　　　K——综合刚度系数。

　　式（6-7）说明：

　　（1）出口厚差和来料厚差成正比。因此，只有来料厚差小，成品厚差才能小。

　　（2）机架刚度有减小出口厚差的作用，减小程度取决轧制道次（机架刚度和材料变形抗力的变化）。

6.4.2　带坯硬度的影响

　　通过对铸轧带硬度的检测还发现，该铸轧带的硬度波动几乎和厚度波动是同步的，如图6-5所示。

　　因此，铸轧辊表面硬度的均匀性也是不可忽视的重要因素。

6.4.3　厚度斜度对厚差减小的影响[3]

　　对于来料厚差不仅仅要求其平均值，还要限制其每米的厚度斜度，因为厚度斜度大，厚度变化的频率就大。厚差通过轧机刚度能够减小的量与厚差波动频率有关（图6-6）。

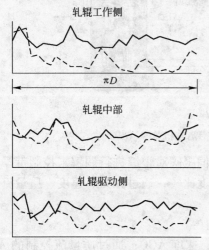

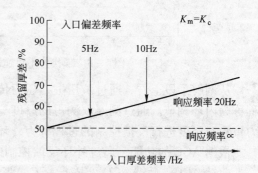

图6-5　铸轧带硬度不均匀性对出口厚度的影响
------板带硬度；——板带厚度

图6-6　厚差频率和厚差残留量

以厚差 1.25%/m 为例，当轧制速度为 500m/min = 8.3m/s 即厚差频率，如果厚差增大一倍，厚差频率也增大一倍，厚差频率为 16.6Hz，这时的残留厚差已达 70%，通过轧机刚度的影响厚差只能减小 30%（当厚差响应频率为 20Hz 时）。图 6 - 6 是 $K_m/K_c = 1$ 的时候。随着塑性系数的增大，残留厚差还要大。如图 6 - 7 所示[3]。对于纯铝铝箔轧制，K_m/K_c 值大多在 2.5 以下。

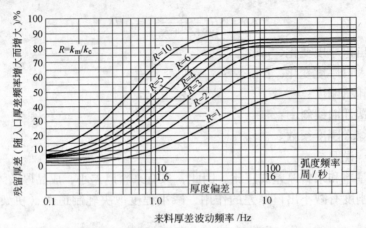

图 6 - 7 来料厚差波动频率和与残留厚差的关系

6.5 常见 AGC 种类与控制功能

6.5.1 AGC 种类

现代化不可逆冷轧机及铝箔轧机框图见图 6 - 8。

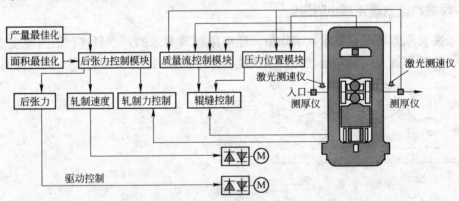

图 6 - 8 现代化不可逆冷轧机及铝箔轧机 AGC 框图

从调解手段上看，通过液压缸、压力传感器和伺服阀对辊缝进行调解来控制带厚的过程称为内环调节。通过测厚仪测得的厚度与设定厚度比较，通过张力、速度、质量流及压力位置对厚度进行反馈控制的过程称为外环调节。

根据 AGC 的功能，通过外环反馈控制的 AGC 有：

前馈 AGC；后馈 AGC：辊缝 AGC，张力 AGC，速度 AGC；通过质量流控制的 AGC；通过内环控制的 AGC 有：压力 AFC，厚度计 AGC（BISRA AGC）。

以上 AGC 对带材厚度的控制精度依次为：质量流控制的 AGC > 前馈 AGC > 后馈 AGC。

6.5.1.1 前馈 AGC

也称恒出口厚度 AGC（见图 6-9），为了严格遵照测厚仪来的反馈信号控制带材的厚度，当入口坯料厚度增大时，辊缝必须减小，从而使轧制压力大大增加，所以要保持出口带材厚度绝对恒定是不可能的。压下装置仅能根据测厚仪信号进行调整，这种响应总是滞后于刚从辊缝出来的真实带材厚度。为补偿入口带坯的厚度变化，可在入口侧再装一个测厚仪，偏差信号可前馈到压下装置，预调辊缝。应当指出，在恒出口厚度条件下，支撑辊的偏心显然会以厚度周期变化的形式对轧制品发生影响。

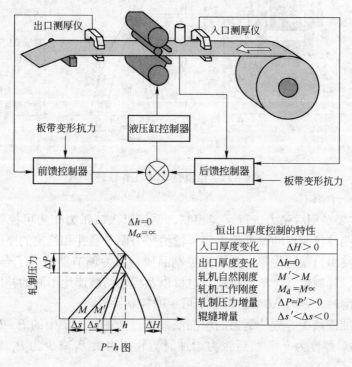

图 6-9 前馈 AGC 工作原理

s, s'—辊缝；H, h—带材厚度

6.5.1.2 后馈 AGC

利用辊缝出口处的测厚仪测得的厚差信号，处理成修正信号用以反馈控制一个或几个调节手段改变出口厚度（图 6-10）。

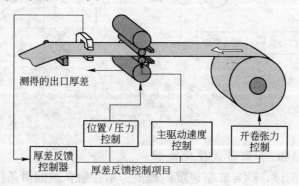

图 6-10 厚差反馈控制原理

6.5.1.3 恒辊缝 AGC

其工作原理如图 6-11 所示。在恒辊缝控制过程中，要使辊缝不变就要使液压缸的位置保持不变。入口厚度变化引起的系统压力变化，通过液压伺服系统的调节来平衡。从辊缝控制特性中可以看到，当入口厚度变化时，辊缝大小不变，出口厚度的变化比 Δh 小，比 ΔH 小得多。

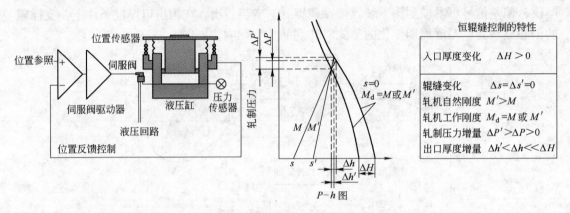

图 6-11 恒辊缝 AGC 工作原理

6.5.1.4 张力 AGC

张力 AGC 主要是用后张力进行反馈控制，系统以入口张力作为可控制的变量。常用于铝箔轧机。从测厚仪测得的厚度偏差信号输给张力调节器并和给定的厚度值比较，其差值改变入口张力使出口偏差为零。为提高控制品质，张力调节器考虑了合金、出口厚度、带材宽度、状态、轧制速度、单电机或双电机以及齿轮箱减速比不同的补偿值。当冷轧带材出口厚度比较薄时，张力 AGC 也是必不可少的控制手段。

后张力的增加或减少等效轧制力的增加或减少。如图 6-12 中的 $P-h$ 图，当初始点轧制力为 P_1，出口厚度为 h_1，当后张力增加时，轧制力由 P_1 减少为 P_2，带厚由 h_1 变为 h_2，反之亦然。

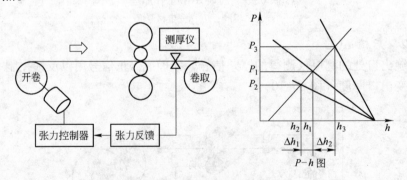

图 6-12 张力 AGC 工作原理

6.5.2 控制功能

6.5.2.1 速度 AGC 和产量最佳化控制

如速度效应一节所述，随着轧制速度的提高，沿接触弧的润滑条件得到改善，摩擦系数和金属的变形抗力相应减小。在图 6-13 的 $P-h$ 图中，轧制速度从 v_a 增加到 v_b 时，沿接触弧的平均摩擦系数从 μ_a 减小到 μ_b，入口厚度为 H 的带坯塑性曲线从位置 a 移到 b。在恒辊缝条件下，轧制力将从 P 减到 P_1，出口厚度则从 h 减到 h_1。由图 6–13 可知，在恒压力条件下速度的作用更为重要。然而，应当指出，随着轧制速度的提高，若不对冷却液的喷射方式进行调整，则由于热量在与带材接触的轧辊中部向外扩散，会使轧辊凸度增大。当液压缸保持在同一位置，轧辊压扁从 s_1 增至 s_2 故轧制力从 P 增至 P_2，出口厚度则从 h 降到 h_2。再者，由于轧辊压扁使接触弧变长，箔材通过辊缝时变形抗力增大。其结果是速度对压下量的影响随轧制速度的提高而减小。

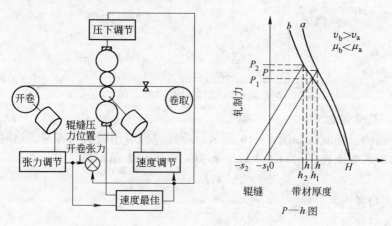

图 6–13　速度 AGC 工作原理

6.5.2.2　产量最佳化控制

产量最佳化控制过程如图 6–14 所示。

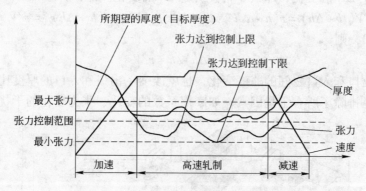

图 6–14　产量最佳化控制过程工作原理

箔材产量最佳化控制是以尽可能快的加速度达到所需厚度和在恒速阶段把张力和压力调到极限范围，以最高速度轧制。因此在加速期间设定大的箔带后张力以便尽快达到所需厚度值，在加速阶段初次达到设定的厚度值后，产量最佳化控制回路就会设法降低箔材后张力，一直达到最高可能的轧制速度，或者直到箔材后张力达到最低允许极限值为止。

6.5.2.3　面积最佳化控制

面积最佳化控制也是厚度控制的一种方式。当轧制进入稳速轧制状态，使厚度偏差控制在厚度参考值的下限，使面积最大。而产量最佳化控制则是使厚度偏差控制在厚度参考值的上限（图 6–15 中的厚度正态分布图）。

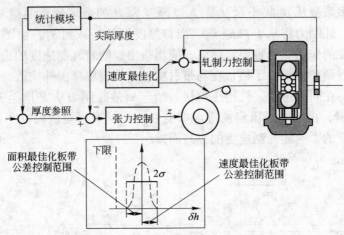

图 6-15 面积最佳化控制原理

6.5.2.4 质量流控制

质量流控制的工作原理如图 6-16 所示。冷轧过程应用的最为普遍,这时的宽展可视为零。根据体积不变原理,带材进入辊缝和离开辊缝的体积相等,因此有:

$$VH = vh$$

式中 V——入口速度;

   H——入口厚度;

   v——出口速度;

   h——出口厚度。

如果 H 产生 ΔH 的变化,那么 h 就会引起 Δh 的变化。即:

$$V(H + \Delta h) = v(h + \Delta h) \quad 或 \quad (H + \Delta h)\ /\ (h + \Delta h)\ = v/V$$

若使 $\Delta h = 0$,则

$$(H + \Delta h)/h = v/V$$

因此调节出口和入口之间的速度变化,也就改变了出口和入口的厚度比。这种厚度控制方法的优点是排除了所有干扰因素,如摩擦系数的变化、张力变化的干扰等。

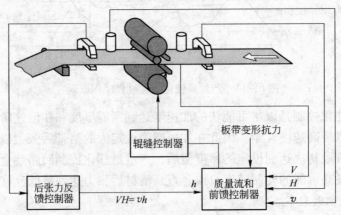

图 6-16 质量流控制的工作原理

6.5.2.5 轧辊偏心补偿

为了获得精确的厚度控制,对轧辊偏心对厚差的影响必须加以考虑。首先,保证轧机辊系的加工精度。组装完了的辊系的动态精度要小于 0.05mm。在此基础上，最简单的办法是死区法，即死区通常设定得比轧辊偏心所产生的周期分量振幅的正负峰值间幅值稍大一些。死区上下限随着输入信号的变化而上下漂移，但死区宽度始终保持不变，当输入信号最大瞬时值超过死区上限时，死区上移，直至上限达到输入信号的最大值；反之，当输入信号最小瞬时值超过死区下限时，死区下移，直至达到输入信号最小值。死区回路输出信号值等于死区上限和下限的平均值。显然，这种方法对生产厚差要求精确的产品是不适用的。随着检测元件的进步和计算机软件的开发，有十几种轧辊偏心补偿系统得到应用。

FATA HUNTER 公司应用在冷轧机上的轧辊偏心补偿装置的原理如图 6-17 所示。

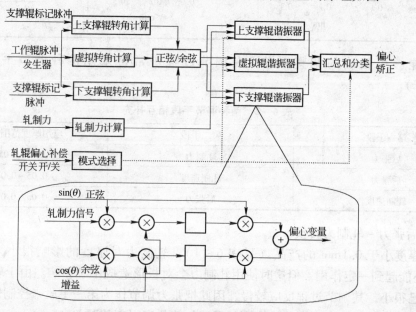

图 6-17 轧辊偏心补偿装置的工作原理

轧辊偏心补偿控制利用两个接近开关，各安于支撑辊上，用于探测支撑辊转速，编码器安装在轧机主电机轴上用于探测工作辊转速。这种控制是考虑到在支撑辊频率和高次谐波的组成中压力/厚度的变化，补偿的修正值输入负载缸控制。

尽管以上 AGC 控制方式不少，但是能够起到调节作用的手段只有轧制力、后张力和轧制速度，这三种手段在不同的带厚范围内调节的效果各不相同，见表 6-1。

表 6-1 三种手段在不同的带厚范围内调节的效果

项目	轧制力（P）	后张力（δ）	轧制速度（v）
效果较好的厚度范围/mm	>0.1	0.05～0.1	<0.1
调节范围设定值/%	±10	±5	±10
调节效果	厚度大，效果明显	厚度大，效果明显	厚度小，效果明显

续表6-1

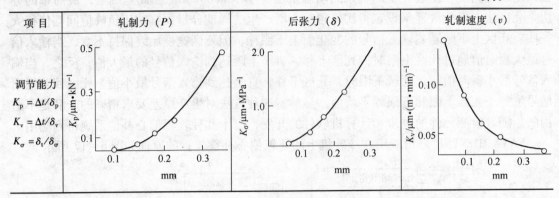

为了能够更精确的调整厚差，在调节过程中常常采用两种调节手段相互补充（表6-2）。

表6-2 两种调节手段相互补充

第一手段	第二手段	应用厚度范围/mm
后张力	轧制力	0.1 ~ 0.05
后张力	轧制速度	0.05 ~ 0.01
轧制速度	后张力	0.05 ~ 0.01

（1）后张力－轧制力转换。

对于厚度小于0.1mm的产品（见表6-1），轧制力对厚度的影响很小，但一直到0.05mm还能起到一定作用。但这时使用轧制力会对板形造成不利影响。由于轧制力对厚度的影响已很小，其调节过程反应较慢，因此把张力调节作为第一手段来控制短期厚差并保持带材卷紧，用轧制力来控制长期厚差飘移如热凸度引起的厚差。

（2）后张力－轧制速度转换。

对于厚度小于0.05mm的产品，轧制力对厚度和板形的影响已微乎其微。用速度代替轧制力作为二级控制手段来处理长期偏移，用张力作为补充手段来控制短期厚差。

（3）轧制速度－后张力转换。和后张力－轧制速度转换相反，速度在一个较窄的范围内运行，让张力来处理长期偏移。

6.6 现代化冷轧机 AGC 的控制能力和厚差报告

6.6.1 AGC 的控制能力

使用 AGC 控制铝带箔成品的厚度偏差可以达到表6-3的水平。

表6-3 AGC 控制铝带箔成品的厚度偏差可以达到的水平

厚度/mm	偏差的绝对值/± μm	偏差的相对值/± %
3 ~ 2	13	0.7 ~ 0.43
2 ~ 1.5	9	0.6 ~ 0.45
1.5 ~ 1.0	7	0.7 ~ 0.5

厚度/mm	偏差的绝对值/ ± μm	偏差的相对值/ ± %
1.0 ~ 0.7	5	0.7 ~ 0.5
0.7 ~ 0.5	4	0.8 ~ 0.6
0.5 ~ 0.2	3	1.5 ~ 0.6
0.2 ~ 0.1	2	1.0 ~ 2.0
0.1 ~ 0.05	1.5	1.5 ~ 3.0
0.03	1	3.3
0.015	0.5	3.3
0.007	0.25	3.57
0.006	0.3	5

6.6.2 达到以上水平的前提条件

（1）从冷轧开始每一个道次都是在 AGC 控制下轧制，其入口厚差满足表 6 – 5 的要求。

（2）轧辊和辊径的正圆度和偏心不大于 0.0025mm。

（3）轧机的电气设备的品质和装机水平达到同类轧机国际的装机水平。

6.6.3 厚差报告

带箔的厚差是产品的重要品质指标之一，一旦和用户产生争议，厚差报告就是重要的依据，厚差报告也是改进成品厚差的重要参考。

厚差报告的最基本的内容是整卷厚差记录和厚差分布，如图 6 – 18 所示。

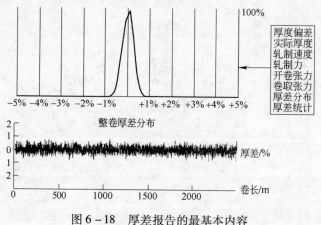

图 6 – 18　厚差报告的最基本内容

通过在操纵台上的鼠标或按钮还可以把图 6 – 18 中的上图变换成图 6 – 18 中方框中任意一项的图线，以了解厚差和该项的关系。

在厚差报告中除了整卷厚差记录和厚差分布外，通常还有输入的其他轧制条件，如卷号、合金牌号、运行时间、入口厚、出口厚、带材宽度、道次压下量等，以及轧制条件，如轧制速度、轧力、弯辊力、前后张力，轧制厚度的最大值、最小值、平均值等。

6.6.4 冷轧机 AGC 调节手段的配备

根据冷轧机出口厚度的不同及厚差要求的不同，AGC 的调节手段可以采用不同的配备。当出口厚度大于 0.2mm 时，只考虑轧制力调节已足够。当出口厚度小于 0.1mm 时，反馈控制必须配备速度/张力控制。在配备反馈控制的同时配备前馈控制可以提高厚控精度。在配备反馈控制的同时增加质量流控制可以使厚差最小。

参考文献

[1] 王廷溥，齐可敏. 金属塑性加工学 [M]. 北京：冶金工业出版社，2001：250.
[2] 与日本石川岛技术交流资料 IHI HYDROULIC MILL. Ishikawajima Harima Heavy Industris Co., Ltd.
[3] DAVY 公司提供的技术交流资料《About Gauge Contro》，1970.

第7章 铝箔轧制过程中的板形控制

以上的论述，从第2章开始，每一章、每一节、每一条都直接或间接影响板形的好坏，所以说，铝箔轧制的核心技术是如何控制好板形。

所谓板形是指板带产品横断面的形状，其分类如图3-27所示。此图涵盖了所有的复杂板形，只是没有一次线性倾斜板形，如果把板形按着式（3-8）多项式的幂次进行分类的话，如表7-1所示。

表7-1 板形的分类

板形分类	板形图示		修正手段
一次板形		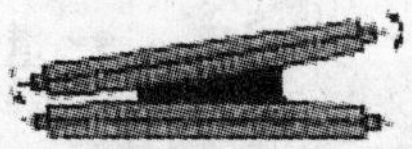	倾辊
二次板形			弯辊
三次板形			VC辊压力
高次板形			轴向窜辊
			特殊辊型
			CVC辊
			喷嘴调节
			内压分段调节

一个理想的板形断面是长宽比很大的长方形。对于良好的板形，轧制前和轧制后的断面必定是一个几何上的相似形。不良板形是轧制材料在宽度方向上延伸不均的结果。断面为长方形的板形在热轧的厚板中还是存在的。但并不见得是理想的。由于轧制过程的种种复杂因素的影响，实际的理想板形，在冷轧特别是在铝箔轧制中是不存在的。那么，为什么断面是长方形的厚板也并不理想？不理想的板形如何表示其不良程度呢？

7.1 潜在板形和可见板形

7.1.1 潜在板形

潜在板形即肉眼看不出来的不良板形。由于热轧过程，金属在横向还可以流动，在厚度比较厚时，即或有一定的不均匀，用肉眼也是看不出来的，这种不均匀以内应力形式隐藏在金属内部而不会表现出来。当材料轧到比较薄的时候将会显示出来变成可见的不良板形。

7.1.2 出现可见不良板形的区间

用线图表示这个区间如图 7-1 所示[1]，对于铝箔轧制，W/h_1 远远大于 600，也就是说，在铝箔轧制过程中不存在潜在板形，只要有不良板形就必然会表现出来。

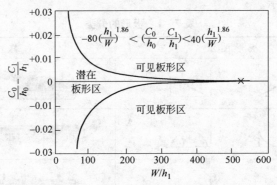

图 7-1 出现可见不良板形的区间

W—轧材宽度；h_0，h_1—轧材轧制前、后的厚度；C_0，C_1—轧材轧制前、后的板凸度

7.1.3 板带断面的凸度

厚板的潜在板形，用肉眼较难观察出来，用千分尺很容易测出来。所以，厚板的板形常以板凸度来表示和衡量。简单地说，凸度就是板带断面中间厚度和两边厚度的差与中间厚度的比（如图 7-2 所示）。

$$凸度 = \frac{\Delta}{H} = \frac{\delta}{h} \tag{7-1}$$

对于厚板，为了更详细地描述板带断面形状，还要考虑断面形状的边部减薄、羽痕、凸起、凹陷等问题，对于铝箔就没有必要考虑，所以对这些术语也就不作介绍，但是，在测量热轧、冷轧、铝箔坯料的板形时，应从带断面中心开始，对称地向两边检测，测到距最边缘 50mm 处。

7.1.4 不良板形的波形表示法

从厚板再往薄轧，很容易进入图 7-1 中的可见板形区，用凸度来描述板形就不如用波形来描述更为直观（图 7-3），L 和 R 都很容易测得，则

$$\lambda = \frac{R}{L} \times 100\% \tag{7-2}$$

式中，λ 为翘曲度。

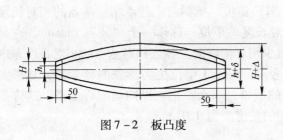

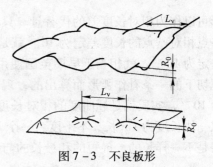

图7-2 板凸度　　　　　　　　　　图7-3 不良板形

7.1.5 不良板形的"I"单位表示法

进一步把带材轧得更薄，厚度进入箔材，特别是薄铝箔，用翘曲度表示也比较困难了，因为"R"（波高）和"L"（波距）都比较难测量，特别是波浪在带中间时更难测量。不过这时要把带从纵向均匀地分切成窄条，将会像图7-4那样，切开后，有的比原来长了；有的比原来短了，把$\Delta L/L$的10^{-5}次方称为不平度的"I"单位。

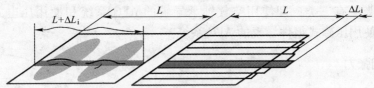

图7-4 不良板形纵向切开后的状态

$$I = \frac{\Delta L}{L} \times 10^{-5} \qquad (7-3)$$

式中，L为基准点的长度（切成条之前的长度）；ΔL为相对基准点的轧后长度差。

如果把带有波浪形的板放到平台上，观察其纵向断面（图7-5），并认为$L + \Delta L$曲线按正弦规律变化，可得其方程为

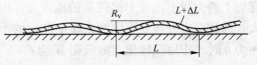

图7-5 不平度和波长

$$H_v = \frac{R_v}{2}\sin\left(\frac{2\pi y}{L_v}\right) \qquad (7-4)$$

故与L对应的曲线长度为

$$L_v + \Delta L_v = \int_0^{L_v} \sqrt{1 + \left(\frac{\mathrm{d}H_v}{\mathrm{d}y}\right)^2}\mathrm{d}y$$

$$= \frac{L_v}{2\pi}\int_0^{2\pi} \sqrt{1 + \left(\frac{\pi R_v}{L_v}\right)^2\cos^2\theta}\mathrm{d}\theta$$

$$\approx L_v\left[1 + \left(\frac{\pi R_v}{2L_v}\right)^2\right]$$

因此，曲线部分和直线部分的相对长度差为：

$$\frac{\Delta L_v}{L_v} = \left(\frac{\pi R_v}{2L_v}\right)^2 = \frac{\pi^2}{4}\lambda^2 \qquad (7-5)$$

式（7-5）表示了翘曲度λ和最长最短纵条相对长度差之间的关系，它表明板带波

形可以作为相对长度差的代替量。只要测出带板波形，就可以求出相对长度差。把横向上各点相对基点的长度差定为 10^{-5} 就是一个"I"单位。把横向上各点相对基点的相对长度差定为 10^{-4}，就相当于早期英国使用的相对长度差单位，称作一个"蒙"（mon），它是把切下的一条看作弧形而算出的，现在已很少用。把横向上各点相对基点的相对长度差定为 10^{-2}，实质就是翘曲度的相对长度差的表示。一个 I 单位更为形象的概念是，如果截取一块长度为 1m 长，不平度为一个 I 单位的板带，那么，把它纵向切成许多条，这许多条是不一样长的，最短的和最长的与切开前的长度差为 0.01mm。

7.2 板形的在线检测

7.2.1 板形在线检测的原理和类型

板形检测装置形式多种多样，仅就在线检测而言，有接触式和非接触式两大类，而非接触式，根据其工作原理又可分为电磁法、位移法、振动法、光学法等，在铝箔轧机上应用最普遍的是接触式的辊式张力检测法。根据辊式张力检测法使用组件的不同，在铝加工行业使用比较普遍有三类：即使用空气轴承导辊的 AFC 系统和使用压电式组件导辊的 AFC 系统以及使用压磁式组件导辊的 AFC 系统。

7.2.2 板形和张力

如图 7 - 6 所示，当轧制中的带材依一定的包角通过轧机出口的导辊时，具有一定不平度的带的横断面上的应力在导辊上就会产生不均匀的分布，带上比较松的地方，作用在导辊上的力较小，带上比较紧的地方，作用在导辊上的力较大，通过应力分布就可以测出带横断面的形状。如图，当包

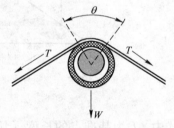

图 7 - 6 导辊负荷和张力分布

角为 θ 时，作用在导辊上的负荷 W 为：

$$W = 2 \times T \times \sin \frac{\theta}{2} \qquad (7-6)$$

如果带厚度为 t，宽度为 B，则带材断面上的单位张力 σ 为：

$$\sigma = \frac{W}{2 \times t \times B \times \sin \dfrac{\theta}{2}} \qquad (7-7)$$

如果我们能测出导辊上不同部位的径向力变化，当然就能算出其张应力，也就能确定带的断面形状。

$$板形 = \frac{1 \times 10^{-5}}{E(\sigma_i + \sigma_{ave})} I 单位$$

式中 E——材料的杨氏模量，MPa；

σ_{ave}——平均张力，MPa。

7.2.3 张力的检测

如图 7 - 7 所示，把导辊外套分成很多宽度相等的环，每个环的外套和辊芯之间放置力传感器，导辊就成为张力检测辊。

7.2.3.1 空气轴承式检测辊

其工作原理见图7-7。图7-7a为分布在辊芯上的压力喷嘴,图7-7b为没有受到径向压力时辊芯和外环的状态,较小的压力差使外环和芯轴处于同心位置,图7-7c为受到径向力作用,使外环下沉,所产生的压差传入压-电转换器,以电信号表现出带材的应力分布。检测辊上各点的压力差表现出来的就是板形。由于每个环所能承受的径向力范围较小,对于冷轧机,当带坯厚度比较厚时,由于较大的前张力,如图7-6中的"W"较大,会把辊芯和外环压靠,故空气轴承检测辊不能投入使用。另外,当轧制温度变化比较大时,检测辊的轴向伸缩也会影响检测辊的使用效果。空气轴承式检测辊在铝箔轧机上用得比较多。

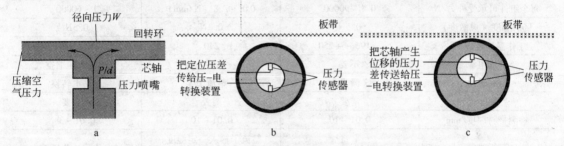

图7-7 空气轴承检测辊的工作原理

a—芯轴压力;b—零压力-零张力压差很小时只考虑芯轴重量时的定位;

c—压力增大,张力增大,压差增大相对应的张力差增大

7.2.3.2 压电式检测辊

把压电晶体埋入实心导辊作为检测辊,如图7-8所示。

压电晶体的组装如图7-9所示,压电晶体固定在止推环上下之间,当受到正压力的作用时,产生和压力大小成正比的电压,转换成应力显示出来。和空气轴承检测辊一样,检测辊上各点的压力差表现出来的就是板形。

图7-8 压电晶体检测辊

7.2.3.3 压磁式检测辊(图7-10)

检测组件由铁芯和复合线圈组成。外加电源送入一次线圈,产生磁场,磁场中的二次线圈受导辊上正压力的作用产生与压力成正比的电流,即导辊上的张力分布。

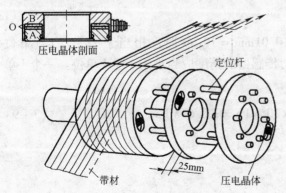

图7-9 压电晶体的组装情况

图7-10 压磁式检测辊

7.2.3.4 以上三种检测辊的性能

采用以上三种检测组件的检测辊的性能见表 7-2。

表 7-2 三种检测组件检测辊的性能比较

比 较 项	压电式检测辊	压磁式检测辊	空气轴承式检测辊
开始应用年度	1978	1967	1974
分段宽度/mm	标准宽度 50 (15, 25)	标准宽度 52 (25)	标准宽度 50
导辊外径/mm	200~350	200~400	170
包角/ (°)	7~42	4~70	3~50
每个组件可承受外力/N	0.1~90000	0.8~7.8 (N/mm)	1~60000
区的感度 (灵敏度)	0.5N	0.3N	0.5N
工作温度范围/℃	-196~+250	240	10~150
外加电源	不要	要	外部送入压缩空气
信号输出	激光	整流子	压-电转换
导辊驱动	需要	需要	不需要
检测带材厚度/mm	0.01~10	0.01~10	0.01~3
运行维护	—	整流子输入一定湿度、清洁的空气	经过净化除油的压缩空气
维 修	可在现场重磨外圆	可在现场重磨外圆	可在现场更换磨损的转子

从表 7-2 中可以看到，不同组件组成的检测辊，个别指标数据相差较大，但作为 AFC 系统板形平直度的在线保证值基本上是一致的，因为在线保证值不仅仅取决于 AFC 系统的检测辊，还和使用条件有关，如：该系统的软件、轧机精度和控制手段、轧制工艺，来料板形、目标板形的设定等。

7.2.4 检测误差

根据胡克定律

$$\Delta L / L = \Delta \sigma / E$$

$$\Delta \sigma = \frac{\Delta L}{L \times E} \qquad (7-8)$$

式中 $\Delta \sigma$——应力变化，MPa；

E——弹性模量，MPa。

对于铝，$E = 0.66 \times 10^5 \, \mathrm{MPa}$。

如 7.1.1.5 所述，当 1m 长变形量为 $0.01\mathrm{mm} = 10\mu\mathrm{m}$ 时，相当于一个"I"单位 (10^{-5})，为了能测得这么大的应力差，压力传感器的精度应当小于一个 I 单位。一个 I 单位的板形差相当于应力差 0.66MPa。

$$\Delta \sigma = \frac{0.01}{1000} \times 0.66 \times 10^5 \, \mathrm{MPa} = \pm 0.66 \mathrm{MPa} \qquad (7-9)$$

检测机构误差的组成为：

(1) 传感器干扰；

(2) 传感器线性偏差；

(3) 传感器灵敏度偏差；

（4）温度偏差；

（5）组件的分辨率偏差、电子通道的分辨率偏差、交/直流转换偏差；

（6）显示误差。

以上偏差与所受径向力大小有关，随径向力增大而增大。大致为 2 ~ 4 个 I 单位。这里还没有考虑检测辊的安装偏差以及导辊上温度不均等外部偏差。所以，当在线显示的平直度偏差小于 5 个 I 单位时，只能作为参考。

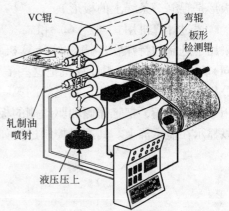

图 7 - 11　检测辊和板形控制手段

7.3　板形的控制

7.3.1　板形的检测和控制

检测的目的是为了控制。为了检测板形，通常是把检测辊作为出口导辊来用，如图 7 - 11 所示，控制手段（也称执行器）有弯辊、VC 辊、轧辊的轴向窜动、液压压上和轧制油的分段冷却。

7.3.2　数据采集、传输和处理（压电式检测辊）

如图 7 - 12 所示，测量辊上由传感器所产生的电脉冲信号在检测辊宽度和圆周上的分布是有规律的，这些信号不是同时发生的（因此所显示的在线板形不在辊缝一条线上），但相互间的相位是固定的。这样，在不同角度上的传感器就能分组地平行接通或切断。每一个通道由 6 个传感器组成，把这些信号总合起来组成 6 个脉冲，经过负荷放大器转换成电压信号，再把这些模拟信号转换成数字信号，通过光传输链使数字信号从转动部分进入

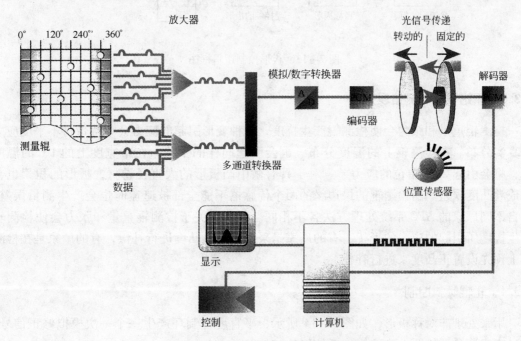

图 7 - 12　数据采集、传输和处理过程

检测辊的静止部分，通过电缆进入控制盘（采用压磁式检测辊电源和电信号是通过整流子输入和输出。空气轴承式检测辊因为芯轴是固定的不存在信号输出转换问题，所显示的板形是辊缝一条线上的板形）。

通过计算机用式（7-6）和式（7-7）把作用在每个环上的径向力换算成张力，并采用十进制的特殊软件输出给计算机（来自不同厂家的系统，其软件和计算方式也不同）。一般的做法是用计算机把这些信号以板宽度为周期排列，把信号变成傅里叶级数来分析，把傅里叶级数的余弦函数的第一级系数用来控制弯辊，把板形信号和余弦信号的差用于控制喷嘴，把工作侧和驱动侧的板形信号差输入液压压上调解轧辊平衡，控制结果可以显示在显示屏上。其逻辑控制过程如图 7-13 所示。

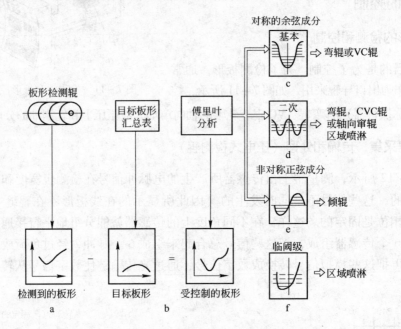

图 7-13 板形控制逻辑框图

7.3.3 原始误差和测量误差

检测辊重量和张力会使检测辊产生挠度，这种变形引起的应力会干扰带材不平度应力的真实分布。在检测辊上的温度分布，也会引起同样的干扰。在带宽度上的 1℃的温度差，将会引起 2.4I 单位的应力差。对于具有微中凸板形的大直径卷材，板形的积累也会形成卷凸度误差。当检测辊的最边缘的两个传感器不能全部被遮盖时也会产生测量误差。来自不同厂家的 AFC 系统处理方法各不相同。例如，关于检测辊重量和张力会使检测辊产生挠度所引起的应力的干扰，有的厂家是采用计算热凸度进行补偿，有的厂家是在检测辊上预先设置正凸度来进行补偿。

7.3.4 轧辊倾斜控制

用来处理非对称板形，如图 7-14 所示，平直度控制环产生一个一次模拟修正信号，通过直线评价功能驱动液压压上系统来修正偏差。

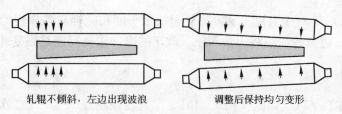

轧辊不倾斜，左边出现波浪　　　　调整后保持均匀变形

图7－14　轧辊倾斜控制

从图7－14可以清楚看到：

（1）带一边薄一边厚是最简单的板形缺陷，也是最容易修正的板形缺陷；

（2）经过轧辊倾斜修正，虽然两边可以达到厚度一致，但被修正过的一边必然会产生波浪或产生窜层；

（3）为了不产生一边波浪，就要求轧制前的带坯两边厚差不能大于实际厚度的0.5%；

（4）要求修正过的一边，厚度斜度不能大于厚度的0.01/%；

（5）轧辊倾斜控制也不是有了厚差就进行修正。当两边厚差小于实际厚度的1%时，轧辊倾斜控制是不动作的。

两边厚差较大的带材，在轧制过程中AFC动态调整的实例如图7－15所示。

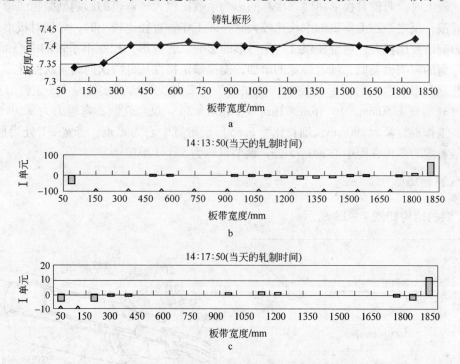

图7－15　两边厚差较大的AFC调整的实例

由图7－15可见，铸轧板两边差0.08mm，达厚度的1.1%，在70~36μm的轧制道次中（图7－15b），带两边差达110个"I"单位，虽然经3min调整（图7－15c，14:13~14:17）带两边差可小于10个"I"单位，但在轧制过程中AFC不断调节倾斜会反复产生窜层（成品卷径为2110mm，当卷径为1830mm时向驱动侧窜，卷径为1850mm时向工作侧窜，卷径为1890mm时向驱动侧窜，卷径为1930mm时向工作侧窜）。因此，铸轧带坯

两边差大于带厚的 1% 对平直度不利。当轧辊的水平度和轧辊与各导辊的平行度误差较大时，带材一边松一边紧的缺陷将无法纠正。改正的唯一途径只能是恢复轧机精度。

7.3.5 弯辊控制

用来处理对称性平直度偏差（图 7 - 16），平直度控制环产生一个二次或高次模拟修正信号，通过抛物线评价功能的余弦函数曲线部分来进行修正。VC 辊的控制功能与此相同。

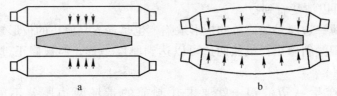

图 7 - 16　轧辊弯辊控制

a—不进行弯辊修正，带材中间部分将出现波浪；

b—通过弯辊调解，带材产生均匀变形，不出现波浪

弯辊控制的效果不如轧辊倾斜那么简单。控制效果取决于工作辊的细长比和带宽。随着工作辊直径的增大模拟修正特性从高阶次向低阶次变化。当工作辊的细长比较小时，即工作辊直径比较大时，弯辊对板形曲线二次幂的影响系数比较大，弯辊的影响呈抛物线形即主要影响中间浪；反之，当工作辊的细长比较大时，即工作辊直径比较小时，弯辊对板形曲线高次幂的影响系数比较大，弯辊使辊缝产生弓形即影响二肋板形，控制不了带的中心部分[2]。弯辊对带宽的影响也类似，随着带宽的增加，模拟修正特性从低阶次向高阶次变化。在铝箔无辊缝轧制状态下弯辊对板形的控制特性如图 7 - 17 虚线所示（实线是 VC 辊调节效果）。对本例（轧制宽 1550mm，$16.8\mu m \times 2\mu m \rightarrow 7.5\mu m \times 2\mu m$ 双合轧制，弯辊力为 $\pm 50kN$/一个轴承箱，工作辊直径为 290mm，细长比为 6.65）设带宽中心为零点，带宽 ± 1 处为最边缘，则弯辊最有效的部位在距中心 ± 0.75 处，调节量约为 5 个 I 单位[2]。

7.3.6 VC 辊控制

VC 辊的结构如图 7 - 18 所示。

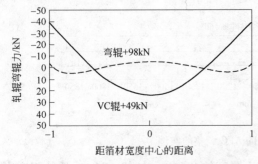

图 7 - 17　弯辊对平直度控制特性的影响

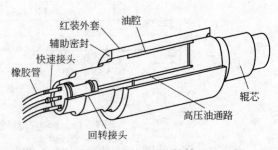

图 7 - 18　VC 辊结构

VC 辊用于支撑辊，用来调解辊系的凸度。试验表明，VC 辊凸度的变化主要影响二次板形变化，即低阶次板形的变化（图 7 -20）[3]，白色部分板形是仅有弯辊力作用时的板形，所在位置的纵坐标即弯辊力大小，黑色部分板形是弯辊和 VC 辊联合作用的板形，

括号中的数字代表的是 VC 辊油腔内的压力和弯辊力。当只有弯辊力作用时，修正后的板形才是高次曲线，而且，弯辊力大小不同，修正后的板形差异明显，进一步修正，加大了喷淋修正的负荷，当弯辊和 VC 辊同时作用时，修正后的板形近似二次曲线；当弯辊力大小不同时，修正后的板形差异较小（图 7-19）。也就是说，当弯辊和 VC 辊同时使用时，板形的控制更为稳定，可以明显地减少轧制过程中的断带率。

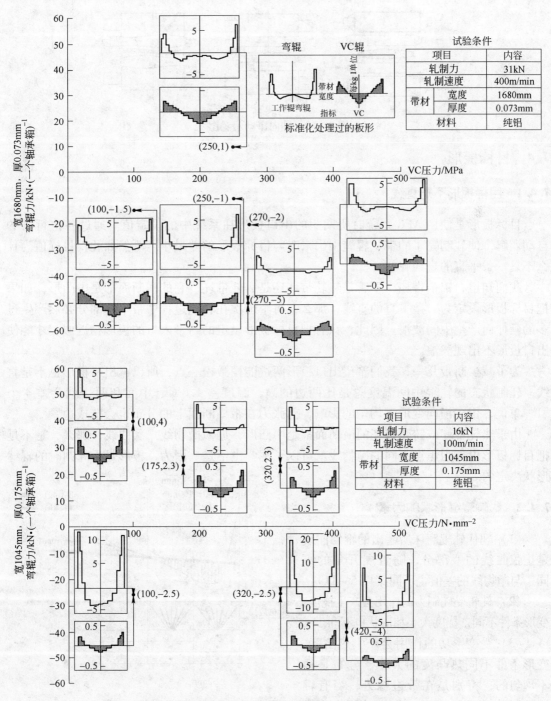

图 7-19 VC 辊和弯辊联合控制的板形修正效果

7.3.7 轴向窜动

轴向窜动控制用于对弯辊功能的补充，扩大了板形调解范围。对四辊轧机，轴向窜动加在工作辊上（图 7-20a），对六辊 HC 轧机（图 7-20b）和六辊 CVC 轧机（图 7-20c）多加在中间辊上。轴向窜动多用于冷轧机，在铝箔轧机上还没有。

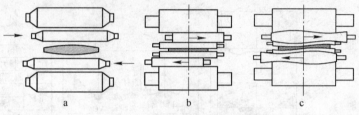

图 7-20 轴向窜动示意图

7.4 目标板形

7.4.1 目标板形不是直线

目标板形是使用 AFC 系统时所期望的出口板形在系统中的设定值。通过各执行器的自动调解，使轧制完了的带从辊缝中出来时与目标板形的差最小。既然如此，目标值为什么不是一条平直的直线呢？

我们知道，铝箔带坯，不管是热轧带坯还是铸轧带坯，它的横断面都是中凸形，如果把目标板形设定为一条平直的直线，那么，每个道次在轧制过程中带中间部分必然产生过多的延伸而产生中间波浪。因此，只有把目标板形设定的与带入口的板形相近似，才能使出口板形不出现波浪。

为了减少断带几率，我们希望出口板形两边能稍微松一点，所以，出口板形也不是直线。轧制状态的轧辊中间温度总是比两边的高，温度差 1.6℃，中间和两边就会差 4 个"I"单位，由于横向变形不均匀的影响，前张力在带横断面上的分布也会造成边紧。

由于热轧带坯或铸轧带坯的横断面都是中凸形，近似抛物线二次曲线，那么，是不是把目标板形设定为焦点不同的抛物线就可以了呢？也不是。因为，板形是由轧制时的辊缝形状决定的。

7.4.2 影响辊缝形状的因素

（1）现代轧辊磨床所磨出的辊形曲线是正弦曲线的一部分，随着展开角的不同，与抛物线的差值也不同（图 5-11）。

（2）轧辊受轧制力的作用会产生挠度，变形条件不同，挠度大小和形状也不同。

（3）受变形功的作用会产生热凸度，变形条件不同热凸度的大小、分布是很不均匀的，特别是在带边缘处，当有辊缝轧制时（图 7-21），在带的两个边缘

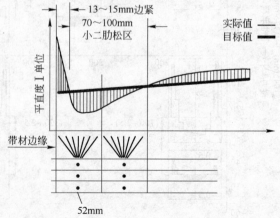

图 7-21 目标板形为抛物线时带边缘处的板形

处会产生两边紧。因此有的轧机配备了热边喷射装置（多用于有辊缝的冷轧阶段）改善两边紧的状况。

（4）在无辊缝轧制中还会产生不均匀的弹性压扁，这些因素使辊缝形状变得十分复杂，（图 7-22），所轧制出来的铝箔板形始终是两边紧而中间松。图 7-22 是在辊身宽 1900mm 的四辊轧机上轧制出来的 1100mm 宽、厚 7μm 双合铝箔的计算机模拟计算结果[4]。

（5）轧机的安装精度也会影响板形。

当轧机的零部件加工精度和安装精度偏差较大时，辊系就处于交叉状态。如图 7-23 所示，辊系交叉的结果，恰似一台 PC 轧机[5]（对辊交叉轧机），尤以工作辊交叉对板形的影响最大，当交叉角仅为 0.5°时，等于将轧辊等效凸度增大 0.5mm[5]，使本来就两边紧的铝箔变得更紧。

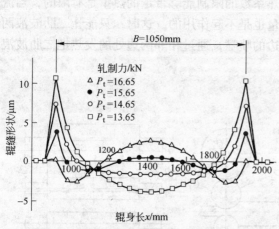

图 7-22 无辊缝轧制时的辊缝形状

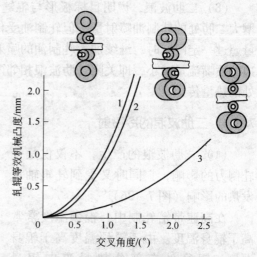

图 7-23 各种轧辊交叉系统的交叉角与
轧辊等效机械凸度的关系
1—工作辊交叉；2—对辊交叉；3—支撑辊交叉

轧辊的水平度以及轧辊与各导辊及前后卷取机的平行度在安装规程中有明确规定。对液压压上式轧机，当两个牌坊处于同一水平面时，上支撑辊是水平的基准。如果轧辊两端由自位垫、轴承箱、轧制线高度调整装置组成的尺寸链不精确，上支持辊就可能倾斜，轧制中就会使带一边松一边紧。轧辊与各导辊及前后卷取机的平行度误差也会引起同样的后果。

7.4.3 目标板形设置的基本原则

目标板形设定的依据是对进口变形和出口板形的判断。当其他工艺条件均处于合适的状态时，目标板形设置的基本原则是：

（1）适当减小卷取张力如果带材出现中间波浪，说明目标板形设定值偏小。

（2）适当减小卷取张力如果带材出现两边波浪，说明目标板形设定值偏大。

（3）当在线板形所显示的出口板形近似于图 7-22 时，那么目标板形的设置应为近似于如图 7-24 所示的形状。

（4）带越宽 h 值越大。

（5）带越宽 ab/bc 的值越大。

（6）随着道次的增加 h 值逐步减小，当在轧制出口厚度小于 0.05mm 时，h 值趋于零，目标板形近似于 8 次曲线的形状（图 7 - 25）。

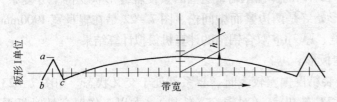

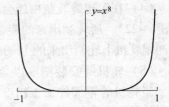

图 7 - 24　当出口板形近似于图 7 - 22 时，目标板形的设置　　图 7 - 25　8 次曲线的目标变形

（7）对同一道次，随着轧制速度的提高，图 7 - 24 中的 c 点向外移。

（8）二肋波浪，说明目标板形与辊缝形状不匹配。为了改变二肋松，主观上往往是增大二肋处的轧制油喷射量，但轧制油受传热系数的限制能够带走的热量是有限的，当流量超过一定限度时，继续加大轧制油的喷射量也是不起作用的，这时，只能让二肋波浪两边的喷嘴流量减小，即关闭二肋波浪相邻两边的喷嘴，通过相邻两边处的发热把二肋波浪处的热量传走。

7.4.4　二肋波浪的冷喷射

（1）二肋波浪的产生，不仅仅是受轧制力的影响，它同时又受到轧辊轴承发热的影响（图 7 - 26）[6]。

在高速带箔轧制中，辊颈温度常常高于辊身温度。由于辊颈温度高于辊身温度，辊径处有部分热量流向辊身（Q_5），辊身上的轧制热和摩擦热除了被带材与轧制油带走以外，部分经过工作辊传给支撑辊，一部分散发到空气中，还有一部分经辊身内部向两端扩散，如图 7 - 26 所示，$Q_5 > Q_4$ 是造成二肋波浪的重要原因之一。

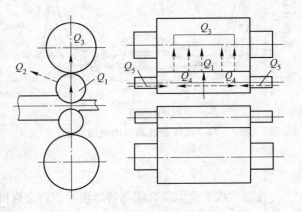

图 7 - 26　轧辊轴承发热对辊形的影响

（2）笔者曾提出 RNTC "辊径热控制技术" 的设想[6]。要想使八个轧辊轴承座的温度和辊身温度取得平衡是相当困难的，但是这种不平衡必然反应到板形上，即所谓二肋波浪，那么，哪里出现二肋波浪就针对哪里喷射冷油就简单多了，只要在每根轧辊辊身两侧增设一组喷嘴就可以实现，使冷油温度比正常油的温度低 15 ~ 20℃，就会有明显的效果。这一技术已经被进口的六辊轧机所采用。

（3）当 $Q_5 \ll Q_4$ 时，会造成起车困难。在温度条件变化较大的季节，就会给辊型控制造成很大的困难。这时利用热边控制就可以使辊形较快地达到热平衡。

7.5　目标板形的设定

不同厂家的 AFC 系统设定方法不同。

7.5.1 ABB 公司目标板形的设定

ABB 的目标板形可以是二阶曲线,三阶曲线,也可以是四阶曲线,还可以设计成八阶曲线(图 7-27)。这种目标板形的设定方法比较固定,选定某一条曲线后,要局部修正就比较困难。

7.5.2 VAI 公司目标板形的设定

如图 7-28 所示,目标板形有四种类型,每种类型的目标值都可以设计成不同的大小,又可以把两种或三种类型结合起来。只是第三种只限于调整带材边缘最外边的两个传感器对应的目标值,第四种只限于调整带材边缘最外边的第二个传感器对应的目标值。为了改变两边的松紧,可以通过板形 3 和板形 4 的配合给出特定的目标板形。

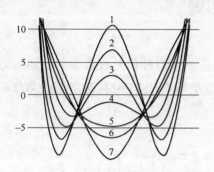

图 7-27 ABB 公司目标板形的设定

图 7-28 VAI 公司目标板形的设定

7.5.3 FATA 公司目标板形的设定

FATA 公司目标板形的设定(图 7-29)基本原理与 ABB 公司的类似。差别仅在于运行过程中操纵手可以通过鼠标人工干预进行局部修正。

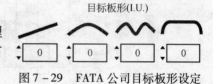

图 7-29 FATA 公司目标板形设定

7.6 AFC 系统的显示屏

不同厂家的显示屏的显示内容和手法各不相同,但不可或缺的内容必然有:在线板形,目标板形。其他如:各执行器的控制量、各喷嘴轧制油流量、温度、整卷板形统计、整卷板形平直度与所轧道次相对应的上一个道次的整卷板形,相对应的厚度,轧制速度等工艺参数,这些内容也可以分别表示在不同的页面上,也可以表示在一个画面上。

7.6.1 瞬时板形

(1)显示屏显示时间的板形。把目标板形和当时板形同时显示出来。目标板形可以是柱状图或竖直线,如图 7-30 左上角板形图中柱状图中的白线为目标板形,柱状图为当时板形。

(2)用弧线表示目标板形,用柱状图表示当时板形,如图 7-30 所示,两边的粗线表示带宽,纵坐标为"I"单位。

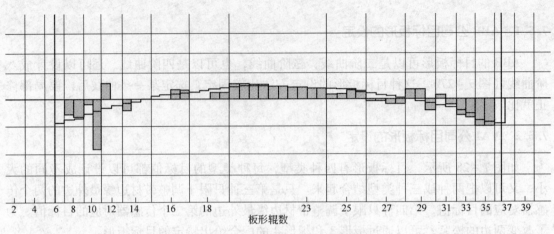

图 7 - 30　用弧线表示目标板形

7.6.2　目标板形与板形偏差

　　显示屏上经常显示的是目标值和测得值。测得值减去目标值是板形偏差，如图 7 - 31 所示。测得值即在轧制过程中所能看到的板形。板形偏差用于 AFC 系统的平直度控制，通过各执行器的调解使其值最小。

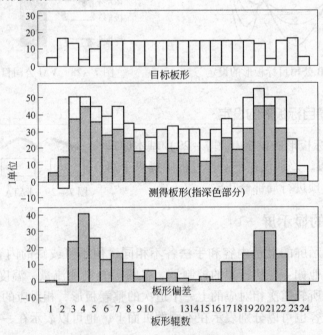

图 7 - 31　目标板形与板形偏差

7.6.3　带全长上的板形

　　带全长上的板形大多数用"地图"方式表示，不同的颜色代表不同的平直度"I"单位。

7.6.4　不良板形的示例

　　（1）轧制力或弯辊力设定不适当时的板形如图 7 - 32 所示，由于轧制力或负弯设定值过小，造成带两边过紧。如果这时弯辊力已经达到极限，说明压下系统不合适。

（2）一边松一边紧板形如图7-33所示，倾斜设定或倾斜执行器有问题。

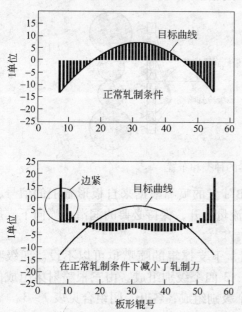

图7-32　轧制力或弯辊力设定不适当时的板形示例

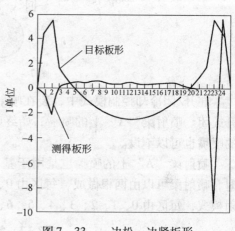

图7-33　一边松一边紧板形

7.7　轧制油喷射

7.7.1　轧制油的喷射功能

（1）通过手动或自动开闭喷射阀调解辊形轧出平直度令人满意的产品。

（2）保持辊缝有足够的轧制油，满足轧制润滑需要。

（3）通过喷射轧制油清洗轧辊和带表面，保持带表面清洁。

7.7.2　喷射控制

为了轧出平直度令人满意的带材，对喷射系统的基本要求就是消除带上高阶次的残余板形偏差。

（1）如果带宽度上的某处板形偏差为"正"（绷得较紧），该处的轧制油喷射水平就要降低。

（2）如果带宽度上的某处板形偏差为"负"（绷得较松），该处的轧制油喷射水平就要提高（图7-34）。

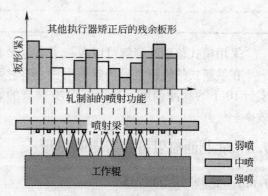

图7-34　轧制油的喷射控制

7.7.3　喷射梁

随着轧制技术的进步，特别是轧制速度的提高，用手动控制轧制油冷却轧辊的方式基本上已不再使用。在自动轧制油冷却控制系统中，喷射梁集手动开闭阀、喷嘴、集油管于一体（图7-35）。可分为开/闭冷却和多级冷却两类。

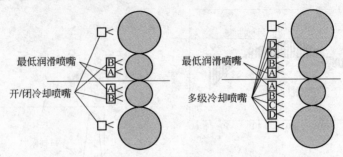

图7-35 喷射梁的种类和布置

在开/闭冷却控制模式中，装在喷射梁"B"上的喷嘴根据来自板形辊上的信号，或开或闭。喷射梁"A"上的喷嘴，始终以最小流量打开，保持必要的润滑。喷向下支撑辊的喷嘴也可以不设。

喷射梁"A"上的喷嘴也是用于基本润滑，下支撑辊的喷嘴也可以不设。四级喷射时，喷射梁可以由两根做成，每区由0、1、2、3四个级别组成。由三根喷射梁组成的喷射模式，每区由0、1、2、3、4、5、6、7八个级别组成，各开、闭组合见表7-3。

表7-3 各等级喷嘴开、闭组合表

喷射等级	B梁喷嘴	C梁喷嘴	A梁喷嘴
0	关	关	关
1	开	关	关
2	关	开	关
3	开	开	关
4	关	关	开
5	开	关	开
6	关	开	开
7	开	开	开

采用模式化脉冲调解可以在一个喷射梁上实现喷射等级的10:1调解。

在最新式的轧机上，仍然采用三个喷射梁，既可以实行8个等级的多级喷射，也可以实行10:1的脉冲调解。采用三个喷射梁的好处是扩大了热交换面积，有利于提高调解效率。

7.8 轧制油喷射可能带走的热量

7.8.1 轧制产生的热量[7]

在辊缝处产生的热量与主传动所发出的能量成正比，是 $M \cdot \omega$（工作辊转矩和转数）的函数。所以轧制产生在工作辊上的热量或称轧辊的热负荷可表示为：

$$Q = M \cdot v/(427r \cdot 2\pi rB) \tag{7-10}$$

或

$$Q = \frac{Ph_2 v \ln(h_1/h_2)}{427 \times 2\pi r laB} \qquad (7-11)$$

式中　Q——轧制产生的热量，$kcal/(m^2 \cdot s)$；

　　　P——轧制力，kgf；

　　　M——轧制扭矩，$kgf \cdot m$；

　　　h_1——带入口厚度，mm；

　　　v——轧制速度，m/s；

　　　h_2——带出口厚度，mm；

　　　r——工作辊半径，mm；

　　　la——咬入弧长度，mm，$la = \sqrt{r\Delta h}$，$\Delta h = h_1 - h_2$，mm；

　　　B——带宽度，mm。

Q 代表了轧辊每转一圈，每单位宽度上带的变形功。

受轧制工艺的限制，轧制速度不可能无限制地增大，对于一台轧机，当工艺条件趋于稳定时，Q 也趋近一个常数。对于带材轧制，Q 为 $420 \sim 840 kJ/(m^2 \cdot s)$；对铝箔轧制，$Q$ 为 $84 \sim 420 kJ/(m^2 \cdot s)$（因道次速度不同而异）。

7.8.2　轧制油可能带走的热量

轧制产生的热量通过热传导传给工作辊、支撑辊、工件，并通过辐射散发到大气中。工作辊上的热量通过辐射和轧制油带走。这种通过轧制油把轧辊表面上的热量带走，实现物体与物体间通过界面进行的热传递。热传递的大小与界面上二物体的温度差成正比，即

$$Q_c = \alpha_c (T_w - T_c) \qquad (7-12)$$

式中　Q_c——轧制油可能带走的热量，$kJ/(h \cdot m^2)$；

　　　α_c——轧制油的传热系数，$kJ/(h \cdot m^2 \cdot ℃)$，对于轧制油为 $2940 kJ/(h \cdot m^2 \cdot ℃)$[7]；

　　　T_w——工作辊表面温度，$℃$；

　　　T_c——轧制油温度，$℃$。

式（6-12）表明，只有轧制油和轧辊表面具有一定的温度差带走轧辊表面的热量才是可能的，该温度差至少在 $10℃$ 以上。而轧制油的传热系数并非是个常数。$2940 kJ/(h \cdot m^2 \cdot ℃)$ 只能理解为理想值。霍格斯黑德用水和乳液对旋转的圆柱体所做的试验如图 7-36 和图 7-37 所示[8]。

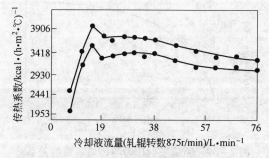

图 7-36　冷却液流量与传热系数的关系

（1cal = 4.1868J）

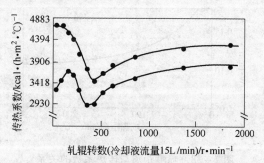

图 7-37　轧辊转数与传热系数的关系

图7-36 冷却液流量与传热系数的关系表明，传热系数只在一个较低的轧辊转数下才可能获得最大值，超过这一临界值增加冷却液流量对传热没有效果。

而图7-37则表明，传热系数只在一个较低的轧辊转数下才可能获得最大值，在增速过程中还有一个最小值（生产中要避开这个区），进一步增大轧制速度，传热系数变化不大。

式（7-12）乘以轧制油喷射面积即单位时间轧制油从辊面可能带走的热量。

$$Q'_c = Q_c A \tag{7-13}$$

式中 A——轧制油喷射面积。

7.8.3 轧制油能够带走的热量

这个热量能不能被带走或能带走多少，还要看传热系数的变化以及轧制油与轧辊接触的瞬间轧制油的温度能升高多少。根据热平衡原理，要带走上面的热量，所需要的轧制油的流量为：

$$L_c = \frac{Q'_c}{GC(T_1 - T_2)} \tag{7-14}$$

式中 L_c——所需轧制油流量，L/min；

    G——轧制油的密度，kg/m^3；

    C——轧制油的质量热容，0.5kcal/(kg·℃)。

由于轧制油和辊面接触的时间很短，$(T_1 - T_2)$ 很小，计算表明能够被轧制油带走的热量很少，所以，仅仅靠增大轧制油流量，对辊形调解起不了决定性作用。

7.9 轧制油嘴布置对传热系数的影响[9]

在7.8.3节中已提及，轧制油能够带走的热量还与传热系数的变化有关，而轧制油喷嘴的布置直接影响传热系数，从而影响轧制油能够带走的热量。

7.9.1 喷射距离、角度、压力和传热系数的关系

（1）喷嘴距离和传热系数的关系如图7-38所示。从图中可以看到，该距离小，传热系数高，该距离最好不要超过100mm。

（2）喷嘴喷射压力与传热系数的关系如图7-39所示，当喷射压力小于1.5MPa时会影响传热系数的发挥，大于2MPa已没有意义。

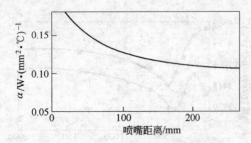

图7-38 喷嘴距离与传热系数的关系
（压力=1.5MPa（15bar）；喷射角=0°；
$\psi = 0.041/(\text{min} \cdot \text{mm}^2)$）

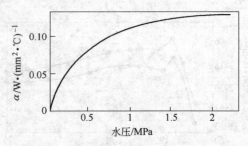

图7-39 喷嘴喷射压力与传热系数的关系
（距离=125mm；喷射角=0°；
$\psi = 0.041/(\text{min} \cdot \text{mm}^2)$）

（3）喷嘴喷射角度与传热系数的关系如图7-40所示。

7.9.2 相邻喷嘴位置对传热系数的影响

两个喷嘴的射流（上下或左右）不应交叠，否则喷射区的交叠部分的渗透能力和传热系数会降低（图7-41）。

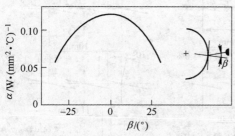

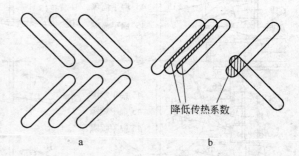

图7-40　喷嘴喷射角度与传热系数的关系
（压力=1.5MPa（15bar）；距离=125mm；
$\psi = 0.041/(\text{min} \cdot \text{mm}^2)$）

图7-41　相邻喷嘴位置对传热系数的影响
a—没有交叠；b—有交叠

7.9.3 喷嘴形式对传热系数的影响

喷嘴形式影响水流密度，而水流密度又影响传热系数（图7-42）。

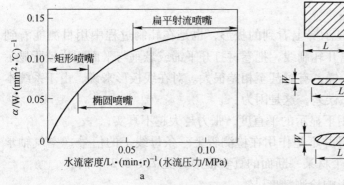

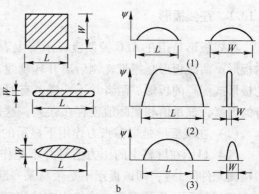

图7-42　喷嘴形式对传热系数的影响
a—喷射区内水流密度与传热系数的函数关系；
b—喷嘴形式与水流密度的关系
（1）—矩形喷嘴；（2）—扁平射流喷嘴；（3）—椭圆喷嘴

7.9.4 喷射梁的布置

喷射梁的布置应使喷射面积尽可能大，而喷嘴射流交叠尽可能小。图7-43是某铝箔轧机配置的一例，在图7-43的左侧示出了喷嘴的配置：喷射角度，喷射距离，喷嘴相对喷射梁的角度。图7-43的右侧，示出了因辊径磨小后，轧制油射流交叠量的变化（只示出了喷嘴 C、B、G、F）。

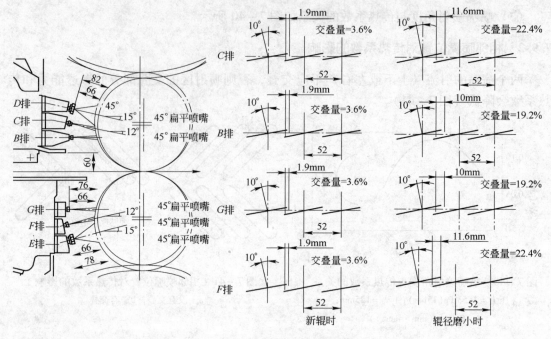

图 7 - 43　喷嘴配置和交叠量

7.10　在线板形和离线板形

7.10.1　在线板形

在线板形是指在 AFC 控制盘显示屏上看到的板形，也是在轧制过程中用目测能看到的板形。离线板形是指带轧制后离开轧制线，把卷材打开平铺或悬垂与平面相比较所显示的板形或测得的板形。两者并不一样，有时甚至相差很大。对在线板形来说，由于系统本身的因素，显示值和实际值就存在误差，这是因为：

（1）在线板形是带在张力作用下显示的平直度，张力越大越不真实；

（2）显示在屏幕上的压力信号并不是作用在检测辊上一条母线上的信号（空气轴承型检测元件除外），即该板形不是带材某一断面的真实板形（见 7.1.3.2 节）；

（3）检测原件的宽度也直接影响检测精度[10]。

图 7 - 44 上边是边部测量区被全部覆盖时的板形分布，下边是不考虑边部测量区时的板形分布。从左至右为真实的板形分布和检测原件宽度分别为 25mm、50mm、100mm 时的板形分布。从图 7 - 44a 中可以看到，当检测原件宽度为 50mm 时，测得值只是真实值的 46%，图 7 - 44b 当不考虑边部测量区时，测得值和真实值已经完全不同。

（4）这种测量偏差在带材边部表现得尤其明显。准确的确定带材边部遮盖区的长度能准确地确定带材边部的平直度。特别是当测量宽度较小时。

（5）检测原件宽度不仅仅影响边部测量精度，对于全部被遮盖的带中部的影响也是明显的（图 7 - 45）。从下至上测量区宽度分别为 100mm、50mm、25mm 的显示值。

（6）系统原件的误差，如传感器的干扰、灵敏度偏差、原件分辨率偏差、显示偏差等。

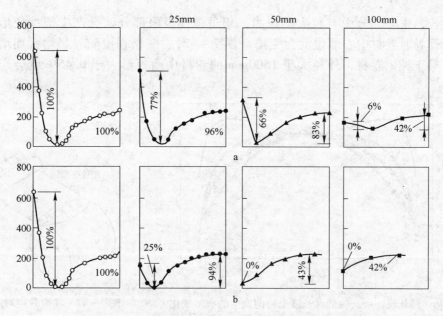

图 7 - 44　测量区宽度不同对带材边部测量精度的影响

（7）张力传感器辊受张力和自重的影响产生
一定挠度会影响张力的均匀分布。虽然在某些张
力传感器辊上预置了一定的补偿，但它并不适于
所有的带材宽度和不同张力。

（8）张力传感器辊安装位置的影响。实践证
明，张力传感器辊和辊缝之间，以及张力传感器
辊和卷取机或其他导辊之间的距离，或者说，张
力传感器辊前后的自由长度不能小于带材最大宽
度的30%。

以上是系统本身所固有的偏差，大概为3~5
个I单位。随着硬件制造水平的不断提高，系统
本身所固有的偏差越来越小。在轧制过程中，受
各种工艺因素的影响，也会给在线值和离线值带
来差异。

（9）热轧时，铸锭加热温度不同，轧制开始
和终了温度不同，合金成分的变化，每一个铸锭
轧制时间和间歇时间不同都会引起热轧板形的变
化。铸轧带坯的板形更为复杂多变，甚至在铸轧
辊一周长的带长度上就可能发生如图7-46那样
的变化。

（10）卷取效应的影响。带材离开辊缝，在
前张力作用下缠绕在卷取机的套筒上，当带厚

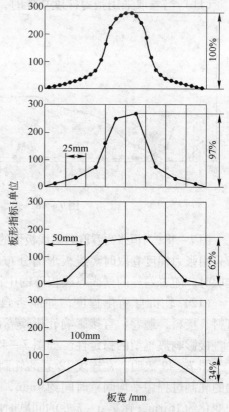

图 7 - 45　测量区宽度不同对带中部
测量精度的影响

是中间厚两边薄明显时，卷取呈桶型，卷材中心部位的直径比两边的大，因此其展开

长比两边长，中心部分受有较大的拉力，超过弹性极限部分就会产生塑性变形，在进一步加工开卷时卷材中心部位就会变松（图7-47），变松程度随卷径增大而增大。根据计算，对于纯铝卷材，外径大于1500mm的卷材中凸板形大于0.45%就会产生塑性变形。

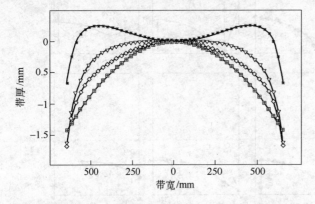

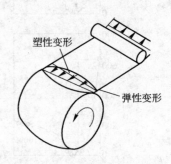

图7-46 铸轧辊一周长的带材长度上可能发生的板形变化

图7-47 卷取效应对内应力分布的影响

（11）当卷取采用张力梯度功能时，这一影响就会变得很小（图7-48）。

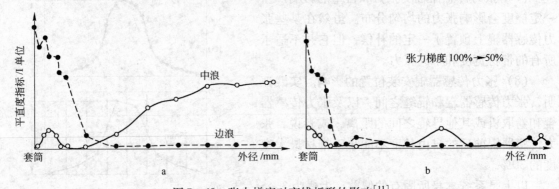

图7-48 张力梯度对离线板形的影响[11]

图7-48a为恒张力卷取时离线板形的分布，图7-48b为采用张力梯度卷取时离线板形的分布。当采用恒张力卷取时，随着卷径的增大离线板形的中浪会愈来愈大。

（12）轧机自动化程度，如能否自动开卷、送料、甩料、接料、缠卷、直接影响轧机换卷的间歇时间，也会直接影响热辊型的稳定性。如图7-49[12]所示。

图7-49表明，在连续12卷的轧制过程中，在后6卷的轧制过程中平均间歇时间约4min，热凸度在半径上的变化约16μm，在第6~7卷的间歇时间达9.8min，热凸度在半径上的变化约22μm，而开始的第一卷，热凸度在半径上的变化约50μm，如果每一卷的间歇时间都超过20min，那么，每一卷的热凸度都要重新建立，板形也就不可能平直。

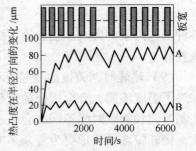

图7-49 在轧制间歇时间的热辊型变化

A—辊身中间的热凸度；
B—辊身边缘热凸度

7.10.2 离线板形的测量

如 7.10.1 节所述，离线板形与在线板形的差别是较大的。为了减少这一差别，有必要测量离线板形，借助改变工艺来减少两者的差别，使产品的平直度更好。常用的离线检测方法有：

（1）最简单的方法是把铝板放在平台上，测得 L（波距）和 R_V（波高）然后进行计算。这种办法简单易行，但是无法测得平直度的分布，而且，当平直度值减小时，L 值不易测准。如果波浪位处带的中间就更不易测量。

（2）科学准确的测量，是把铝板放在平台上，采用三维光学测量技术，既可测得横断面上的板形又可测得纵长方向上的高度变化（图 7-50）。其缺点是成本高。

（3）笔者用过的挠度法比较适合于现场应用，其原理如图 7-51 所示。

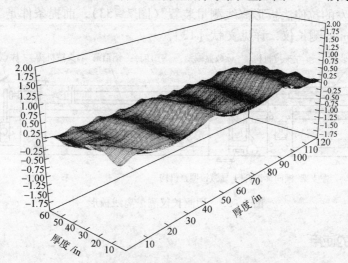

图 7-50 用三维光学测量的板形

（1in = 25.4mm）

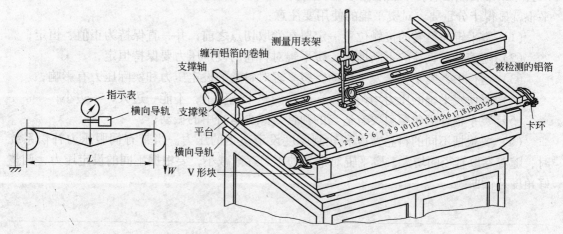

图 7-51 挠度法离线板形测量装置及原理

把要检测的带材纵向切成平行等宽的条，但不要切断，逐条测出每条的挠度并算出与 L 值的差即可测得板形分布。图 7-52 是用挠度法测得的日本三个铝箔厂的平直度。

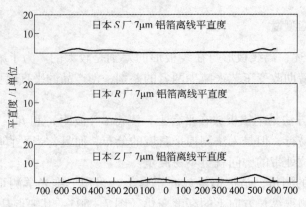

图 7-52 用挠度法测得的日本三个铝箔厂的平直度

（4）笔者开发的拉伸法板形离线测量装置（图 7-53），前提条件是工厂计量室装备有精度为 $10\mu m/m$ 的测长仪，详见文献 [13]。

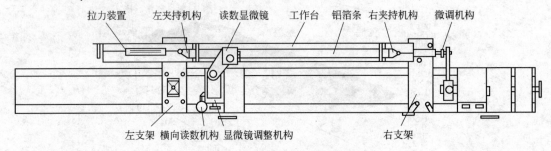

图 7-53 用测长仪测量离线板形

7.10.3 熨平辊的使用

随着轧制速度的提高，在铝箔卷取过程中卷取机又常常使用张力梯度，由于空气被带入会导致窜层或松卷，不但限制了轧制速度的发挥，也容易产生废品。如何正确的使用熨平辊就显得十分重要。对熨平辊的使用要注意：

（1）熨平辊与料卷的接触位置一定要在卷取切点之前，并一直保持为正值、恒定；

（2）随着带卷直径的不断增大，熨平辊对料卷的设定压力要保持恒定；

（3）运行中，熨平辊会发生抖动，熨平辊对料卷的设定压力和实际压力有影响；

（4）要使熨平辊的压力均匀地压在料卷的整个宽度上，不能一边大，一边小；

（5）熨平辊外层包覆料要有适当的弹性，减少运行中的振动；

（6）要根据不同的料卷宽度和轧制厚度设定适当的压力。当带有伺服压力补偿系统时，随着卷取直径的增大，熨平辊对带卷的压力逐渐减小，要根据不同的设定压力，调整好角度补偿曲线。

参考文献

[1] 娄燕雄. 轧制板形控制技术 [M]. 长沙：中南工业大学出版社，1992：5.

［2］Matsumoto Y，等．Shape control of rolling mill with the VC roll ［M］．Sumitomo Metal Industries ，Ltd．，Japen 1990 技术交流资料．

［3］Sumitomo VC roll system for aluminum rolling ［M］．Sunitomo Metal Indstries，Ltd．，Japan．

［4］下士桥渡．アルミニウムフイル圧延のロール间隙形状 ［J］．神户制钢科技报，1983，33 （2）：24．

［5］金兹伯格 V B．高精度板带材轧制理论与实践 ［M］．姜东明，等译．北京：冶金工业出版社，2000：434．

［6］辛达夫．ァルミ冷间压延机と形状制御技术 ［J］．あるAl ァルミゥムの，APRIL，1987：20~24．

［7］Dr．AMANN．轧延理论与实用 ［M］．杨振环，译．中国台湾：前程出版社，1989：198．

［8］娄燕雄．轧制板形控制技术 ［M］．长沙：中南工业大学出版社，1992：140．

［9］范施特登 G．用于提高生产率和带材质量的工作辊冷却系统设计新方法 ［C］．板带轧制科学与技术，第四届国际制钢会议论文选集：159~161．

［10］International conference on steel rolling scence and technology of flat rolled products．1980，Tokyo Japan．

［11］Shape Control Foundation Course 1991 ［M］．Davy 公司的技术交流资料．

［12］Paul Kem and Martin Steffens．Model Surppoted Fletness control System for Alumunium Cold Rolling Mills ［C］．Confirance Papers Advances in Aluminum Rolling 1993 demag：106．

［13］辛达夫，等．铝箔平直度离线测量法 ［J］．铝加工，1995．

第8章　铝箔生产的自动化管理

8.1　生产管理的自动化

　　计算机、网络系统和机器人的发展已经使铝带箔生产管理进入自动化阶段。生产计划、原料配比、中间在制料的管理和转运、各工序的任务分配、生产产品的存放和发货以及资金利用等这些生产管理问题，这些问题可以分为两类，其中一类是在一定数量的资源（人力、物力、财力）条件下，如何充分合理地运用这些资源，来完成最大的任务；另一类是在确定的生产计划下，如何统筹安排，以最小量的资源完成它。通过生产管理的自动化处理，就可以在耗费量最小的情况下，获得最大的经济效益、环境效益和社会效益。

　　铝加工的现代化设备都具备了单台二级或三级计算机控制并留有扩展的接口，通过网络接口加以升级，形成三级或四级管理并不困难。

8.2　铝箔生产的三级计算机控制

　　（1）零级：由各种传感器、极限开关、显示器组成的基础自动化和交/直流主驱动及个别电机的驱动控制。

　　（2）Ⅰ级：闭环工艺过程的控制，如 AGC、AFC、轧机给定。

　　（3）Ⅱ级：过程控制的最佳化控制，如轧制系统表的编制、质量管理、工序间物料运输。

　　（4）Ⅲ级：生产管理和轧制系统管理，如生产计划和任务、生产坯料的最小投入、质量流最佳化、加工时间最佳化、生产计划合理化、典型客户的相关资料等。

　　（5）Ⅳ级：企业资源计划、高级计划和排产。

8.3　高架仓库

8.3.1　高架仓库的兴起

　　高架仓库[1]最早由美国在 1959 年开始使用，1963 年开始应用计算机管理。高架仓库应用于铝箔生产始于德国原 VAW 铝箔厂，其剖面图如图 8-1 所示。

8.3.2　高架仓库的功能

　　使用高架仓库的初衷是节约占地面积，改善存放条件，同时也解决了它所管辖范围内料卷的"入"、"存"、"管"、"运"、"发"问题。

　　所谓"入"是接受料卷并给予固定的编号（编码），并输入相应的合金、规格、尺

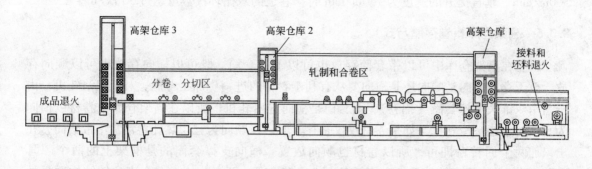

图 8－1 德国原 VAW 铝箔厂高架仓库配置剖面图

寸、质量、用户、技术要求、交货期等。

所谓"存"是指在各工序的存放数量、形式、位置、时间、重量。存的核心是存多少卷。对于一般管理水平的企业，在制料和月产量之比为 1:1。

所谓"管"是完成对物流系统的调度、管理和控制。在进入自动化网络管理之前，还只能是静态的管理，在进入自动化网络管理之后，就可以根据生产计划对生产和料卷的组织进行相应的调整。利用物流管理信息系统将其纳入公司网络系统与数据库环（4P MES）。

所谓"运"是指工序间的转运；在进入自动化网络管理之后也包括了车间之间的转运。

所谓"发"只是简单的进和出，在进入自动化网络管理之后也涵盖了成品发货。

8.3.3 高架仓库的效益

（1）减少了料卷转运中的磕碰伤，提高了转运中的安全性。料卷转运过程中的磕碰伤在国内外的生产过程中都是不可避免的。根据华北铝业公司铝箔车间某年 1~9 月磕碰伤的统计数据（磕碰伤占废品的百分数）为：

月	1	2	3	4	5	6	7	8	9	平均值
%	1.1	0.5	1.37	2.16	2	1.4	2.44	0.8	0.2	1.3

日本某铝加工厂某年 8 月二号冷轧机异常品统计，当月生产 3675t，质量不良产品 181t，磕碰伤缺陷 2t，占 1.1%。

采用高架仓库存放、转运中的磕碰伤完全可以避免。

（2）物流周期可大大缩短，减少了在制料的数量。

（3）避免了在制料的定期盘点和统计。

（4）管理人员可减少 2/3。

（5）提高了在制料的管理水平，为 4P MES 奠定了硬件基础。

8.3.4 高架仓库的存储效率

高架仓库的存储效率取决于堆垛机水平运行和垂直提升的速度。当水平运行速度达

300m/min、垂直提升的速度为 150m/min 时，巷道的双循环次数可超过 50 次/h。

8.3.5 高架仓库料卷存储方式

料卷在高架仓库中可以带套筒存放也可以不带套筒。既可以横向存放也可以顺向存放。至于存放方向是顺向还是横向要从有利于卷材的进一步加工考虑。对于铝箔轧机，由于是用双锥头夹持套筒（铝卷），而套筒是横向进出轧机，所以在高架仓库中卷材以横向为宜，对于铝带冷轧机，如果卷材仅仅是存、取，以顺向为宜。热轧卷常常不带套筒，在出口加两个回转台即可，所以卷材也顺向放置。横向支撑套筒的是框架上的两个"耳朵"，而顺向支撑套筒的是托盘，托盘下边还有横梁，两者相比，一个库位钢结构质量的差别至少几十千克，几百个库位的差距就不能忽视了。

8.4 4PMES 制造执行系统

21 世纪已进入信息时代。在 21 世纪，运行中的铝加工工业中的坯料或带卷，就不单单是在某一段工序如何存储的问题，高架仓库也不仅仅是存储的一种方式。在整个加工过程中，由于每一个工序（铸造、铣面、加热、轧制等）都有一级或二级计算机在管理，都有相关的数据，只要将这些数据综合成信息就能起到管理的作用。所以，高架仓库应当成为自动化物流管理信息系统的一部分。

物流管理信息系统在网络系统与数据库环境支持下，以集成技术为核心，实现生产和物流数据的快速、准确、完整的收集、传送、存储、处理和分析，并做出正确的决策，协调各业务环节，从而高效地组织生产，完成对物流系统的调度、管理和控制。为适应这一专业要求，4P MES 已开始在铝加工行业应用。4P MES 制造执行系统已经有了国际标准 ISA—95，它包含了五种主要模式：

（1）4P 制造顺序管理——管理准备程序给出详细的制造顺序、加工工艺过程。

（2）4P 材料流动管理——使工厂内材料的流动最佳化、逻辑化。

（3）4P 车间之间的物流管理——通过工艺过程数据的汇编给出全厂整个面积的物流分布图。

（4）4P 灵活管理——涵盖整个制造过程信息传递误差的积累处理。

（5）4P 生产数据库——用于事件的积累、报告和性能管理。

模式和模式之间的通讯由 4P 信息系统提供，该系统可以把信息传送给外部计划和工厂系统（条形码或台秤）。

注：4P，即营销学的 4P 原则：产品（Product）、价格（Price）、地点（Place）、促销（Promotion）；MES：Manufacturing Execution and scheduling（制造执行系统）。

8.5 制造执行系统的四级模式

制造执行系统的四级模式[2]框图如图 8-2 所示。

我国自 20 世纪 90 年代初，渤海铝业有限公司引进中国首座高架仓库以来已相继引进多条高架仓库，至 2011 年已达 10 座，利用拥有的二级和三级系统升级为 4P MES 具有很大发展空间。

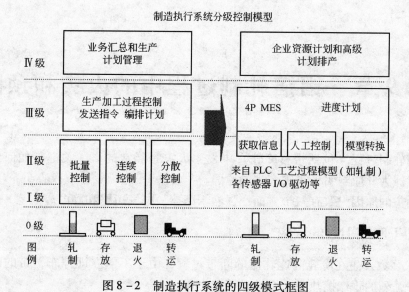

图 8 - 2　制造执行系统的四级模式框图

参考文献

[1] 辛达夫. 铝板带加工过程中的物流管理 [J]. 轻合金加工技术, 2008 (3): 18.

[2] Documantation (draft) 4P MES Iterface to Process Cotrol (L I /L II) 与 SIEMAG 技术交流资料, 1999.

第9章 铝箔轧制过程中的火灾和预防

在铝箔轧制过程（包括带材冷轧）中发生火灾是经常的事，关键是如何预防、减少和正确处置。为此应当明了火灾产生的原因。

产生火灾的原因大致有三个方面：强烈干摩擦、电气短路和静电。

9.1 强烈干摩擦引起的火灾

（1）大多数发生在冷轧高速轧制的断带过程，由于不能立即停车，带的断头挤在辊缝处，由于强烈的干摩擦热量点燃油雾引起火灾。

（2）也有个别情况是使用的塑料润滑油管产生折叠，堵塞润滑点造成轴承干摩擦点燃油雾引起火灾。

为避免此类火灾的发生在高速冷轧机的灭火系统常配置辊缝灭火，当轧制速度超过 1000m/min 时，一旦断带，不管是否起火 CO_2 都会自动喷射。也有的轧机，把 CO_2 喷射与后张力连锁，只要断带，后张力消失，CO_2 就喷射。对于第二种情况，只要不使用塑料润滑管，并正确执行日常设备点检，火灾完全可以避免。

9.2 电气短路引起的火灾

由于轧机周围充满轧制油油雾，一旦产生火花，必然会引起火灾。因此在轧机本体上不允许使用非防爆电气元件，包括照明。轧机应有良好的接地。

只要设计、施工和日常设备点检都能遵照规程执行，接地良好，这类火灾是可以避免的。但是，在实际生产中确实有所发生而不容忽视。

9.3 静电引起的火灾

静电是物体与物体之间相互接触、摩擦、分离而产生的。凡是两种不同的物质，不论固体、液体、气体也不论是导体或绝缘体，相互摩擦都会产生电荷，这种电荷叫静电。例如：轧制油在管线中流动，向轧辊上喷淋，轧制油流回油箱，在油箱中晃动都会引起静电。

在生产环境中，虽然静电荷的能量不大，但静电压往往可达数千伏甚至数万伏。

在我国引进的第一台现代化铝箔轧机油箱开口处测得的静电压为 100 ~ 700V，有时高达 5000 ~ 6000V。

在日本某铝箔厂粗轧机入口处测得的静电电压为 1000 ~ 8000V，多数为 2000 ~ 4000V（一个月的统计记录最高值 20000V），在精轧机测得的电压为 300 ~ 500V（一周的统计记录）。

9.3.1 影响静电大小的条件

（1）轧制油带电量与油管内壁粗糙程度成正比，油管内壁越粗糙，油品带电越多。

（2）轧制油在管道内的流速越大，流动时间越长，产生的静电荷越多，统计表明，轧机周围的静电下午比上午高。

（3）空气的相对湿度越大产生的静电荷越少。

（4）油品温度越高产生的静电荷越多，反之亦然，统计显示，轧机火灾发生在夏季比冬季多。

（5）轧制油中含有较多的杂质时（主要是铝粉），静电荷量显著增加，但实践表明，轧制油过于清洁时静电也高。

（6）轧制油所流经的过滤网越密，产生的静电荷越多。特别是有机过滤纸产生的静电荷更多。因此，平板过滤器的接地一定要良好。

（7）用塑料管输油比用金属管产生的静电荷多，因此轧机周围的管路不能用塑料管。

（8）一般地说，金属容器、设备接地电阻越小，产生的静电荷越少。反之越多。

（9）轧机底下积累的碎铝片越多，产生的静电荷越多，特别是中等厚度的铝箔（单零箔）。

9.3.2 静电如何引起火灾

燃烧要有三个条件即：可燃物，助燃物，达到着火点的热源。

在现代化的铝箔轧制中，均使用窄馏分的火油作为基础油和少量醇或酯（3%～5%）作为添加剂所组成的轧制油作为轧制过程的冷却剂和润滑剂。轧制油的闪点一般为80～120℃。由于其黏度和闪点低，加之在轧制过程中的大量高速喷射和雾化，在轧机周围和地坑中弥散着大量的油蒸气，这就造成了极易起火和爆炸的条件。大气含有23%的氧气，是很好的助燃条件。关键是达到着火点的热源是怎样产生的。

在正常轧制过程中铝箔轧机起火的火源多数来自轧机底部油盘中的铝箔、箔屑与轧制油形成的电容器构造性的静电位积累。这种积累产生非常高的静电电位和非常强的静电场。在这种电场作用下，造成轧制油蒸气分子电离，形成自激导电。这种自激导电方式在高压电工设备带电体周围有时可以观察到。大量的自激导电分子在静电场中运动并释放能量（光、热）就会形成类似火球状物飘忽运动，这种现象在雷雨天时有所出现并不乏记载。如果这种放电产生的能量大于周围油蒸气的最小点燃能量，就足以使油蒸气点燃引起火灾。

据文献记载[1]，与煤油蒸气相似的甲烷、丙烷、丁烷的最小着火能量约0.3J。当轧机下面积累的铝碎片较多时，所形成的电容器能力远远大于0.3J，必然会引起火灾[1]。

9.3.3 火灾的预防和灭火

如何预防轧机火灾在以上论述中已经说明。扑灭轧机火灾的最佳方法就是CO_2喷射。CO_2可以自动喷射也可以手动喷射。在工作期间，最快最有效的方法是手动。因为自动喷射是有延时的。当目视看到火星，而没有启动CO_2喷射，火焰在5s内就会烧过排烟罩。

（1）CO_2有瓶装（高压）和罐装（低压）两种方式。瓶装的充填比要大于1.5，罐装的要小于 1.1。

（2）瓶装的存放区不得受到日光照射，环境温度应低于 40℃。

（3）罐装存放区应设置使罐内温度保持在零下 18℃，压力保持在 $310 \times 10^4 Pa$ 以上的冷冻装置。

（4）低压式储气罐应设置液面计和压力计；高压瓶要有残留 CO_2 的指示装置。

（5）高压喷嘴的喷射压力不得小于 $140 \times 10^4 Pa$，低压喷嘴的喷射压力不得小于 $90 \times 10^4 Pa$。

（6）CO_2 系统的启动系统都有自动/手动转换开关，开关放在手动位置用手动按钮启动系统，开关放在自动位置通过检测/控制元件自动启动系统。但放在自动位置也可以手动启动，放在手动位置却不能自动启动。所以对于轧机来说一般自动/手动切换开关应放在自动位置，这样既可以自动启动也可手动启动。为确保人身安全，只有在夜间、节假日、地下室和地沟中无人工作时，才选用自动。

（7）灭火系统一定要定期检查和试喷。启动瓶失效，系统失灵是经常发生的事。不能及时消除这些隐患的后果十分严重。

当空气中的氧气含量从正常的 21% 减少到 15% 时，就可以使没有明火或余烬材料的地方火焰熄灭。而以 $(500 \sim 600) \times 10^4 Pa$ 压力充入钢瓶中的液态二氧化碳喷放时，每千克二氧化碳可变成 $0.45 m^3$ 的二氧化碳气体。由于防护区形式不同，防护对象不同所需灭火剂量也不同。对于铝带、箔轧机，防护区大致可以分为轧机本体、基础周围、油地下室、电缆、管路、地沟、排烟风筒、辊缝和油盘。根据轧机大小的不同和油流溅散不同，上述区域可以合并，也可以单独分开。

（1）轧机本体：

用量：$8 kg/m^3$；

体积：$V = WLH$，参看图 9-1。

（2）基础周围：

用量：$1 kg/m^3$；

体积：$V = V_入 + V_轧 + V_出$（图 9-2）。

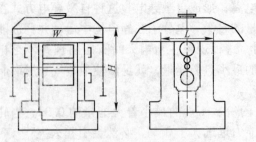

图 9-1 轧机本体体积计算的参照

图 9-2 轧机基础周围所占体积的计算

（3）油地下室：

用量：$0.8 kg/m^3$；

体积：建筑空间的长×宽×深。

（4）电缆、管路、地沟：

用量：$0.8 kg/m^3$；

体积：建筑空间的长×宽×深。

（5）排烟风筒：

用量：$1kg/m^3$；

体积：按风筒尺寸。

（6）平板过滤器：

用量：$16kg/m^3$；

体积：$V = LHW$，$W = 2.2m$，如图9-3所示。

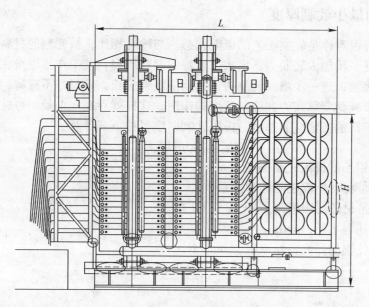

图9-3　平板过滤器体积计算的参照

用以上的验算方法，对国外进口轧机做过多台复核，误差在20%以内。作为设计计算必须遵照我国消防法的有关规定。

CO_2系统自动喷射的启动是通过火情的热或光检测器所测得的火情信号传送给控制器而启动自动灭火系统。

（7）热检测器：当环境温度超过设定温度（70~90℃），或温升速度超过设定值（一般为0.1~0.4℃/s）时，系统会自动启动。这样的启动速度是比较慢的。如上所述，为确保人身安全，只有在夜间、节假日、地下室和地沟中无人工作时才选用。

（8）光检测器：对波长为185~245nm的紫外辐射敏感，对直射或反射阳光或通常的人工照明光源不敏感。因为它是以光速从火情发生处接收信号的，反应速度极快，反应时间小于25ms。可以测得5~15m距离，表面积为$0.1m^2$的汽油引起的火灾。"视觉锥区"约80°。以上的特性，特别适用于轧机轧制区起火的CO_2喷射系统的自动喷射启动。

参考文献

[1] 辛达夫. 高速铝箔轧制中的火情分析及消除办法 [J]. 轻合金加工技术，1988（4）：15.

第 10 章　铝箔的双合

10.1　铝箔的最小轧制厚度

铝箔轧制可以看作是轧制工艺的极限状态。与冷轧相比，被轧制的材料变得很薄，辊缝变得很小，进一步加大轧制力，增大了轧辊的弹性压扁，使工作辊辊身在铝箔宽度以外的部分也相互接触，进一步增大轧制力，只能使机架拉长，带材并不减薄，即所谓的无辊缝轧制，进一步减薄要靠张力和轧制速度的作用，这样就存在一个最小可轧厚度。这时的铝箔厚度称为铝箔的极限轧制厚度。极限轧制厚度可按下式计算：

$$H_{极} = 1.5\mu C R_{p0.2} r$$

式中　$H_{极}$——铝箔的极限轧制厚度，mm；

μ——带材和轧辊之间的摩擦系数；

$R_{p0.2}$——带材的屈服极限，MPa；

r——轧辊半径，mm；

C——轧辊的弹性特性系数，mm^2/N，

$$C = \frac{16}{\pi}\frac{1-\gamma}{E}$$

E——弹性模量，MPa；

γ——泊松系数。

对于钢轧辊 $C = 2.2 \times 10^{-5}\ mm^2/N$。

由于铝箔轧制的真实变形阻力和摩擦系数是随轧制条件而变化的变数，所以按上式计算出的极限轧制厚度并不是一个定数。在现有的轧制设备和工艺条件下，当轧辊直径为 230～300mm 时，都可以轧到 0.01mm。

实际轧制工艺还表明，最小轧制厚度还和轧制宽度有关，例如，就是采用最好的轧机，由最有经验的操纵手来操作，当箔材宽度大于 1m 时，要轧出 0.01mm 以下的铝箔是十分困难的。换句话说，$2 \times 0.005mm$ 的铝箔，宽度大于 1m 时是很难轧出来的，这一点在公式中是反应不出来的。中国云鑫铝业有限公司等用铸轧带坯顺利批量轧制出来的宽 1m、$2 \times 0.005mm$ 的电力电容器箔，得到美国通用电气公司（GE）与欧洲 ABB 公司的认证。

如上所述，为了获得厚度小于 0.01mm 的铝箔，必须在最后一个轧制道次之前进行双合。

10.2　双合的目的

10.2.1　取得必要的厚度

（1）成品铝箔厚度可以小于轧制极限厚度；

（2）能得到一面光、一面暗的铝箔；

（3）比单张轧制能承受更大的张力，可以减少断带次数；可提高生产效率。

当单张成品厚度大于 0.025mm 时，通常都不采用双合轧制。

10.2.2 中间工序的检查

双合不仅仅是为了合轧，也是为下一工序作检查，要把上一工序存在的不良部分，在合轧前去掉，为合轧打好基础。为此，在双合时要使双合的两个卷尽可能一样大小，双合中间有断带要做出记号。

10.3 合卷工序的配置

10.3.1 双合和轧制同时进行

双合可在轧机上和轧制同时进行并同时切边（图 10－1）。

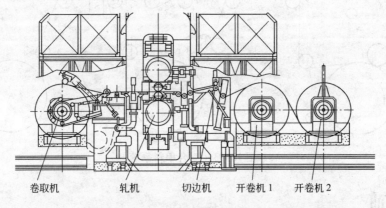

卷取机　　　轧机　　　切边机　　开卷机1　　开卷机2

图 10－1　双合和轧制在一起的双合工序

双合轧制同时进行，简化了工艺流程，缩短了轧制周期，头尾料损失少，有利于生产管理。但相对来讲轧制难度大一些，如果来料品质差，对轧制影响比较大，成品率将大受影响，而且不适宜高速轧制。

一般现代化的高速铝箔轧机系列，都单独配置合卷机，这样更加有利于提高铝箔轧制速度和轧制品质。

10.3.2 单独设置的合卷机

合卷的另一种方式是在单独的合卷机上双合，这种方式可以消除来料带来的缺陷（边部、表面），在很大程度上提高了箔材的品质，有利于提高轧制成品率，并能够保证高速轧制，有利于提高生产效率。从操作效率和投资来看，精轧机超过 3 台时，单独设置合卷机是适宜的。单独设置的合卷机及机组如图 10－2 所示。

10.3.3 双合的串料系统

串料是自动进行的。通过一个封闭的链条系统，R_1 和 R_2 是两个串料杆，分别带动两张打开的铝箔，经过各导辊和切刀送到卷取机处，在"P"点脱开串料杆（图 10－3）。

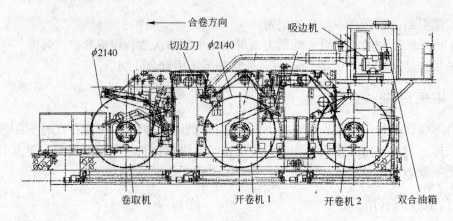

图 10 - 2　单独设置的合卷机

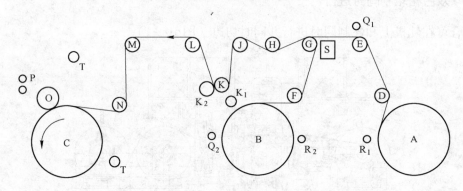

图 10 - 3　双合串料系统

10.4　双合油

　　为了保证经双合轧制的铝箔轧制后能很好地分开和两张铝箔表面品质，合卷时，两张铝箔之间要均匀分布一定数量的双合油。双合油的成分与轧机的基础油基本一致。

　　从提高铝箔暗面和退火品质角度来讲，双合油黏度越低，暗面品质越好，退火除油效果也好。在采用大压下量（超过50%）轧制时，为有利于分切时两张铝箔容易分离，双合油黏度大一些较好。

　　为了把双合油加到两张铝箔之间，有两种方法，滴油法和喷油法。为保证喷洒均匀，喷嘴和铝箔之间的距离应不变。

　　在现代化的合卷机上多采用喷油方式，使油成雾状均匀分布在两张铝箔之间。油量不能太多，否则会发生颤动和皱褶，造成轧制时厚度不均，但油量也不能太少，否则两张铝箔发生错动，使暗面出现划伤、亮条、亮点、针孔等缺陷。

10.5　切边

10.5.1　切边量

　　由于铝箔在前几个道次的轧制过程中，边部已有不同程度的裂口，进入轧辊的两张铝箔的宽度也不可能绝对一致，为了保证双合过程和下一个轧制道次不断带，双合过程要切边。每边切边量不能少于10mm。减小切边量，可能切不掉产生的裂口，造成下一个轧制道次断带，损失会更大。

10.5.2 切刀

切刀有两种形式：圆片刀和方刀片，详见第11章。

（1）圆片刀：为保证切边品质，切刀应锋利与正圆。切刀不能有豁口，上下刀之间有一定的重叠量并相互靠紧，为保证切边品质，在切边过程中还要给切刀适当的润滑。有润滑和没有润滑切边品质是完全不一样的。切边品质不好会增加合轧断带率。

（2）方刀片：即剃须刀片，下刀是整体的多槽"刀辊"。

10.6 合卷张力

由开卷机到轧机或合卷机本体之间的张力称为开卷张力或后张力，由轧机到卷取机之间的张力称为前张力或卷取张力。

用前张力来保证铝箔平直卷取，用后张力保证两张铝箔平直进入轧机或合卷机。张力过大会造成铝箔断带，太小会使铝箔形成皱褶。最合适的前张力是保证铝箔不出现皱褶平直卷取的最小值。开卷张力不能大于前一个轧制道次的卷取张力。

生产统计表明，经过双合轧制的铝箔总是上面那一张针孔比下面那一张针孔多，当双合时，上面那一张的开卷张力比下面那一张稍微小一点，有利于减小这一差别。

10.7 导辊

双合过程要通过许多导辊。

（1）主动驱动的导辊，导辊和导辊之间的线速度差不能超过5%。

（2）被动随动导辊应有良好的动平衡，动不平衡小于20g（在导辊外圆处）。

（3）各导辊之间的平行度要保持良好，导辊全长上的不平行度小于0.03mm。

（4）导辊表面的粗糙度要低于$Ra0.3\mu m$。

10.8 亮点——双合工序最常见的缺陷

10.8.1 亮点的表象

亮点产生在双合轧制铝箔的里面，即铝箔和铝箔相互接触的那面。分开双合轧制的铝箔，内表面像"乌玻璃"一样均匀的麻面，如果存在亮点，就会明显地看到闪光的亮点，亮点可以是满面无序分布的，也可能是局部分散。在显微镜下观察，其图像如图10-4所示。

如图10-4所示，亮点常呈椭圆形，长轴垂直轧制方向。亮点周围边部有明显的摩擦痕迹，亮点中部保有上一道次轧制的痕迹（亮点），有油膜或油痕存在。

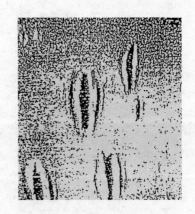

图10-4 亮点的显微图像（×20）

10. 8. 2　亮点产生的机理和预防

经过双合的铝箔，在进一步轧制过程中，在辊缝处的高度方向的变形很难会像一张铝箔那样均匀，两张之间只要发生相对运动，就会产生摩擦，亮点正是微观摩擦的痕迹。

要避免亮点的产生，就要想办法使轧制区内与轧辊接触的两面均匀地变形而不要产生暗面相对变形。因此应排除两张不均匀变形的因素。

影响两张不均匀变形的因素有：

（1）双合的两张铝箔的厚度差要尽可能一致，每一张的厚度波动要小。

（2）双合的两张铝箔的性能差要尽可能小，每一张的性能要均匀一致。

（3）双合的两张铝箔的表面粗糙度尽可能一致。

（4）单张轧制和双合轧制的轧辊的表面粗糙度要一致并均匀。

（5）双合油黏度合适，保持清洁。

第11章 分卷和分切

11.1 单纯的分卷

分卷是双合的逆工序。随着轧制工艺的进步和轧机自动化的不断完善，轧制0.006mm铝箔已不非常困难。可是，若把轧制成的 0.006mm 的铝箔均匀平整的分开却比轧制更为困难。单纯的分卷工序要完成下列作业（图 11 - 1）。

（1）切掉轧过的毛边和切成用户要求的宽度时，切刀的布置形式如图 11 - 2 所示。

（2）把分开的两张铝箔卷到适合下工序或用户要求的卷芯上，根据用户的要求把铝箔的光面或暗面卷到外边。

（3）检查轧制产品的品质，如厚度偏差、砂眼数量、表面品质等，剔除不良产品。

图 11 - 1　单纯的分卷

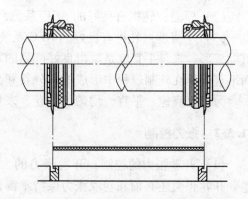

图 11 - 2　单纯的分卷切刀布置形式

11.2　立式分卷的串料系统

如图 11 - 3 所示，按照编号的顺序，经双合轧制的料卷 1，经过随动导辊 2、3、4、5 串入切刀 6（下刀）和 7（上刀），再经导辊 8 进入中心驱动辊 9 和 15 分开上张，经10、11、12 缠到上卷轴，14 是上展平辊；下张经 16、17、18 缠到下卷轴 19，20 是下展平辊。这样的卷取结果，成品卷光面朝外。如果，用户要求暗面朝外，改变卷轴的旋转方向，并且在经过中心驱动辊 9 和 15 之后，上张通过 11、19、12，下张通过 17、16、18 分别缠到上下卷轴，就可以得到暗面朝外的产品，如图 11 - 3b 所示。图中涂有深颜色的轴为驱动轴，其余为随动轴。

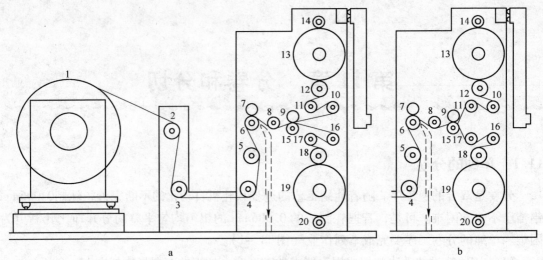

图 11 - 3　立式分卷机的串料系统

11.3　立式分卷的品质控制

11.3.1　来料品质

（1）冶金品质：符合铝箔带坯品质要求的各项规定。

（2）厚差：轧机有良好的 AGC 系统，并且从轧制开始的每一道次都要投入。

（3）平直度：轧机有良好的 AFC 系统，并且能够根据不同的来料平直度设定正确的目标板形。来料平直度是取得良好产品的基础。来料平直度不良就无法取得良好的成品。而平直度是在轧制过程中形成的，分卷和分切过程无法修正。

为确保高速、平直、均匀的分卷，来料的离线平直度要小于 5 个 I 单位。

11.3.2　张力控制

（1）开卷张力的控制：开卷张力的大小直接影响卷取品质。过大会断带，过小会松卷。开卷张力还必须和卷取张力保持平衡，随着开卷卷径的减小而自动补偿。若开卷张力和卷取张力不能很好地自动补偿，会引起起皱、鼓肚、檩条等缺陷。对 1×××合金，开卷张力为 30~40MPa。开卷张力不能大于前一个道次的卷取张力。

（2）中心驱动张力的控制：即图 11-3 的中心驱动辊 9 和 15 所产生的咬入张力。中心驱动张力和铝箔厚度及设备结构有关。在咬入的开始稍大，随着分卷速度的提高逐渐减小，当达到设定速度时，中心驱动张力减小到最小，大约是设定值的 5%~10%。

（3）卷取张力：由卷取机产生的卷取张力，通过中心驱动辊 9 和 15 与开卷张力保持平衡，是确定卷取松紧程度的关键因素。可根据卷紧程度确定其大小。为取得较好的外观效果，操作中往往容易偏大。使用范围和开卷张力相同。

11.3.3　压辊的压力控制

（1）产品轴入口压力：如图 11-3 中导辊 12 和 18 对卷取轴的压力，用来展平铝箔。压力为 1500N/m。

（2）产品轴展平辊压力：图 11 - 3 中导辊 14 和 20 对卷取轴的压力，用来进一步展平铝箔而且是驱动辊，压力为 700 N/m。

（3）产品轴展平辊驱动张力：为了确保带材卷紧程度在整卷长度上是均匀的，卷取轴通常是采用张力梯度控制。为了减少张力自动补偿过程中的张力波动，可驱动产品展平辊加以辅助调节，所以它的使用范围较小，一般在额定值的 50% 以下。

11.4　卷取密度的控制

11.4.1　卷取密度的影响

卷取密度是对成品卷卷紧程度的衡量。其实质就是在卷取过程中在层和层之间进入了多少空气而使带卷密度有所降低。如上面提到的张力和压辊压力都会影响卷取密度的大小。过大不利于残油的挥发，会增大退火产生油斑的几率，过小会使卷取过程中产生塔形或松卷。一般要控制在 85% ~92%，铝箔厚度较厚时，带入的空气量较少，卷取密度可稍大。由于退火的保温时间与料卷宽度有关，对同样厚度的带卷，分卷后宽料不利于残油挥发，卷取密度可稍小些。

11.4.2　卷取密度的计算

$$卷取密度 = \frac{料卷实际质量 \times 1000}{料卷理论质量} \times 100\%$$

$$料卷实际质量 = 称得质量 - 芯管质量（kg）$$

$$带卷理论质量 = (\pi/4) \cdot (D^2 - d^2) \cdot B \times 2.71$$

式中　D——带卷外径，cm；

　　　　d——料卷内径，cm；

　　　　B——带卷宽度，cm。

也有的铝箔厂用空隙率表示卷取密度：

$$空隙率 = 100 - 卷取密度$$

11.4.3　卷取密度的分布

在老式分卷机上，由于没有中心驱动和压辊表面驱动，分卷后卷取密度和料卷所受压力在整卷上的分布是不均匀的，在靠近卷芯部分和卷外周部分，卷取密度差可达 3.3%（图 11 - 4）（分卷的工艺条件：分卷速度为 400 ~ 500m/min，卷取张力为 40MPa，张力凸度为 70%，压辊压力为 1000 N/m）。

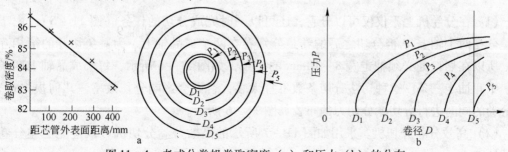

图 11 - 4　老式分卷机卷取密度（a）和压力（b）的分布

11.5 断带率

11.5.1 断带率

经过双合的带卷，都有不同程度的断带，在分卷过程要把断头接起来，以利于下一步加工。根据轧制工艺水平、装机水平和带坯品质的不同，对于厚度在 0.007mm 以下的铝箔，分卷后断带率在每吨 1 个到每 10 吨 1 个。

11.5.2 断带的连接

断带的连接最常用的方法是超声波焊接。利用超声波焊头所发出来的高频能量，穿透表层，使相互接触的部分产生塑性变形，把两张搭接在一起的铝箔熔焊在一起。图 11 – 3 中的导辊 10 和 16 相当于砧铁，两张铝箔分别搭接在导辊 10 和 16 上面，超声波焊头在给定的压力下以一定速度压过，两张铝箔便焊在一起。

11.5.3 焊接参数

(1) 焊接速度：对 0.01mm 以下铝箔为 0.5 ~ 0.6m/min；对 0.01mm 以上铝箔为 0.3 ~ 0.4m/min。

(2) 焊接压力：$(1 ~ 1.5) \times 10^5 Pa$。

(3) 焊接功率：3 ~ 7W。

11.5.4 焊接效果

对 0.009mm、0.011mm、0.03mm 不同厚度的铝箔的焊接部位的拉伸试样统计表明：

(1) 受操作条件的影响，在整个焊缝上的焊接强度是不均匀的。为此，焊接前把焊接部位擦拭干净，在整个焊接过程中两张之间不能窜动。

(2) 整个焊缝上的平均焊接强度相当于铝箔本身强度的 85% 以上。

(3) 对焊接强度影响较大的参数是焊接速度，较大的焊接功率对薄铝箔的焊接强度不利。

(4) 为便于后续工序的操作，应在焊接接头处加上记号。

11.6 分卷分切

(1) 在分卷机上不仅仅可以分卷，还可以同时完成分切的任务 (图 11 – 5)。由于分卷是分在两个轴上，但分切之后的卷是分别卷在两个成品轴上，为避免切开的箔相互咬合，所以在切口处必须抽走宽 8 ~ 10mm 的一条，如图 11 – 6 所示，每个成品轴上四条成品，中间抽走三条。这种切法分切条数不宜太多，否则会影响分切效率，几何损失也多。在分卷的同时进行分切，分切刀的布置如图 11 – 6 所示。

(2) 高效分卷分切机。采用如图 11 – 7 所示的高效分卷分切机可以避免上述分卷分切的缺点。

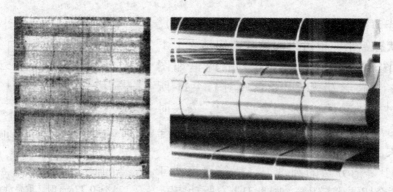

图 11－5 在分卷的同时进行分切

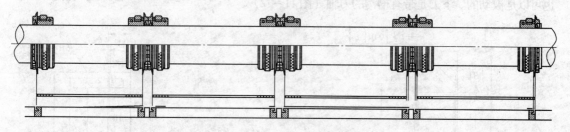

图 11－6 在分卷的同时分切刀的布置

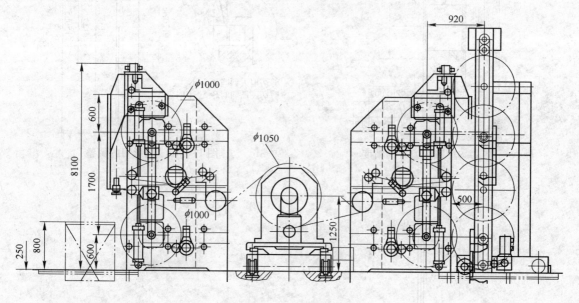

图 11－7 高效分卷分切机

11.7 切刀

11.7.1 切刀选择

切刀选择取决于所切箔的厚度：

（1）适于厚箔分切的圆盘刀（铝箔厚度大于 0.1mm），如图 11－8 所示，刀片精度要求如图 11－9 所示。

（2）适于薄箔分切的碟形刀（厚度 < 0.1mm），既可以切硬状态铝箔，也可以切软状态铝箔。上下刀的配置如图 11 - 8 所示，上下刀的调整如图 11 - 10 所示，对碟形刀的精度要求如图 11 - 11 所示（图中尺寸仅供参考）。采用蝶形上刀，安装时相对下刀要有点预压紧力。压紧力与剪切材料的厚度和材质有关。

（3）适于薄箔分切的圆盘刀（铝箔厚度小于 0.1mm），只适合切硬状态铝箔。圆盘刀带有驱动装置，也可以是被动的。下刀是带有槽沟的刀轴（图 11 - 12）。

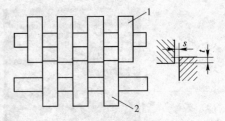

图 11 - 8　适于厚箔分切的圆盘刀的调整

1—上刀；2—下刀

纵向间隙 $S = (5 \sim 8)\% \delta$，δ—箔带厚；

当 $\delta \leqslant 0.12mm$ 时，重叠量 $t = 50\% \delta$；

当 $\delta > 0.12mm$ 时，t 越小越好（接近 0）

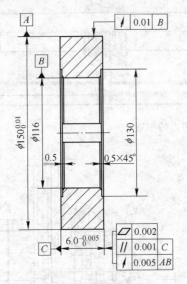

图 11 - 9　圆盘刀片的精度

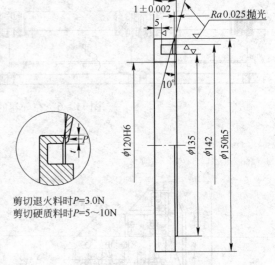

图 11 - 10　碟形刀的调整

剪切退火料时 $P = 3.0N$
剪切硬质料时 $P = 5 \sim 10N$

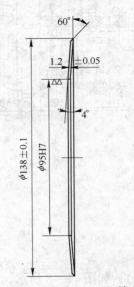

图 11 - 11　碟形刀上下刀精度

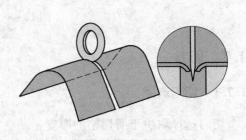

图 11 - 12　圆盘刀

（4）适于薄箔分切的剃须刀（铝箔厚度小于 0.1mm），只适合切硬状态铝箔。下刀是带有槽沟的刀轴，如图 11 - 13 所示（右图是具有微米级调节能力的重叠量调节机构）。

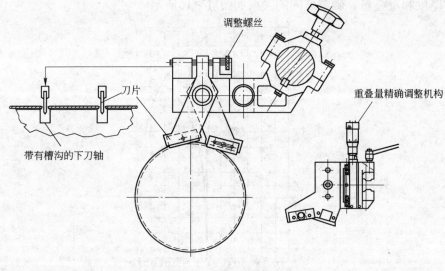

图 11 - 13　剃须刀

上刀采用在燕尾槽上移动的整体刀座，刀盘可以上下左右调节以调整重叠量和侧面间隙或压力，如图 11 - 14 所示。

11.7.2　切刀重叠量和间隙的调整

切刀重叠量和间隙的调整直接影响带材分切后的边缘品质。我们知道，一般可将剪切过程分为两个阶段即压入阶段（断口光滑部分）和滑移阶段（断口粗糙部分），剪切力与相对切入深度的关系如图 11 - 15 所示[1]。

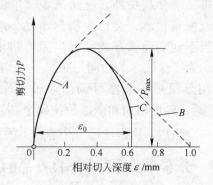

图 11 - 14　可在燕尾槽上移动的整体可调节刀盘　　图 11 - 15　剪切力与相对切入深度的关系

假定剪切阻力为常数，剪切力按曲线 C 变化，也就是说，当剪切深度达带材厚度的60% 时，不再需要剪切力。这就要求我们在剪切时重叠量不应调的过大。现场操作中多数都把重叠量设置的大于带材厚，这是切边质量不佳的重要原因。当剪切薄箔时，要想实现重叠量的精确设置，首先上下刀和刀轴的精度必须保证，其次重叠量的设置要有精确的调整机构（图11–13、图11–14）。例如，要分切厚度为0.10mm的铝箔，合适的重叠量是0.06mm，这是目测保证不了的。

带材厚度和重叠量、侧隙之间的关系如图11–16所示[2]。

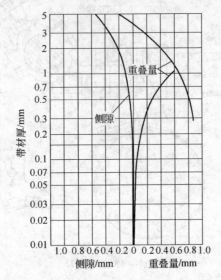

图11–16　带材厚度与重叠量、侧隙之间的关系

11.8　多条分切的张力均衡装置

尽管在现代化的冷轧机、铝箔轧机上都装有 AFC 系统，铝箔厚度在整个横断面上的分布还是不均匀的。在分切又窄又多条时，卷在同一个轴上，同一转速进行分切时，由于是多卷收卷，厚度较大的卷，本身直径变大，从而圆周速度加大，于是张力就集中在厚度较厚的卷上，致使该卷料收紧变硬，达到一定程度，就会被拉断。反过来说，厚度较薄的卷就变得松软，会产生横向窜动，形成窜层，得不到端面整齐成品卷。为了防止这一不足，为了保证多条在同一张力下分切卷取，常使用分段带有摩擦可调的芯轴（图11–17）。通过轴向压力和摩擦片使每个芯管之间

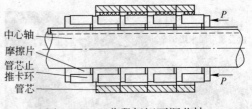

图11–17　分段扭矩可调芯轴

保持一定扭矩，从而使每一个芯管上的张力保持一定。

11.9　分卷分切过程中不良产品的预防

引起分卷分切过程出现产品缺陷的原因来自5个方面：

（1）首先要确保每一个导辊本身的高精度。导辊的正圆度和直线度要小于$0.005\mu m$，动不平衡要小于20g。

（2）组成辊系的各个导辊。由于导辊自身水平度和相互平行度误差或轴承磨损间隙过大，可引起窜层、皱褶等缺陷。

（3）来自卷取张力或咬入辊压力。卷取张力或咬入辊压力过大或过小，会引起卷取

密度过大或过小，成品卷鼓肚，残卷过多等缺陷。

（4）切刀重叠量或间隙调整不当或刀片不锋利，引起边部波浪、卷边、毛刺。对于碟形刀，有无润滑剪切效果明显不同。

（5）芯管精度。由于芯管正圆度、直线度误差太大引起窜层、卷不齐、卷不紧、紧不圆。通常，辊芯的精度远比要求的差，所以，宜在卷取前用千分表找正。

11.10 产品缺陷的在线检查

（1）针孔的在线检查。20 世纪 80 年代，针孔在线自动检查和记录，在分卷分切过程中就已经应用于生产。通过激光照射可显示针孔的大小和在带卷宽度上的分布。可检测直径大于 $25\mu m$ 的针孔，检测时机列运行速度不大于 $300m/min$。

（2）其他表面清洗的检查。随着计算机技术的发展和光敏元件的进步，诸如皱纹、斑点、擦伤、条纹等缺陷也可以在线检测，只是这些缺陷的标定往往要通过用户自己来完成。

（3）带箔表面缺陷已经成为制约产品品质的重要环节。而在板带箔加工过程中的每一个工序都会产生表面缺陷，只在成品检查工序来发现或剔除，不但为时已晚而且已经造成大量不可挽回的损失，仅仅在带卷头部打开进行抽查，往往会把有缺陷的产品带给用户。

如何实现表面缺陷的在线检测，在 20 世纪末期，大型铝加工企业就开始了研究，目前已成功应用于工作速度较慢的机列上，如铸轧、热轧、纵横剪、拉弯矫等机列上。

参考文献

[1] 黄华青. 轧钢机械［M］. 北京：冶金工业出版社，1979：233.
[2] 要素标准 NIS 4100—1968. 西村制作所（和日本西村制作所技术交流资料）.

第 12 章　成 品 退 火

12.1　成品退火的分类

大多数铝箔是在经过完全退火的软状态使用。随着合金箔使用范围的不断扩大，有些合金箔是在经过部分退火的半硬状态使用。因而铝箔的成品退火就有完全退火和部分退火之分。

12.1.1　部分退火

铝箔成品的部分退火的注意事项与 4.6 节所述铝板带部分退火的要求相同。

12.1.2　完全退火

铝箔的成品退火和铝板带的退火要求不完全相同，它不仅要求一定的性能和组织（完成充分的再结晶），而且还要实现更多另外的要求：

（1）表面洁净：无残油，无铝灰，无细菌。
（2）成卷不起楞，展开无皱折。
（3）成卷展开不黏结。
（4）成卷展开的残卷最少。

12.2　成品退火对铝箔成品品质影响的因素

（1）成品轧制道次的表面残油要尽可能少。
（2）轧制油和双合油的特性：黏度高，馏程宽，铝箔品质差。
（3）退火炉的炉型：连续式退火炉效果最好。对箱式炉要有合理的排烟系统。
（4）退火炉内的气氛：带有保护性气氛或真空退火最好。
（5）分卷分切的松紧程度，见 11.4 节。
（6）箔材轧制完了到开始退火的间隔时间。
（7）料卷尺寸，特别是宽度。
（8）退火温度和加热、冷却速度。
（9）一个退火周期的组成和长短。

12.2.1　箔材轧制终了到开始退火的间隔时间

如图 11-4 所示，分卷分切完了的料卷存在有较大的内应力，再加上板形积累的影响，分卷分切完了的料卷马上送去退火会加大内应力的不均匀分配，使退过火的料卷在展开时出现皱纹、打折，特别是在靠近卷芯部分。因此，分卷分切完了的料卷最好放置 24h

后才退火，而且，退火开始的升温速度应大于 20℃/h。

12.2.2 保温时间和料卷宽度

（1）完成充分再结晶的两种形式。为了达到铝箔成品的退火要求，退火时间已经不是由退火后的箔的性能来确定，而是由残油是否除尽来确定。油气的扩散直接受料卷宽度的影响，但首先必须实现充分的再结晶。再结晶没有一个固定的结晶温度，而是在加热过程中自某一个温度开始随着温度的升高或延长而进行成核及长大的过程。这样完成充分的再结晶可以用两种方式来实现：

1）对于经过一定冷作硬化的料卷，从再结晶开始温度，不断地给予热能的补充，连续升温达到完全再结晶的温度，实现充分再结晶；

2）对于经过一定冷作硬化的料卷，使金属达到再结晶开始温度，或高于再结晶开始温度，在该温度下保持较长的时间（所选择的温度越高，所需保温时间则越短）达到充分的再结晶。

也就是说，当变形程度一定时，再结晶的温度越高，加热时间越短。由于再结晶过程本身是一个热激活过程，因此，只要稍微提高退火温度，就能加速再结晶过程的进行。

上面的第一种方式适合于坯料退火，对于铝箔成品的完全退火只能采用第二种方式。

（2）当影响退火的其他因素为一定时，对于厚度为 $6 \sim 6.3\mu m$ 的铝箔，当退火的金属温度为 220℃ 时，完全除尽残油的退火保温时间和宽度（生产经验表明）存在下列关系：

设料卷的宽度为 $B(mm)$，保温时间为 t（h）：

$t \geqslant 7B - 15$（料卷宽 <1000mm，使用 $\phi75mm$ 芯管时）；

$t \geqslant 10.75B - 31$（料卷宽 >1000mm，使用 $\phi115mm$ 芯管时）。

当然，对不同厂家，不同的工艺制度，上式会有所不同。

12.2.3 温度

为了实现充分再结晶，成品退火温度可参照图 12-1 的退火温度和性能曲线确定。

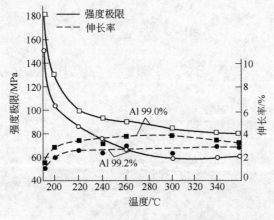

图 12-1 铝箔力学性能与退火温度的关系

金属温度为 200~280℃，以较低温度为佳。因为较低的退火温度更接近轧制油的初馏点，有利于残油的蒸发而不产生油斑。

12.3 注意事项

（1）由于成品退火温度常常比较低，必须保证充分的再结晶，如果没有充分的再结晶，在下一步的加工或使用中会发生脆性断裂。

（2）由于成品退火温度较低而保温时间很长，应避免产生大晶粒，否则强度极限会下降。

（3）在达到所要求的保温时间后，不能立刻在高温下出炉。要使金属温度缓慢冷却到100℃以下出炉，以防迅速冷却铝箔产生皱褶。

（4）完全退火的铝箔的伸长率与厚度有关，1100合金空调箔的伸长率与铝箔厚度的关系如图12-2所示，随着铝箔厚度的减薄，其伸长率更是明显下降。6μm铝箔的伸长率如图12-2所示。

（5）带有保护性气体的退火。含Mg较高的合金如3004或5×××系铝合金，在退火时容易产生表面氧化，因此常采用保护性气体（多半是氮气）退火。退火开始（在100℃）前，用氮气吹扫2~3h，使氮气充满炉膛，吹扫用量约为每小时炉膛空间的3~4倍，炉压维持在（2~3）kPa（200~300mm水柱），保护性气体的维持用量为每小时相当炉膛空间的2~3倍。保护性气体退火周期要比正常退火周期延长一倍。

（6）真空退火。只是在高温退火又严格要求防止氧化的场合（如高纯铝阴极电子箔的退火）才使用，退火时间长，成本高。真空度为（0.05~0.001）×133.322Pa（0.05~0.001Torr）。

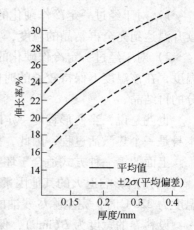

图12-2 1100合金铝箔的伸长率与厚度的关系

第 13 章　典型的板带箔生产工艺

13.1　典型的带、箔生产工艺流程

典型的带、箔生产工艺流程见图 13 - 1。

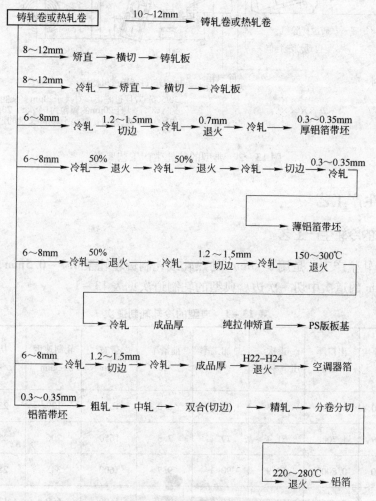

图 13 - 1　典型的带、箔生产工艺流程
（没有注明的退火温度为 350～400℃）

13.2　典型的铸轧生产工艺

典型的铸轧生产工艺要素如图 13 - 2 所示。

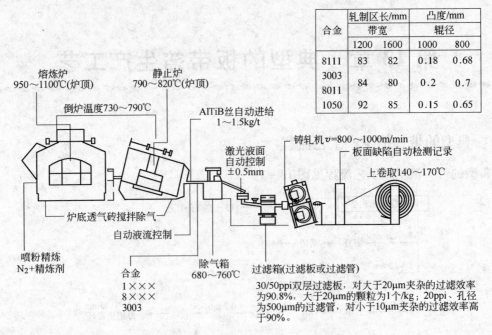

合金	轧制区长/mm		凸度/mm	
	带宽		辊径	
	1200	1600	1000	800
8111	83	82	0.18	0.68
3003				
8011	84	80	0.2	0.7
1050	92	85	0.15	0.65

图 13 - 2　典型的铸轧生产工艺要素

13.3　冷轧生产工艺

13.3.1　传统的冷轧生产工艺

传统的冷轧生产工艺是用 6~8mm 的热轧或轧制带坯轧至 0.7~0.5mm，中间不退火，在 1.2~1.5mm 的道次中切一次边。典型的轧制道次见表 13-1。

表 13-1　典型的冷轧轧制道次

道次	入口厚 /mm	出口厚 /mm	道次 压下率/%	总加工率 /%	前滑率 /%	带宽 /mm	轧制速度 /m·min^{-1}	功率 /kW	轧制力 /kN
1	7.5000	3.5000	53.3	57.6	6.0	1650	129	2573	8640
2	3.5000	1.7000	51.4	79.4	7.3	1650	206	2573	8570
3	1.7000	0.8000	52.9	90.3	9.7	1600	345	2573	7590
4	0.8000	0.4000	50.0	50.0	13.0	1600	690	1700	3710
5	0.4000	0.2000	50.0	75.0	14.0	1600	800	1570	4490
6	0.2000	0.1000	50.0	87.5	14.0	1600	800	1058	4650
7	0.1000	0.0500	50.0	93.8	14.0	1600	800	740	5360

13.3.2 现代化的冷轧生产工艺

现代化的典型冷轧生产工艺（适用于特薄铝箔带坯）见表13-2。

表13-2 现代化的典型冷轧生产工艺

（轧机参数：冷轧机 $\phi 450/1200 \times 1850$，$v = 1500m/min$）

道次	入口厚/mm	出口厚/mm	带材宽/mm	轧制速度/m·min^{-1}	轧制力/kN	入口张力/kN	出口张力/kN
1	10.0	6.0	1520	500	6000~7000	150	180
		退火 350℃×6h		550℃×9h	冷却6h		
2	6.0	3.8	1520	600	5000~6000	100	120
3	3.8	2.4	1520	700	4800~5500	120	90
4	2.4	1.4	550℃×9h	800	4000~5000	90	60
		退火		465℃×3h	冷却1/2h		
5	1.4	0.7	1520	700	3000~3500	42	30
6	0.7	0.37	1520	800	2500~3000	25	15
7	0.37	0.2	1520	1000	2000~2500	14	9

道次	工作辊表面粗糙度 Ra/μm	工作辊凸度/μm	磨工作辊用砂轮粒度/目	支撑辊表面粗糙度 Ra/μm	支撑辊凸度/μm	磨支撑辊的砂轮粒度/目
1	0.60	+40	80	1.00	0	80
2	0.60	+40	80	1.00	0	80
3	0.60	+40	80	1.00	0	80
4	0.60	+40	80	1.00	0	80
5	0.60	+40	80	1.00	0	80
6	0.60	+40	80	1.00	0	80
7	0.60	+40	80	1.00	0	80

道次	轧制油	添加剂	添加剂含量/%	轧制油温度/℃	轧制油黏度/cSt
1	SOMENTR 34	WYROL 12	7.5	40	2.8
2	SOMENTR 34	WYROL 12	7.5	40	2.8
3	SOMENTR 34	WYROL 12	7.5	40	2.8
4	SOMENTR 34	WYROL 12	7.5	40	2.8
5	SOMENTR 34	WYROL 12	7.5	40	2.8
6	SOMENTR 34	WYROL 12	7.5	40	2.8
7	SOMENTR 34	WYROL 12	7.5	40	2.8

13.4 双零箔典型轧制生产工艺

双零箔典型轧制生产工艺见表13-3。

表13-3 典型的双零箔轧制生产工艺

道次	入口厚度/mm	出口厚度/mm	带材宽度/mm	轧制力/kN	开卷张力/MPa	卷取张力/MPa	轧制速度/m·min⁻¹	目标板形/I	轧制油温度/℃	轧制油压力/Pa	添加剂/% WYROL12	WYROL10	醇酯酸	轧辊凸度/mm 工作辊	支撑辊	粗糙度Ra/μm 工作辊	砂轮粒度/目
1	0.350	0.165 ~ 0.185	1330 ~ 1700	1700 ~ 3500	20 ~ 30	30 ~ 35	≤750	+4±2	≤40	$(4\sim6)\times10^5$	2~3	3~4	≤0.2	0.05	0.00	0.15 ~ 0.25	80
2	0.165 ~ 0.185	0.072 ~ 0.090	1330 ~ 1700	1700 ~ 3500	25 ~ 35	35 ~ 42	≤800	+4±2	≤40	$(4\sim6)\times10^5$	2~3	3~4	≤0.2	0.05	0.00	0.15 ~ 0.25	80
3	0.072 ~ 0.090	0.031 ~ 0.042	1330 ~ 1700	1800 ~ 3500	30 ~ 35	40 ~ 50	≤1500	+2±6	≤45	$(4\sim6)\times10^5$	2~3	3~4	≤0.2	0.05	0.00	0.1 ~ 0.25	180
4	0.031 ~ 0.042	0.014 ~ 0.019	1330 ~ 1700	2100 ~ 4000	35 ~ 40	50 ~ 60	≤1500	-4±8	≤50	$(4\sim6)\times10^5$	2~3	3~4	≤0.2	0.05	0.00	0.06 ~ 0.10	220
5	2×(0.014 ~ 0.019)	2×(0.006 ~ 0.007)	1310 ~ 1680	2000 ~ 4500	40 ~ 50	45 ~ 55	≤600	-8±8	≤55	$(3\sim6)\times10^5$	1~2	3~4	≥0.3	0.05	0.00	0.02 ~ 0.03	500

13.5 PS 版板基生产工艺

13.5.1 对 PS 版板基的品质要求

13.5.1.1 厚度偏差小

铝板基的厚度偏差对 PS 版品质的影响主要是指彩色印刷中多个印版图像的套印精度和准确度。PS 版在印刷安装过程中，先是卷覆在滚筒表面，产生弯曲变形，随后又被拉紧，产生拉伸变形。若厚度不一致，其变形也不一致。不仅如此，薄了、厚了都会影响上版品质，影响印刷品质和印次；不同卷的厚度、同一卷各段的厚度都必须一致。

厚度偏差要小于实际厚度的 ±2%。一般讲，在现代化轧机上要使板基厚度偏差达到 ±2% 并不困难，但是要在一卷的总长度上的 99.7%（3σ）以上达到 ±2% 就不简单了。对 PS 版用铝板基的要求严格，仅仅靠 AGC 是不够的，对轧机的自动化有更高的要求，对带坯的厚差的要求也更严格。

13.5.1.2 对平直度的要求

铝板基的平直度应适应 PS 版电解的要求，因卷筒式 PS 版生产线采用无接触喷射法砂目粗化，如板基的平直度不好或波浪大，则电极板与铝板之间距离不一致，其电解液流量也不一致，铝板基表面上不同部位的电量差异大，电解反应程度强弱不一致，形成砂目粗细不均。细砂目储水少，达不到印刷要求；粗砂目储水多，易造成印版空白部分起脏；如果波浪太大还会造成铝板基与电极板局部接触引起短路击穿，铝板基就无法使用了。同时因击穿产生的附属物（铝渣，铝屑）会堵塞喷管，使电解液喷射量不均，甚至使喷管破裂，造成铝板基表面粗糙度差异大及损坏设备等问题。

对 PS 版板基的平直度要求要小于 2 个 I 单位。要取得良好的平直度，仅仅靠冷轧机上装有板形仪是不够的，必须通过拉弯矫或纯拉伸矫直机才能符合要求。对坯料的平直度也有更高要求。

13.5.1.3 铝板基的剪切品质

铝板基纵切后铝卷两边不应有毛刺与荷叶边，特别是在卷筒式 PS 版生产线不允许铝板基有上述缺陷。这首先是由于卷筒式 PS 总生产线在电解粗化、阳极氧化设备中电极板与铝板之间的间隙很小（一般在 3mm 以内），如果板基边部有毛刺、荷叶边等缺陷，很容易造成电解短路而烧板；其次，板基边的毛刺、荷叶边极有可能损坏生产线上的胶辊等装置；还有，板基荷叶边还会造成版面感光层涂覆不均匀，导致印刷时版面花版。该项要求需要通过切边机来实现，高精度的切边机，剪切后边部毛刺最小可达 2μm。图 13-3 是边部毛刺为 5.59μm 的照片。

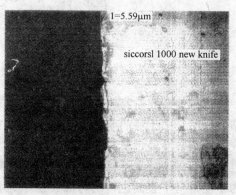

图 13-3 边部毛刺的放大照片

13.5.1.4 印刷对 PS 版品质的要求

印刷对 PS 版的品质要求很高，特别是高档彩印对印刷版的要求不允许有一点点弊病。

要保证印刷版的品质，PS 版用的铝板表观品质是最重要的。铝板表面不能太粗糙，表观粗糙度一般要求 $Ra \leqslant 0.25\mu m$。这一要求可通过冷轧工艺来保证。

13.5.1.5　要有足够的性能

要有一定的性能以保证使用寿命，这是由成分和冶金品质所决定的。常用的合金有3103，1050，1052 等。美国铝业公司新开发的 1020 合金具有更高的强度，更好的力学性能，更高的反复弯曲疲劳抗力和热稳定性。

13.5.1.6　铝板基表面应洁净、平整

铝板基表面应洁净、平整、无裂纹、腐蚀、穿通气孔、严重擦划伤、折伤、印痕、起皮、松树枝状花纹、油痕等缺陷；表面不允许有非金属压入、擦划伤、粘伤、横皮及较严重的横纹；不允许有轻微色差、亮条等问题。在 PS 版生产线上虽然也有脱脂工序，但碱洗工序溶液浓度低，处理时间短，如果铝板表面上油污严重，会在规定的工艺条件下无法彻底清除干净。这样的铝板基在进行电解粗化和阳极氧化时，会使砂目粗细不一或氧化膜的厚薄不均，甚至在氧化膜表面上出现黑条或斑点，最终使 PS 版在印刷中出现花版和耐印力低等品质问题。

13.5.2　PS 版板基的热轧和冷轧

（1）为了取得良好的表面品质，特别是对于 CPT 板基，在大多数情况下是使用热轧带坯。若采用铸轧坯料，必须具有像轧制特薄铝箔带坯一样的质量要求。

（2）冷轧则要采用现代化的典型的冷轧工艺。

（3）必须通过拉弯矫和清洗处理。

13.5.3　传统的矫直工艺

13.5.3.1　传统的连续式拉弯矫工艺过程（图 13 - 4）。

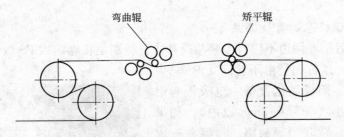

图 13 - 4　传统的连续式拉弯矫工艺过程

在拉伸弯曲矫直机上，带材在张力状态下在小弯曲辊处发生塑性变形，由于弯曲曲率大，且经反复弯曲，由此而产生的三向应力状态，会使带材产生横向弯曲，即使经后续的矫直辊矫直，也会使带材内部呈不稳定的内应力不均衡状态（图 13 - 5），同时为了使带材平直而进行的弯曲辊压下调整，还可能使带材产生少量的侧弯。同时，带材与弯曲辊接触的那面要产生压缩变形（塑性的或弹性的），因而带材与弯曲辊接触的面势必会产生一定程度的摩擦伤痕，影响表面品质。

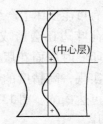

图 13 - 5　常规的拉弯矫直后带材的应力分布

13.5.3.2 连续式纯拉伸矫直生产线 (Pure Stretch Levelflex)

关于连续式纯拉伸矫直线的工作原理，早在 20 世纪 90 年代就有报道，在轻合金加工技术 2008 年第七期的一篇报道中特别强调：要生产 CTP 板基，必须装备德国 BWG 公司的纯拉伸矫直生产线。之后，我国已先后引进三条 BWG 连续式纯拉伸生产线。BWG 连续式纯拉伸生产线的工作原理如图 13-6 所示。

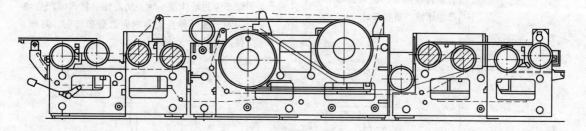

图 13-6　BWG 连续式纯拉伸矫直生产线的工作原理

由图 13-6 可见，纯拉伸型矫直机上没有弯曲辊，带材最大张应力达到其屈服极限，并经两次反向包绕大直径的张力辊，使带材断面任一点处在厚度方向上的各纤维产生的延伸量一致，大直径张力辊还可以弯曲，通过板形仪在线闭环调整大直径张力辊的膨胀量控制板形，从而使带材截面产生均匀的塑性延伸，且使其内应力分布均匀、对称，使带材平直。纯拉伸型矫直后的应力分布如图 13-7 所示。

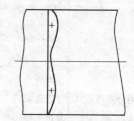

图 13-7　纯拉伸型矫直后带材的应力分布

13.5.3.3 另一种形式的连续式纯拉伸矫直生产线

图 13-8 为意大利 SELEMA 公司的纯拉伸矫直机机列矫直机，其工作原理与 BWG 公司的纯拉伸矫直机机列的完全一样。大直径张力辊可以分段局部膨胀，通过板形仪在线闭环控制板形。

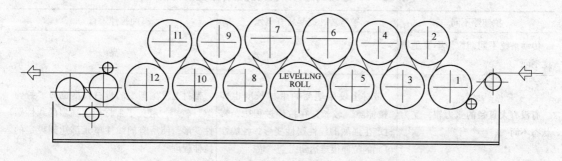

图 13-8　SELEMA 纯拉伸矫直机机列矫直机

13.5.3.4 纯拉伸矫直和拉弯矫矫直原理的差别

纯拉伸矫直和拉弯矫矫直原理的差别见表 13-4。

表 13-4 纯拉伸矫直和拉弯矫矫直原理的差别

项　目	拉弯矫矫直	纯拉伸矫直
矫直原理	带材在张力状态下通过两个以上的小直径弯曲钢辊及矫直辊使带材在张应力和弯曲应力联合作用下，在弯曲辊上发生塑性变形，产生延伸，矫直带材	纯拉伸型矫直机上没有弯曲辊，带材不与钢辊接触，带材在自由状态下拉伸，最大张应力达到其屈服极限并经两次反向包绕大直径的张力辊使带材断面任一点处在厚度方向上的各纤维产生的延伸量一致，从而使带材截面产生均匀的塑性延伸且使其内应力分布均匀、对称，使带材平直
内应力分布	（中心层）	纯拉伸的带材
内应力分布特点	内应力在断面上的分布是对称的，残余应变表现相同，表面平直，内应力在厚度方向分布不均，对平直度有一定影响	带材的塑性变形是全断面均匀拉伸，矫直后厚度方向各纤维的应力、应变差别小，内应力分布均匀对称，平直度好

13.5.3.5 连续式拉弯矫直与纯拉伸矫直的比较

当采用设计功率较大的连续式拉弯矫直机，矫直厚度范围较大时，如果把矫直单元抬起来，使带不经过矫直单元，就是纯拉伸状态。

这两者的不同见表 13-5。通过比较，说明两者的效果还是不同的。所以，大功率的连续式拉弯矫代替不了"纯拉伸"矫直。现场的实践也证明了两者的矫直效果不同。

表 13-5 连续式拉弯矫直与纯拉伸矫直的比较

拉伸隙不同	拉弯矫，提起矫直单元	纯拉伸矫直
传动系统不同，拉伸率控制精度不同	低	高
有没有大直径的张力辊，受力状态不同	带材上发生塑变的带材长度也即"拉伸隙"较长，在拉伸过程中，带材产生强烈的线性塑性变形，各线性单元的拉伸很难达到完全一致	带材上发生塑变的带材长度也即"拉伸隙"较短，避免了带材产生强烈的线性塑性变形，使所有的线性单元都达到设定的拉伸程度
在拉伸矫直过程中，大直径张力辊通过膨胀或弯曲可以调整板形	没有	有

拉伸隙不同	拉弯矫，提起矫直单元	纯拉伸矫直
没有大直径的张力辊是一级拉伸，有大直径的张力辊是两级拉伸	在连续张力矫直过程中，带材的拉伸变形表现为速度关系，带材是在从入口张力辊辊面开始被逐渐拉长的，因此，辊间存在滑动。 这种必需的滑动是连续张力矫直的基础，没有这个滑动就没有这种形式的张力矫直	纯拉伸型矫直机上的各张力辊采取小力矩传动，即多辊小张力放大策略，带材与张力辊的附着力小，因而带材与张力辊的弹性滑动量小，摩擦损伤程度小。 在塑性拉伸出口侧为大直径辊，带材外表面附加变小，也就是说，产生的带材盘绕残余变形小，带材表面张力和横向附着力小
	由于是一级拉伸，在拉伸两端的张力辊具有较大的力矩，而且，带材与弯曲辊接触的面产生压缩变形，会产生一定程度的摩擦伤痕	带材经两级（次）拉伸，使每级拉伸间的横向收缩较小，带材外层弯曲塑性变形对称，理论上讲没有盘绕引起的残余变形

13.5.3.6　纯拉伸的矫直效果

纯拉伸的矫直效果与被矫直材料的状态、入口平整度有关，如图13－9所示。

13.5.4　表面清洗

13.5.4.1　清洗方式

清洗的目的是去掉带材表面上的残油和铝粉。清洗的方法有静电法，热水清洗，带有一定温度的碱洗或酸洗，用有机溶剂或挥发性油清洗。

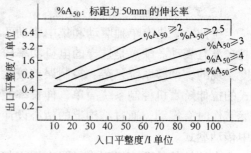

图13－9　纯拉伸的矫直效果

均匀分布的残油，如果小于25mg/面，以上的清洗方法都可以洗掉，但要把与油混在一起的铝粉洗净就比较困难，因为铝粉不仅仅是覆在表面，且在轧制过程中被"压入"表面，粘在表面甚至深藏在表面粗糙的"凹槽"中。用静电法和有机溶剂或挥发性油清洗效果可以达到95%以上，热水只能洗掉70%～80%，碱洗或酸洗可以达到85%～95%。清洗过程中使用辊刷只能去掉60%～65%的表面铝粉。

13.5.4.2　清洗液的添加剂

由于铝对碱性比较敏感，清洗液常用弱酸性添加剂。在清洗机列上常用的添加剂有 $Na_5P_3O_{10}$ 52% + $Na_2B_4O_7 \cdot H_2O$ 43% + 活性剂 5%。使用浓度为1%～2%，温度≥70℃。

13.5.4.3　清洗液的过滤

清洗液的温度和浓度是自动控制的。在清洗过程中循环使用的溶液（水）应过滤。

在冷轧过程中，净油中杂质颗粒大约是 2～5μm 的占87%，参照这一指标，清洗过程中循环使用的溶液的过滤精度不应大于 2～5μm。

13.5.4.4　表面清洗效果的检查

（1）称重法：切取 1/10m² 样品，经过充分退火，称量退火前后的质量差。称量天平等级应不低于十万分之一克。由于称量结果只能分辨出毫克，所以也只能检测清洗前带油的等级。

（2）表面张力法：参照 GB 3198 附录 A。

（3）"半定量"法：用脱脂棉在表面上用手往复擦拭三次，脱脂棉不变色。这种方法虽然不是准确的定量结果，在现场还是比较实用的。

13.5.5 纯拉伸矫直机主要参数的校核

13.5.5.1 拉伸张力的校核

在没有弯曲矫直辊和展平辊的纯拉伸状态下，矫平带材所需的拉力要大于带材本身的屈服应力，通常取为屈服应力的1.2倍，即

$$T = 1.2\sigma_s tw \qquad\qquad (13-1)$$

式中　T——纯拉伸矫直所需的张力，N；

　　　σ_s——带的屈服极限，MPa；

　　　t——带厚度，mm；

　　　w——带宽度，mm。

在审核中要特别注意的是，不能把 σ_s、t、w 都选用最大值，要选用最常用的值，否则，机列参数就会选的很大又不实用，造成浪费。

13.5.5.2 主机功率的校核

拉伸矫直机有单独驱动和集中驱动两种形式。单独驱动的拉伸机设备结构简单，工作起来没有震动。缺点是选择的电机功率较大，耗电量大，恒伸长率控制是通过调整各辊速度实现的，调整系统复杂、控制误差较大，所以造成的伸长误差相应较大。而集中传动型式的拉伸矫直机控制系统简单，伸长率控制精确，误差较少，能确保良好的矫直效果，虽然工作时有震动，通过结构上的精心设计是可以避免的，所以，纯拉伸的矫直机多采用集中传动型式。

在纯拉伸的矫直机列入口张力辊组与出口张力辊组之间，由电动机经过齿轮传动装置驱动，但两者之间以差动装置相连。带材从入口张力辊组进入，再从出口张力辊组出来，形成一个封闭的循环回路，根据循环功率的概念，可求出封闭功率值为[1]

$$N'_{封} = \frac{Tv}{102} \qquad\qquad (13-2)$$

式中　T——拉伸矫直的张力，N；

　　　v——机列速度，m/s。

按此封闭功率设计差动齿轮传动装置：由于入口张力辊处于"发电状态"；而出口张力辊处于"电动状态"。若无机械损失，上述两者互为平衡，功率相互抵消。这就是说，电动传动功率可按其机械损失和矫直段变形功计算。变形功取决拉伸的变形率，机械损失一般取为封闭功率的百分数。所以，纯拉伸矫直机列的主机（张力辊组中出力最大的那个电机）功率可按下式校核：

$$N = 1.2\frac{Tv}{102}(\delta + \eta) \qquad\qquad (13-3)$$

式中　δ——拉伸率，一般取为 1% ~ 3%；

　　　η——效率，15% ~ 20%。

参考文献

[1] 周国盈. 带钢精整设备 [M]. 北京：机械工业出版社，1982.

第 14 章　铝箔的精加工

通过以上工序加工出来的铝箔统称素箔。素箔经过以下加工称为精加工铝箔，计有：切片箔，重卷缠绕（折叠）箔，压花箔，复合箔，涂层箔，上色箔、印刷箔，由以上多种组合形成多功能铝箔。

14.1　切片

铝箔很少切成一片一片去使用。把铝箔切成一片一片的往往是用于手工包装，而且，切片前往往还要作某种其他精加工处理如染色、压花等。连续切片设备和加工过程如图 14－1 所示。

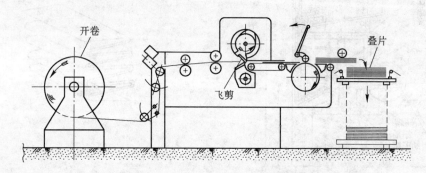

图 14－1　连续切片设备和加工过程

14.2　重卷缠绕（折叠）

重卷缠绕（折叠）是铝箔精加工最简单的一种操作，主要用于家庭包装，重卷缠绕成品为卷状，折叠成品为块状。

14.2.1　卷状家用箔

卷状家用箔是把一定宽度的软状态铝箔缠绕在纸芯管上，缠绕成一定长度，装在纸盒中，盒中的开口处，装有锯齿状刀口。使用时，抽出一段，在刀口处扯断。图 14－2 是批量生产的缠绕箔生产线，生产能力可达 100t/月。图 14－3 是单体缠绕机，铝箔宽度为 200～500mm，箔卷直径为 25～100mm，生产能力为 1000 卷/h。

14.2.2　折叠块状家用箔

卷状家用箔使用起来要一段一段的扯断，还是很麻烦。块状家用箔就像饭桌上的餐巾纸，抽出来就可以用，在盒中叠成如图 14－4 那样。图 14－5 是折叠机生产线[2]。

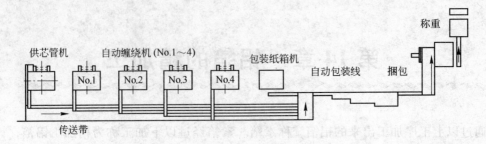

图 14-2 批量生产缠绕箔生产线

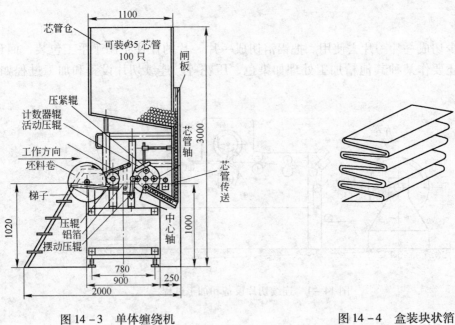

图 14-3 单体缠绕机   图 14-4 盒装块状箔

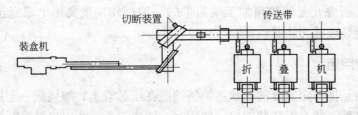

图 14-5 块状箔折叠机生产线

14.3 压花

使铝箔通过带有花纹的辊，在表面形成各种图案的花纹，大多数用于表面装饰，以提高装饰效果，花纹刻在钢辊上，对应的另外一个辊是弹性较大的纸板组合辊或石棉辊、橡胶辊。在压花前，要先在纸辊上滴少量水跑合。最常见的花纹是包香烟的方格花纹。花可压于光面上，也可压于暗面上。压花原理如图 14-6 所示。

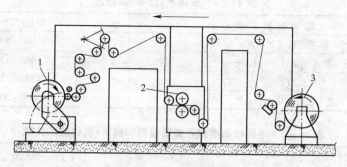

图 14 - 6 压花工作原理

1—卷取机；2—压花辊；3—开卷机

14.4 复合

复合是把铝箔卷和另外一种成卷的材料，在开卷过程中用黏结剂合在一起，再重新卷卷的过程。根据使用黏结剂的种类不同，复合可以分为湿式、干式、热融式、聚乙烯挤出式。通过复合可提高材料强度，改善透湿度和进一步加工的适应性。

14.4.1 湿式复合

所谓湿式复合就是使用水溶性黏结剂或水分散型黏结剂，而被贴合材料必须是透水或透气的多孔性材料，黏结剂在润湿状态下有一部分能渗入多孔性材料（但不能穿透）。在通过干燥装置时，将水分蒸发，然后卷卷（图 14 - 7）。

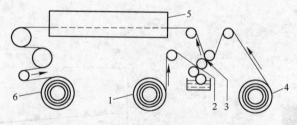

图 14 - 7 湿式复合工作原理

1—铝箔；2—涂黏结剂；3—复合；4—纸卷；5—干燥装置；6—复合制品卷

14.4.1.1 湿式复合黏结剂

常用的湿式复合黏结剂有：水溶型蛋白质黏结剂（胶水、酪朊、动物胶）；水溶型碳氢系黏结剂（淀粉，糊精、纤维素）；无机系（硅酸钠）；有机系，如丙烯酸变性醋酸乙烯、乙烯 - 醋酸乙烯共聚物、乙烯 - 丙烯酸酯共聚物。

现场应用较多的是醋酸乙烯和硅酸钠（水玻璃）。前者用于现代化的湿式复合机上，黏结力强、柔软、耐水，但成本高；水玻璃价格低廉，但干燥后发脆，放置时间长发黄。

14.4.1.2 黏结剂黏度与黏结材料的关系

随铝箔厚度和硬度的增加，以及纸的单位克重的增加，黏结剂的黏度也要增加（表14 - 1）。典型的醋酸乙烯黏结剂和酪素/乳化胶的性能见表14 - 2。

表 14 – 1　黏结剂材料与其黏度

黏 结 材 料	黏度/MPa·s
铝箔 + 半透明纸（20 ~ 50g/m²）	700 ~ 900
铝箔 + 标签用纸（50 ~ 100g/m²）	1000 ~ 1500
铝箔 + 牛皮纸（200g/m² 左右）	1700 ~ 2500
纸 + 纸板（600g/m²）	2000 ~ 3000

表 14 – 2　不同性能醋酸乙烯黏结剂和酪素/乳化胶的比较

性　　能	日本 醋酸乙烯乳化胶 501	国产 醋酸乙烯乳化胶	德国 A8024 – 22 酪素/乳化胶
含固率/%	32	50	31% ±1%
pH 值	3 ~ 5	4 ~ 6	5.8 ~ 6
黏度/MPa·s	2000 试验条件： (25℃，4r/min)	2000 ~ 7000 试验条件 (20℃，750r/min)	200 ~ 500 试验条件 (20℃，20r/min)
增塑剂/%		5	—
高温稳定型	良好，60℃，15d	—	—
冻融稳定型	– 18℃，16h	—	—
最低成膜温度/℃	3	—	—
稀释	10% ~ 30%	—	最大加水量 5%
机列速度/m·min⁻¹	< 150	< 150	350 ~ 450
用途	一般包装	一般包装	食品包装

　　黏结剂的黏度有两种表示方法：回转法和读秒法。回转法黏度计如图 14 – 8 所示。黏度计转子转数不同，黏度值也不同（图 14 – 9），黏度单位是 MPa·s。

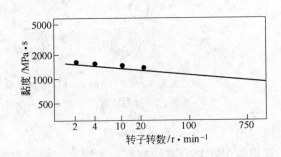

图 14 – 8　回转法黏度计　　　　　图 14 – 9　回转法黏度计黏度与转数的关系

　　读秒法有：Zahn 法，Ford 法。都是将黏合剂装入定量量杯，读出通过一定直径的孔流完的时间代表黏度。

　　测量黏度时，必须保持温度一定，温度不同，黏度也不同（图 14 – 10）。

　　黏结剂的黏度代表的是黏结剂的流动性，并不代表黏结剂的黏结牢度，黏度越小，流动性越好, 有利于操作。

两种黏度相同的黏结剂并不代表两者黏结性能相同, 特别是将高黏度黏结剂加水稀释后的黏度与低黏度的原黏结剂性能完全不同, 因为其分子结构和相对分子质量不同, 有的黏结剂随转数升高而降低, 一经放置就增高, 再一搅拌又降低, 并不影响使用; 具有相反性能的黏结剂不宜使用。因此, 不同的工艺条件, 必须通过实验确定合适的黏结剂。

14.4.1.3 黏结剂的黏结强度

黏结剂的黏结强度主要取决于黏结剂的含固量和胶膜厚度。黏结剂的黏结强度与黏结剂含固量的关系如图 14 - 11 所示, 比较合适的含固量在 30% 左右。低于 20% , 黏结强度明显下降。

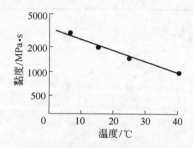

图 14 - 10 黏度与温度的关系

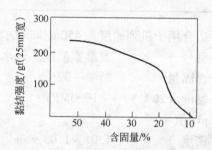

图 14 - 11 含固量与黏结强度的关系

胶膜厚度一般控制在 2 ~ 12μm。

14.4.1.4 涂胶方式

湿法复合的涂胶方式有四种 (图 14 - 12): 接触辊式 (图 14 - 12a), 直接辊式 (图 14 - 12b), 凹辊式 (图 14 - 12c), 计量棒式 (图 14 - 12d)。

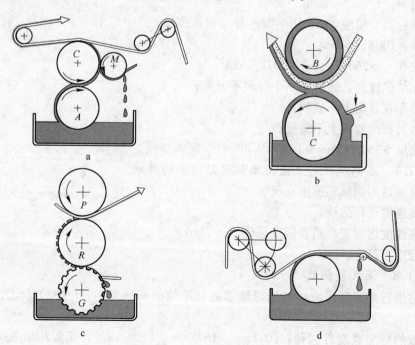

图 14 - 12 湿法复合涂胶方式

14.4.1.5 湿法复合箔的性能

湿法复合箔的性能见表14-3。

表14-3 湿法复合箔的性能

黏结剂	箔材厚度/mm	纸	规格/g·m^{-2}	厚度/mm	破裂强度/N·cm^{-2}	伸长率/%	撕裂强度/N·(15mm)$^{-2}$
醋酸乙烯乳胶	0.008	20g 薄纸	41.5	0.046	7.84	1.7	25.5
	0.008	36.1g 模造纸	59.3	0.055	9.80	2.8	30.4
	0.008	52.3g 优质纸	76.2	0.085	11.8	2.8	37.2
	0.012	300 号普通玻璃纸	80.32	0.058	36.6	16.7	49.3

适合用于机列速度为450m/min 的乳胶的技术条件:

型号　　　　　含酪素醋酸乙烯水溶胶;

含固量　　　　35%~37%;

黏度（20℃）　<1000MPa·s;

pH 值　　　　 5.5~6;

密度　　　　　1.01~1.03g/cm^3;

外观　　　　　轻微触变性白色液体;

机械稳定型　　良好;

乳胶粒子　　　<1μm（95%）。

14.4.1.6 含酪素醋酸乙烯水溶胶的特性

胶膜:无色、无异味、柔软、坚固;

干膜质量:1~2.5g/m^2;

耐水性:20℃浸泡24h,用手揭不开（只能撕破）;

耐热性:100℃ 15min;

热密封性:>260℃,1s,0.07kgf/cm^2;

初期黏结强度高:通过第一个导辊不分离;

短期停车在导辊上不成膜;

连续运转在涂胶辊上不结痂;

黏结强度>250gf/25mm（1gf=9.8dyn）,底膜牢固。

14.4.1.7 在高速机列上使用高黏度黏结剂的弊病

机列速度达不到额定速度;

采用高速度运行透胶;

采用高速度运行复合箔卷湿度超标（>7%）;

黏结强度不稳定。

14.4.1.8 湿式复合纸

与铝箔进行湿式复合的材料用得最多的是单位面积质量为20~330g/m^2 白纸,见表14-4。

中国纸的标准宽度有三种:1092mm、1575mm、1760mm,在选择用纸复合的产品和设备时要注意与纸的宽度相适应。

表 14-4　湿式复合用纸

用　途	规格/g·m^{-2}
	薄叶纸 21~28
香烟包装	上质纸 50~54
	模造纸 36~40
奶油，食品	羊皮纸 30~40
点心盒	白纸板 220~240
绝缘纸	绝缘纸 300~330

为了能在衬纸机上顺利运行并取得良好的复合品质，复合用纸应满足以下要求：光滑、洁白、平整、均匀、无彩花、皱纹、伤痕、杂物、孔洞。作为食品包装用不得含有多氯联二苯和荧光增白剂。能够承受卷取张力，适宜高速运行。使用前必须有防潮包装。

14.4.2　干法复合

14.4.2.1　工作原理

所谓干法复合（干裱）是把溶剂型黏结剂涂在铝箔上，先进行干燥，然后在一定压力和温度条件下和其他材料复合卷卷，其工作原理如图 14-13 所示。

干式复合主要用于铝箔、塑料薄膜等非多孔性材料为基材的复合中，由于复合之后黏结剂中的水分不能蒸发掉，所以不能使用水溶性的黏结剂。因此一般使用溶剂型的黏结剂涂布，其方法就是先用干燥装置将溶剂蒸发后，然后用已加热的压辊挤压复合（图14-13），从被复合材料开卷机出来的基材（7）用涂布装置涂布黏结剂，然后再通过干燥装置，与从铝箔开卷机出来的铝箔用压辊挤压后用卷取机卷成复合制品。这种方法所使用的黏结剂是醋酸乙烯、氯乙烯树脂系统的黏结剂、纤维素黏结剂、聚氨酯黏结剂。

14.4.2.2　涂胶方式

常用的涂胶方式有直接辊式（图 14-14A），逆转辊式（图 14-14B），凹印辊式（图14-14C）。前两种涂胶方式和湿式复合一样只是涂胶辊要耐溶剂型。逆转辊式涂胶方式如图14-14 所示。在辊式涂胶中，涂胶辊按基材行进的相反方向转动的称为逆转辊涂胶。

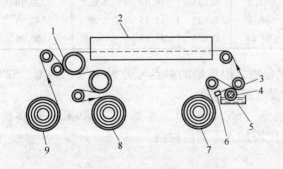

图 14-13　干法复合工作原理

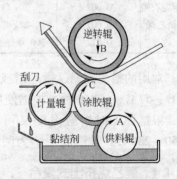

图 14-14　逆转辊式涂胶方式

1—复合；2—干燥装置；3—胶辊；4—凹版；5—黏结剂；
6—振动式刮刀；7—铝箔卷；8—复合制品；9—塑料薄膜

这种方式涂胶量的调整如图 14-14 所示，这是根据 C、M 辊及 C、A 辊之间的间隙

与各辊之间的速度比进行的。黏结剂的适用黏度范围，可从水那样的低黏度到
50000MPa·s以上的高黏度，均可做到均匀平滑地涂敷。

干式复合多用于塑膜和铝箔的复合，以及要求耐热、耐水、耐煮沸、无挥发性的铝箔
复合材料上。

塑料薄膜的表面多数是惰性的，为了使它有良好的黏结性，复合前应进行电晕放电
处理。

14.4.3　热融式复合

热融式复合是用熔融蜡作为黏结剂把纸和铝箔复合加工的工艺过程。由于这种方法的
黏结剂不含挥发性成分，所以无需干燥。复合后不是加热而是通过冷却导辊，使熔融黏结
剂凝固。其工作原理见图 14 - 15。

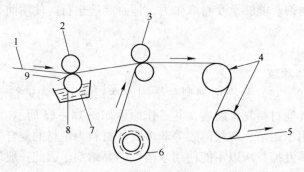

图 14 - 15　热融式复合工作原理

1—铝箔；2—反转辊；3—复合辊；4—冷却辊；5—至卷取；6—纸；7—黏结剂；8—凹版辊；9—振动式刮刀

热融式复合铝箔适于包装糖果和油脂食品，热融复合铝箔的力学性能见表 14 - 5。

表 14 - 5　热融复合铝箔的力学性能

黏结剂	箔材厚度 /mm	纸	规格 /g·m^{-2}	厚度 /mm	破裂强度 /10^{4}Pa	伸长率 /%	撕裂强度 /N·(15mm)$^{-2}$
	0.007	20g 薄纸	46.7	0.040	7.35	2.4	26.75
热熔融石蜡	0.007	20g 薄绢纸	44.3	0.035	10.39	2.16	39.10
及聚乙烯	0.007	22g 薄绢纸	46.4	0.037	12.25	2.20	46.65
	0.012	300 号普通玻璃纸	83.21	0.074	34.89	15.5	50.96

常用的蜡为石蜡、微晶蜡或两者的混合物。根据蜡的融点可分为46℃、49℃、52℃、
54℃、57℃、60℃6 种，根据使用气温和湿度进行选择。

根据加工时熔融温度又可分为低熔点（66～99℃）、中熔点（149℃）和高熔点
（150～230℃）黏结剂[2]。为调节熔融温度需加入不同的树脂。

14.4.4　聚乙烯挤出式复合

聚乙烯挤出式复合是把聚乙烯颗粒熔化通过挤出机的模子缝隙挤出作为黏结剂涂在铝
箔上，使与被复合材料黏在一起再卷取成卷的方法。带有不停车换卷的聚乙烯挤出式复合
工艺示意图如图 14 - 16 所示。当不使用被复合材料时，聚乙烯也可以直接涂在铝箔表面

上。根据挤出后处理方式的不同，又可分为压接式（图14-17a）、真空式（图14-17b）、低温层合式（图14-17c）。

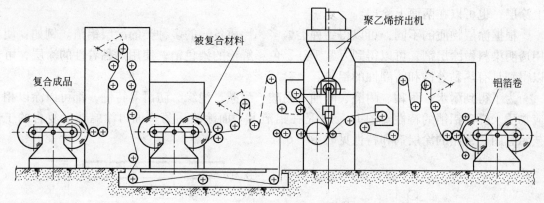

图14-16 聚乙烯挤出式复合工艺示意图

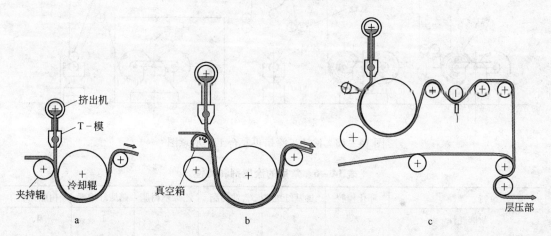

图14-17 挤出式复合工作原理

根据密度，可把聚乙烯分为三类[3]：

低密度聚乙烯（915~925kg/m³）；中密度聚乙烯（926~940kg/m³）和高密度聚乙烯（941~965kg/m³）。

挤出式聚乙烯用的聚乙烯绝大部分是低密度的。此外也可使用聚丙烯。挤出式复合的一般加工条件为：

熔融温度/℃	260~280
涂层厚度/mm	0.01~0.075
机列速度/m·min⁻¹	50~250
冷却辊温度/℃	20~40
预热温度/℃	310
复合部位黏结温度/℃	205

14.4.5 涂层

涂层就是在铝箔表面均匀地涂一层有特殊要求的具备一定功能的胶、漆、蜡、颜料等，经干燥或凝固后能与铝箔牢固地结合在一起的方法。所有的铝箔，无论是素箔还是复合箔，不管是硬状态、软状态，或一面光、二面光的都可以进行涂层加工，既可以在一面上涂层，也可以在两面上涂层。

根据涂层物质的不同，可以得到种类繁多、性质各异的多种类的涂层铝箔。例如：使用透明染料做涂层剂，可以得到万紫千红、色彩鲜艳的染色箔；使用热黏着性的涂层，可以得到具有热黏着性和防潮性的铝箔。

为了得到耐水、耐霜、耐磨、耐油、耐酸、耐碱，绝缘、防滑等特性，都可以涂以相应物质来提高铝箔的特性。图14-18是在铝箔上一面涂漆后另一面再涂蜡然后复合的工艺示意图。常用的涂层剂和特性见表14-6。

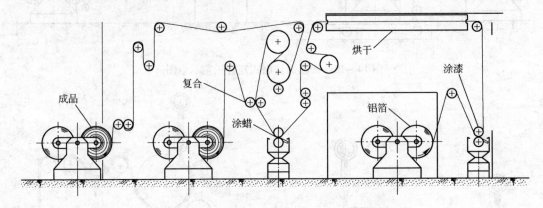

图14-18 涂漆、涂蜡再复合工艺示意图

表14-6 常用的涂层剂和特性

特　性	环化橡胶	乙烯基纤维素	含油树脂	乙烯基树脂	硝酸纤维素	树脂涂料
耐磨耗性	2	1	2	2	1	1
耐热冲击性	3	3	2	3	1	1
热黏着性、黏着强度	1	1	3	1	2	3
防潮性	1	3	—	3	2	2
耐水性	1	3	2	3	2	1
耐碱性	—	1	3	2		1
耐油脂性	3	3	2	2	1	1
色稳定性	3	2	2	1	3	1
光泽性	3	3	2	1	2	1
透明性	3	2		1	2	1

注：1—非常好；2——一般；3—不太好。

选择适合于最终需要的涂层剂，要有丰富的理论知识和实践，需要和涂层剂制造厂、涂层加工厂和涂层制品用户密切地协作。

14.4.6　多色印刷

多色印刷可以看作涂层加工的一个特例，它是几个连续而又有规律的涂层的结合。这种结合确实要做到天衣无缝，才能得到多色套印的最好效果。在当今的微机控制时代这已不是什么难题了。图 14 - 19 是 6 色印刷工作原理。

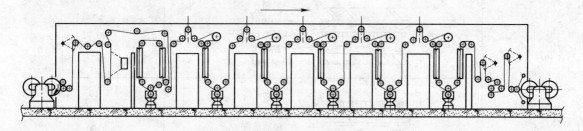

图 14 - 19　6 色印刷工作原理

14.4.7　多种精加工的组合

根据使用要求的不同，可把几种不同的精加工工序组合起来制成多层组合铝箔。表 14 - 7 是多种精加工组合的图例。

表 14 - 7　多种精加工组合的图例

用　途	示　意　图	材料性能/gf·m^{-2}
香烟包装	香烟包装 铝箔7～9μm 胶（醋酸聚乙烯或水玻璃） 纸 — —压花	21.3 1 25～30 40～50
黄油包装	黄油包装 铝箔7～9μm 蜡 羊皮纸 — — — —印花	24.3 10～12 40
饼干包装	饼干外包装 铝箔7～8μm 胶 薄叶纸 蜡 透孔纸 — — —印花	18.9～21.6 1 22～25 27～30 18～19
	铝箔7～8μm 胶 纸 热熔树脂	18.9～21.6 1 60 20

用　途	示　意　图	材料性能/gf·m⁻²
隔热、防潮 及设备包装	聚酯 黏结剂 铝箔15μm 黏结剂 聚乙烯	16 2 40.72 2 25
	铝箔7μm 黏结剂 玻璃丝布 聚乙烯	19 2 100 30~40
	铝箔7μm 黏结剂 玻璃丝布 黏结剂 牛皮纸	19 2 43 3 60
	聚乙烯（挤出式） 铝箔0.05μm 黏结剂 牛皮纸	50 135 3 50
	铝箔7μm 黏结剂 牛皮纸 黏结剂 玻璃丝布 牛皮纸 黏结剂 铝箔7μm	19 2 50 2 43 180 2 19
各种 包装袋	聚酯12μm 黏结剂 铝箔12μm 聚乙烯（挤出式）	16 2 32.4 50
	玻璃纸 黏结剂 铝箔12μm 聚乙烯（挤出式） ———膜内印刷	35 2 32.4 50
	聚酯 黏结剂 铝箔10μm 黏结剂 聚丙烯 ———膜内印刷	16 2 27 2 30~40

续表 14 – 7

用　途	示　意　图	材料性能/gf·m^{-2}
各种 包装袋	铝箔9μm 胶 纸 聚乙烯	24.3 1 40～50 25
	纸 胶 铝箔9μm 聚乙烯	40～60 1 24.3 25

14.5　带、箔材精整设备功率的校核

14.5.1　单位张力的选取

校核的关键是单位张力的选取。有了合适的单位张力，根据带材断面积算出开卷或卷取张力，可按下式校核开卷机或卷取机的功率。

$$N = Tv$$

式中　N——开卷机或卷取机电机功率，kW；

　　　T——开卷或卷取张力，kN；

　　　v——开卷或卷取的线速度，m/s。

常用的单位张力见表 14 – 8。

表 14 – 8　板带箔精整设备常用的单位张力

序　号	设备名称	开卷单位张力/MPa	卷取单位张力/MPa	备　注
1	带箔纵剪或横剪	8～15	10～20	
2	拉弯矫	10～20	20～30	
3	铝箔合卷机	15～25	25～35	设备制造厂家不同，选用的标准也不同
4	铝箔分卷分切机	20～30	25～35	
5	铝箔纵剪（切条）机	10～20	20～30	
6	铝箔精加工	8～15	10～20	

14.5.2　吸边机能力的校核[4]

凡是带有切边的设备都要有边屑处理设备。厚度小于 0.2mm 的边屑大多数用真空抽吸法，把边屑通过管道送至打包间。边屑输送系统的参数选择不当，会给生产带来很大麻烦。校核前，风机的风量、风压、功率、风道的断面积都是已知的。

14.5.2.1　风速的校核

风机的出口速度可按下式确定：

$$v_{出口} = \frac{Q}{3600F} \tag{14 – 1}$$

式中 $v_{出口}$——出口风速，m/s；

      Q——风机风量，m^3/min；

      F——风机出口断面积，m^2。

$v_{出口}$ 要比设备（轧机、分卷机、合卷机等）的设计速度大20%以上。

14.5.2.2 风量的校核

边屑是靠流动的空气（风量）输送的。空气的质量要比边屑的质量大15～20倍（即所谓质量浓度，空气的为 $1.2kg/m^3$），即：

$$\frac{1.2Q}{每分钟输送的边屑量} \geq 15 \sim 20 \qquad (14-2)$$

14.5.2.3 风机功率的校核

当风机不输送边屑时的功率为：

$$N = \frac{Qp}{102\eta} \qquad (14-3)$$

式中 Q——风机风量，m^3/s；

      p——全风压，kgf/m^2 或 mm 水柱（$1kgf/m^2 = 1mmH_2O = 10Pa$）；

      η——风机运行的实际效率（可在风机特性曲线上查到），一般为0.4～0.6。考虑到输送边屑必须适当增大。增大范围，根据对大量国内外边屑风机的统计，根据输送边屑的厚薄不同（厚的大，薄的小）和软硬不同（退火的软料大，衬纸料比素箔的大），取1.5～3。

14.5.2.4 其他

（1）风压（全压）与输送距离：根据对大量国内外边屑风机的统计，每100mm 水柱压力可输送距离为10m，输送距离不宜超过50m。适当缩短吸风段可延长输送距离。

（2）把两个相同的风机并联使用可增大风量，但不是成倍的增加，同样，两个相同风机串联使用可使风压增大，但风压也不是成倍的增加。可根据风机和风道的特性曲线确定。

（3）噪声的隔离：用管道输送边屑的缺点就是噪声大。因此风机必须采取隔声、消声措施。

参考文献

[1] 王祝堂，田荣璋. 铝合金及其加工手册 [M]. 长沙：中南大学出版社，2005.

[2] 张运展，等译. 纸加工技术 [M]. 北京：中国轻工业出版社，1991.

[3] 石田修著. ァルミ箔とその応用加工 [M]. 合成树脂工业新闻社，昭和43年12月.

[4] 卡里奴司金. 严导淦，毛善培，译. 通风机设备 [M]. 北京：科学出版社，1956.